JUAN CARLOS CALLONI

# MANTENIMIENTO PREVENTIVO

JUAN CARLOS CALLONI

# MANTENIMIENTO PREVENTIVO

**2ª. Edición**

**LIBRERÍA Y EDITORIAL ALSINA**

**Paraná 137 – C1017AAC Ciudad Autónoma de Buenos Aires
TEL:54 11 4373-2942 – Telefax: 54 11 4371-9309
info@lealsina.com     www.lealsina.com**

*Con todo cariño a mi esposa
y a mis hijas.*

Esencia del mantenimiento preventivo. Finalidad del mismo. Relación entre producción y mantenimiento preventivo. Obligaciones del jefe de mantenimiento. Manera de realizar los informes técnicos por parte del jefe de mantenimiento. Reparaciones planificadas. Ordenes de reparación o de trabajo. Finalidad y cometido de estas órdenes. Mecanismo de su formación y su relación con el departamento de producción. Secuencia de operaciones que deben cumplirse antes de desarmar el equipo. Demostración esquemática del ciclo de operaciones que deben cumplirse en mantenimiento preventivo.



Criterio para realizar las inspecciones preventivas. Determinación de la frecuencia de inspección. Consideraciones a tener en cuenta para definir la frecuencia de las inspecciones. Equipos con movimiento y sin movimiento. Acoplo de información técnica. Análisis de los equipos que requieren mucho mantenimiento. Finalidad del informe de trabajos. Consideraciones a tener en cuenta para confeccionar un informe de trabajos. Concepto de mantenimiento correctivo. Concepto de mantenimiento rutinario.



Registro de máquinas y equipos. Consideraciones generales. Planificación de un registro de máquinas y equipos. Consideraciones sobre el inventario técnico. Tarjeta principal. Tarjetas secundarias. Planilla para inspecciones de equipos. Finalidad de la planilla para inspecciones. Relación entre estas planillas y las órdenes de trabajo. Forma de organizar los trabajos con el registro de máquinas. Relación entre la oficina técnica y los capataces e inspectores.



Compresores de uso industrial. Sistemas modernos y acoplamiento. Válvulas. Capacidad o potencia de los compresores. Síntomas de fallas. Comparación de refrigerantes más comunes. Mantenimiento de sistemas de ventilación, calefacción y refrigeración de aire acondicionado. Anormalidades de compresores. Mantenimiento preventivo. Mantenimiento de compresores para aire comprimido.



Mantenimiento de cojinetes. Descripción de componentes con el objeto de analizar el mantenimiento preventivo. Consideraciones sobre el cuidado y montaje de estos elementos. Función de la lubricación. Almacenamiento organizado de los lubricantes. Procedimientos a seguir en el manipuleo de cojinetes. Elementos y normas para efectuar la limpieza.



Mantenimiento de acoplamientos. Descripción de los distintos tipos de acoplamientos. Sistemas directos e indirectos. Normas para realizar el montaje de las máquinas sobre sus bases de fundación y su influencia en el mantenimiento preventivo. Montaje correcto de los acoplamientos. Reductores de velocidad. Consideraciones sobre la inspección de estos elementos. Frecuencia de inspecciones.



Empaquetaduras. Definición y propósito de empaquetaduras. Caja prensaestopa. Criterios para seleccionar empaquetaduras. Consideraciones para efectuar el montaje correcto en la caja prensaestopa y su influencia en el mantenimiento de los equipos. Naturaleza de las empaquetaduras. Empleo de estos materiales en función de la temperatura, presión y composición de los fluidos en función de la temperatura, presión y composición de los fluidos conducidos. Consideraciones sobre las juntas o guarniciones.



Cañerías industriales. Normas. Empalmes en función del diámetro. Materiales de fabricación y de aporte empleados. Empalmes roscados y soldados. Criterios para su elección. Herramientas y complementos empleados en los trabajos. Consideraciones sobre el montaje. Prueba hidráulica. Protección y pinturas según la naturaleza del servicio. Accesorios. Descripción de los distintos tipos. Empleos específicos. Aislaciones térmicas. Materiales, es-

instalación de pararrayos, aprobada por el Consejo Superior de Colegios de Arquitectos y adoptada por la Dirección General de Arquitectura de España.

*El contenido de este libro está especialmente destinado a los estudiantes del último año de las Escuelas Nacionales de Educación Técnica o ciclos técnicos similares.*

*Los temas tratados responden amplia y satisfactoriamente al actual programa en vigencia de la asignatura* mantenimiento y reparación de equipos.

*Estas consideraciones no limitan, bajo ningún aspecto, el alcance de la obra. Por el contrario, resultará útil, para consulta y lectura, a jefes de mantenimiento, estudiantes y egresados universitarios que deseen o deban iniciarse en el ejercicio de esta disciplina.*

*A no dudarlo, el* mantenimiento *preventivo es una necesidad en el mundo técnico actual, debido a las economías que su práctica racional reporta.*

*El empresario con visión de tal, considera esta contribución como una manera directa de abaratar los costos de elaboración del producto, y así es, efectivamente.*

*No se puede ignorar la enorme importancia e íntima relación que tiene la práctica del mantenimiento con las* relaciones humanas*, entendiendo aquí por relaciones humanas todo lo concerniente al trato solidario entre supervisores y operarios.*

*La experiencia demuestra que por muy complicados que sean los problemas técnicos, lo son mucho más los humanos.*

*El autor ha querido volcar en estas páginas su experiencia personal en esta actividad técnica.*

*Para una próxima edición se ampliará el contenido de algunos capítulos, y en especial los destinados a la planificación, organiza-*

*ción, puesta en marcha y control de un plan de mantenimiento preventivo.*

*Por razones de tiempo no se han podido desarrollar con más amplitud conceptos técnicos fundamentales, como el de* inventario técnico, inspecciones detalladas, inspecciones generales, muestreo de ficheros específicos *y criterios a seguir para definir la frecuencia y el tipo de inspecciones.*

*Esto, a su vez, tiene relación con el grado de responsabilidad a asignar a los trabajadores que tienen trato continuo o no con los equipos de la planta.*

*Temas de interés práctico de esta naturaleza son los que serán ampliados, teniendo en cuenta el beneplácito que esto ha de causar a los interesados en la materia.*

*Sería injusto silenciar el profundo agradecimiento que dispensa el autor hacia aquellas personas que directa o indirectamente le han ayudado en la realización de este propósito.*

*Con la publicación de esta obra se entiende haber llenado un vacío en la literatura técnica sobre el tema.*

Buenos Aires, 21 de junio de 1967.

# CAPITULO I

---

**Esencia del mantenimiento preventivo. Finalidad del mismo. Relación entre producción y mantenimiento preventivo. Obligaciones del jefe de mantenimiento. Manera de realizar los informes técnicos por parte del jefe de mantenimiento. Reparaciones planificadas. Ordenes de reparación o de trabajo. Finalidad y cometido de estas órdenes. Mecanismo de su formación y su relación con el departamento de producción. Secuencia de operaciones que deben cumplirse antes de desarmar el equipo. Demostración esquemática del ciclo de operaciones que deben cumplirse en mantenimiento preventivo.**

El mantenimiento preventivo consiste en elaborar un plan funcional de inspecciones para los distintos equipos de una planta industrial a través de una planificación, programación, ejecución y control.

Es necesaria una *planificación* porque ella importa un análisis y/o estudio previo para cumplir un objetivo perfectamente determinado y definido, a través de lo cual se fijará cuál es el camino óptimo a seguir en el plan de trabajo.

Es necesaria una *programación* para determinar cómo, cuándo y por qué, con los materiales, mano de obra y demás posibilidades económicas, se concretará ese camino óptimo que se ha planificado y que se ejecutará con los elementos disponibles.

Es necesario un *control* porque de muy poco servirá que se haya planificado, programado y puesto en marcha un plan de mantenimiento preventivo, si después no se realiza la suficiente y necesaria supervisión técnica para avalar los resultados del programa de trabajo trazado.

Se hace mantenimiento preventivo para mantener el equipo y sus accesorios en buenas condiciones de funcionamiento, y prevenir así accidentes, daños, averías y paros que alteren el normal desarrollo de la producción de la planta industrial.

Este servicio abarca no sólo las inspecciones, sino también lubricación, limpiezas, ajustes, verificación de protecciones químicas y mecánicas, y reparaciones planificadas.

El mantenimiento preventivo a través de un plan de inspecciones, limpiezas, ajustes y reparaciones tiene como meta descubrir y corregir deficiencias en los equipos, tales como pérdidas, aflojamientos, desgastes y partes sin protección que pueden ser la causa de daños e inconvenientes de seriedad, y que, como ya se ha dicho, se han de evitar, descubriéndolas y subsanándolas en forma preventiva.

La finalidad del mantenimiento preventivo es, entonces, conseguir que los equipos de una planta industrial den su máximo rendimiento en las mejores condiciones de funcionamiento. El jefe de mantenimiento debe tener como lema y principal preocupación prevenir cualquier interrupción que detenga la producción de la planta. El cese de producción significa pérdida de tiempo, de dinero, de mano de obra y materiales, factores éstos que tienen una incidencia de enorme importancia en los costos de elaboración.

Es muy importante, entonces, no confundir *mantenimiento* con *arreglos por rotura*, pues éste, aunque parezca increíble, es un error muy generalizado entre mucha gente del mundo técnico.

La gerencia paga un servicio de mantenimiento preventivo precisamente para que se reduzcan a un mínimo los arreglos por roturas. Para ello, el jefe de mantenimiento aplica sus conocimientos y criterios técnicos en la confección de un plan racional de inspecciones que permitan, a través de datos seleccionados, poder establecer un diagnóstico precoz del estado de la máquina.

Esta será, a no dudarlo, la mejor forma de decidir sobre el estado mediato o inmediato de la instalación.

El responsable de mantenimiento preventivo está entonces para proteger el capital invertido destinado a la producción de la planta.

El departamento de producción es el principalísimo cliente que tiene el jefe de mantenimiento, al cual le debe un servicio eficiente, continuado y responsable por la incidencia que tienen estas atenciones en el costo de elaboración del producto.

Se indicará en forma general algunas de las principales obligaciones del jefe de mantenimiento.

Como comprenderá el lector, lo que sigue lo ha de tomar como una orientación, pues cada gerencia puede tener al respecto su modalidad de exigencias.

En términos generales, lo que una planta industrial espera del ingeniero o técnico responsable del mantenimiento es lo que sigue:

1) Mantener los edificios en buen estado de conservación. En esta obra se trata en un capítulo íntegro lo referente al mantenimiento de edificios;

2) Mantener en buen estado de conservación las instalaciones de servicios generales. Esta obligación se trata en los capítulos VIII y IX;

3) Elaborar un plan de inspecciones preventivas para los distintos equipos de la planta, fijando intervalos de inspecciones (frecuencias) razonablemente económicos y objetivos;

4) Seleccionar, capacitar y supervisar al personal de mantenimiento;

5) Proyectar y ejecutar pequeños trabajos de ampliación y/o instalaciones de poca importancia. Para trabajos de mucha importancia conviene recurrir a contratistas, pues no siempre la planta cuenta con el elemento humano y las disponibilidades de equipos y herramientas necesarios para llevar a cabo trabajos que pueden abarcar satisfactoriamente y en forma más económica empresas especializadas. El criterio del jefe de mantenimiento determinará en cada caso la economicidad y factibilidad de concretar los proyectos que lleguen a sus manos;

6) Fijar un criterio racional para establecer la cantidad de repuestos que debe haber en el almacén de la fábrica;

7) Asesorar al responsable de prevención contra incendios;

8) Analizar y asesorar a la gerencia sobre presupuestos de contratistas para trabajos que por su envergadura no conviene que sean absorbidos por la gente de mantenimiento, por necesitarse excesiva mano de obra y/o equipos e instalaciones muy especiales;

9) Mantener actualizado un fichero con planos, esquemas, croquis, catálogos e información técnica sobre las distintas máquinas y equipos de la planta;

10) Supervisar la cantidad, calidad y estado de las herramientas que usa el personal a su cargo;

11) Producir periódicamente, y cuando las circunstancias lo requieran, informes técnico-económicos para la gerencia, en donde se reflejen el empleo de las horas-hombre

en función de las órdenes cumplidas, economías obtenidas, necesidades de mano de obra plenamente justificadas con un análisis de las horas-hombre disponibles y de las horas-hombre que exigen las órdenes de reparación producidas, etc.

Lo que interesa a un ejecutivo cuando lee un informe, son los hechos y opiniones que le ayuden a tomar o a fundamentar decisiones.

Frente a un informe técnico es lógico preguntarse: ¿de qué trata el informe?, ¿qué contribuciones hace?, ¿cuáles son las conclusiones y recomendaciones?, ¿qué medidas se sugieren?

Para que un informe técnico pueda suministrar datos en forma eficaz debe incluir:

1)     El asunto de que trata;

2)     Deducciones efectuadas en la observación del trabajo;

3)     Lo que se opina que se debe hacer.

Al hacer sus informes a la superioridad, el jefe de mantenimiento debe definir bien el problema que quiere dar a conocer, luego enumerar los objetivos que persigue, después indicar las razones que lo llevaron a enfrentar el problema y, por último, las conclusiones y recomendaciones del caso.

El hecho de tener en cuenta estas consideraciones implica una buena disposición sobre el informe por parte del que lo lee.

Los temas del informe pueden ser originados por los siguientes asuntos:

1)     Problemas técnicos;

2)     Nuevos proyectos en la organización del departamento;

3)     Conclusiones y experiencias del trabajo;

4)     Procedimientos mejores para la realización del trabajo;

5)     Dificultades encontradas en la práctica;

Los ejecutivos quieren saber, tratándose de problemas técnicos:

1)     En qué consiste el problema;

2)     Por qué se aborda o emprende;

3)     Cuál es su importancia;

4)     Qué se está haciendo y quién lo hace;

5) Cómo se está abordando el problema;

6) Qué soluciones se sugieren;

7) Qué importancia tiene el tiempo empleado en lo que propone mantenimiento.

Tratándose de nuevos proyectos en mantenimiento:

1) Qué posibilidades de éxito tienen;

2) Qué riesgos ofrecen;

3) Qué importancia tienen para la planta;

4) Qué beneficios aportan en mano de obra, materiales, etc., o sea, sobre los costos.

Tratándose sobre cuestiones de organización:

1) Si es la clase de trabajo que debiera hacerse;

2) Qué cambios serán necesarios en personal, en instalaciones y en equipos.

La forma más racional de presentar un informe técnico puede ser conforme al siguiente ordenamiento:

1) Tema;

2) Introducción;

3) Conclusiones;

4) Resumen.

De los puntos señalados, el ordenamiento de lectura que interesará a la superioridad podrá ser el que sigue:

1) Resumen;

2) Introducción;

3) Conclusiones;

4) Tema.

Esto indica al jefe de mantenimiento que la principal dedicación de su informe estará centralizada en el contenido del resumen y las conclusiones.

El responsable de mantenimiento debe estar capacitado también para realizar un estimado o presupuesto anual que dé idea a la gerencia de las necesidades que tendrá la planta para el año próximo en concepto de arreglos que se vengan planificando, tanto en edificios como equipos.

Por otra parte, si la planta programa expandirse, se tendrán que ir considerando también nuevas necesidades de mantenimiento, tales como modificación del plantel de operarios, revisión de las instalaciones y herramientas para realizar el mantenimiento de la planta, etc.

Al iniciar un plan de inspecciones y ponerlo en marcha, se van a originar las llamadas *órdenes de reparación*, también llamadas *órdenes de trabajo* (fig. 1). Como puede verse en esta figura, la orden de reparación es una planilla en donde se indican los tra-

**ORDEN DE REPARACION Nº 1**

TRABAJO DESEADO: NORMAL-URGENTE

- CAMBIAR LAS JUNTAS Y LOS COJINETES DE BANCADA
- CAMBIAR LA BOTONERA DE ARRANQUE
- SOLDAR DOS BRIDAS
- CAMBIAR FILTRO DE LA CAÑERIA DE AIRE COMPRIMIDO Y EMPAQUETADURAS DE LAS VALVULAS
- CONSTRUIR DOS SOPORTES DE MADERA
- RECTIFICAR CIGUEÑAL

NOTA: LA ORDEN DE REPARACION TAMBIEN PUEDE LLAMARSE ORDEN DE TRABAJO

| | |
|---|---|
| DEPARTAMENTO | PRODUCCION |
| EDIFICIO | LABORATORIO |
| SECCION | AIRE ACONDICIONADO |
| EQUIPO | COMPRESOR Nº |

FECHA DE EMISION: ..........................

EMITIDA A: ELECTRICISTAS-MECANICOS TORNEROS-CAÑISTAS-SOLDADORES CARPINTEROS.

| TERMINADA | VºBº PRODUCCION |
|---|---|
| FECHA FIRMA | |

| PRESUPUESTO | MECANICOS | ELECTRIC. | TORNEROS | SOLDADOR | CAÑISTAS | CARPINT. | Hs. | PRESUPUESTO TOTAL |
|---|---|---|---|---|---|---|---|---|
| HORAS-HOMBRE | | | | | | | $ | |
| MATERIALES | | | | | | | $ | |

| | | | |
|---|---|---|---|
| SECCION EMISORA: MANTENIMIENTO | ..................... JEFE MANTENIMIENTO | ............. GERENTE | |



FIG. 1 - I

bajos que se considera necesario hacer en un equipo o instalación después que se ha cumplido la inspección. El jefe de mantenimiento envía la orden de reparación al jefe de producción, de quien depende el equipo sobre el cual se han de realizar los trabajos que detalla la citada orden. El jefe de producción, entonces, toma conocimiento de los materiales, mano de obra y tiempo en que mantenimiento ha de necesitar la máquina. En caso de ser necesario, el jefe de mantenimiento explicará al jefe de producción que a la brevedad posible serán subsanados los desperfectos señalados por la inspección. También puntualizará, para deslindar su responsabilidad, que, de no procederse preventivamente al desarmado de la máquina, puede llegarse a la rotura de algún elemento del equipo, que originará una irreparable paralización de la máquina por un tiempo que ya no es planificable, por la importancia que puede alcanzar la avería.

El jefe de producción, entonces, planificará el ritmo de trabajo para dar el tiempo solicitado por mantenimiento a efectos de dejar la máquina nuevamente en condiciones.

Cuando producción ha firmado la orden de reparación, se debe verificar prontamente la existencia de repuestos en almacén de fábrica.

Sería técnicamente imperdonable, y en ello va el prestigio del jefe de mantenimiento, que al desarmar el equipo se encuentre averiado un elemento (eje, cojinete, etc.), y que no se disponga del repuesto para hacer el cambio dentro del tiempo que se había previsto.

De suceder esto, y como la planta puede estar alejada de la ciudad y de los proveedores habituales, habrá que movilizar rápidamente a la sección encargada de las compras, que puede o no estar en la misma planta, para que adquiera los repuestos que se necesitan.

Esto es más importante de lo que parece, pues si el repuesto llegara a ser material de importación, no se encontrará fácilmente, o, si se encuentra, por no haber dado tiempo suficiente a la sección encargada de las compras para que haga un concurso de precios dentro de los proveedores, se tendrá que pagar por los repuestos importes siderales. Como comprenderá el lector, deben evitarse siempre estos apresuramientos, que son consecuencia de la imprevisión.

Si no se tienen los repuestos que se sospecha se han de encontrar dañados, rápidamente se debe emitir un pedido de compra, solicitando que en un plazo de tiempo determinado (por ejemplo, tres semanas) se necesitarán en la planta los repuestos que se detallan en el pedido de compra correspondiente.

Con esta manera organizada de proceder, se da tiempo a la sección encargada de las compras para que el empleado especializado se ocupe de adquirir los repuestos que serán necesarios al desarmar el equipo en cuestión.

Eventualmente, se podrá necesitar algún elemento en forma urgente, pero la palabra *urgente* debe ser empleada con mucho tino y cuidado. El empleo frecuente de esta delicada palabra denota falta de organización y previsión por parte del jefe de mantenimiento, y esto hará perder confianza y seriedad en las determinaciones que tome.

Teniendo en cuenta lo indicado por los fabricantes y las condiciones de servicio a que se encuentran sometidos los equipos, es factible planificar una existencia económica y razonable de repuestos.

Como se comprenderá fácilmente, no pueden tenerse multiplicados por dos los equipos de la planta, porque ello resultaría costosísimo e inadmisible.

Cuando se procede al desarmado del equipo, puede acontecer que se trate de un equipo del cual no exista información de las medidas principales de sus elementos (cojinetes, eje, etc.).

En el momento de efectuarse el trabajo se debe contar, entonces, con la ayuda de un buen dibujante técnico, a efectos de que determine las medidas necesarias y confeccione los croquis y esquemas que sea del caso considerar. Deben tomarse también todas las anotaciones inscriptas en los elementos, como, por ejemplo, la numeración y características de los cojinetes, así como cualquier otro dato de interés para solicitar los repuestos.

Este será también el momento adecuado para confeccionar un *procedimiento del trabajo*, o sea, elaborar una memoria descriptiva del trabajo en la cual se expliquen las operaciones efectuadas, los inconvenientes encontrados, las horas-hombre ocupadas, las herramientas empleadas y los imprevistos producidos.

Esto se verá con más detalle en el capítulo siguiente. Este relato técnico, por así llamarlo, ha de resultar muy útil cuando se tenga que desarmar un equipo similar, pues se tendrá un elemento de juicio para establecer con menor margen de error el tiempo que se ha de emplear, las herramientas que no se habían considerado, el concurso de material humano que no se había previsto, etc.

El análisis de las operaciones de desarmado reflejadas en una descripción técnica puede revelar, por ejemplo, la necesidad de considerar o haber considerado horas de soldadura, de maquinado, etcétera.

Estas consideraciones servirán de *ayuda-memoria* para considerar con más exactitud las horas-hombre y materiales que deban figurar en una futura orden de reparación para el mismo equipo u otro de naturaleza similar.

Resumiendo, entonces: el registro de máquinas (kardex, fichero, etc.), indica al oficinista cuál es la fecha en que se debe inspeccionar un equipo determinado. La inspección origina una orden de reparación. La orden de reparación implica un control de repuestos y la elaboración de una memoria descriptiva o procedimiento de trabajo.

Cumplido el trabajo y levantada la información técnica correspondiente, se entrega nuevamente el equipo a producción, no sin antes actualizar en el registro de la máquina toda la información que se ha obtenido. Este trabajo lo efectuará el oficinista de mantenimiento. Considerando que el equipo está nuevamente en buenas condiciones, se fijará la próxima frecuencia de inspección, para lo cual bastará que el oficinista corra la grapilla correspondiente en el borde de la tarjeta 2.

En el ínterin, el dibujante actualizará los planos y demás datos técnicos que el oficinista después volcará en el reverso de la planilla o tarjeta 2.

De esta forma quedará cumplido el ciclo de operaciones que se indica gráficamente en este capítulo.

Este gráfico da una idea resumida del ciclo de operaciones que se cumple en mantenimiento preventivo desde que el registro de máquinas avisa la inspección, hasta que es volcada en el mismo toda la información que se deriva de cada orden de reparación, cumplida conforme a lo ya explicado.

Cuando una máquina o equipo requiere mucho mantenimiento, deben analizarse cuidadosamente las causas que originan este exceso de mantenimiento.

Quizá sea conveniente modificar la frecuencia de inspección o efectuar un mantenimiento correctivo, o sea, estudiar o efectuar algún cambio en la máquina mediante el cual se adecue mejor a las condiciones de servicio que está cumpliendo.

Puede convenir corregir el accionamiento, la velocidad, su reemplazo por un modelo posterior, el cambio de cojinetes por otros de distinto material y que soporten, por ejemplo, no sólo esfuerzos radiales, sino también axiales; cambiar el material del eje, etc. De la misma forma, si la orden de reparación resulta repetivamente más costosa de lo previsto, quizá sea conveniente acortar la frecuencia de inspección o analizar otras causas, tales como falta de entrenamiento en el personal, número insuficiente de herramientas específicas, condiciones de servicio demasiado variables y exigentes para el modelo de máquina, etc.

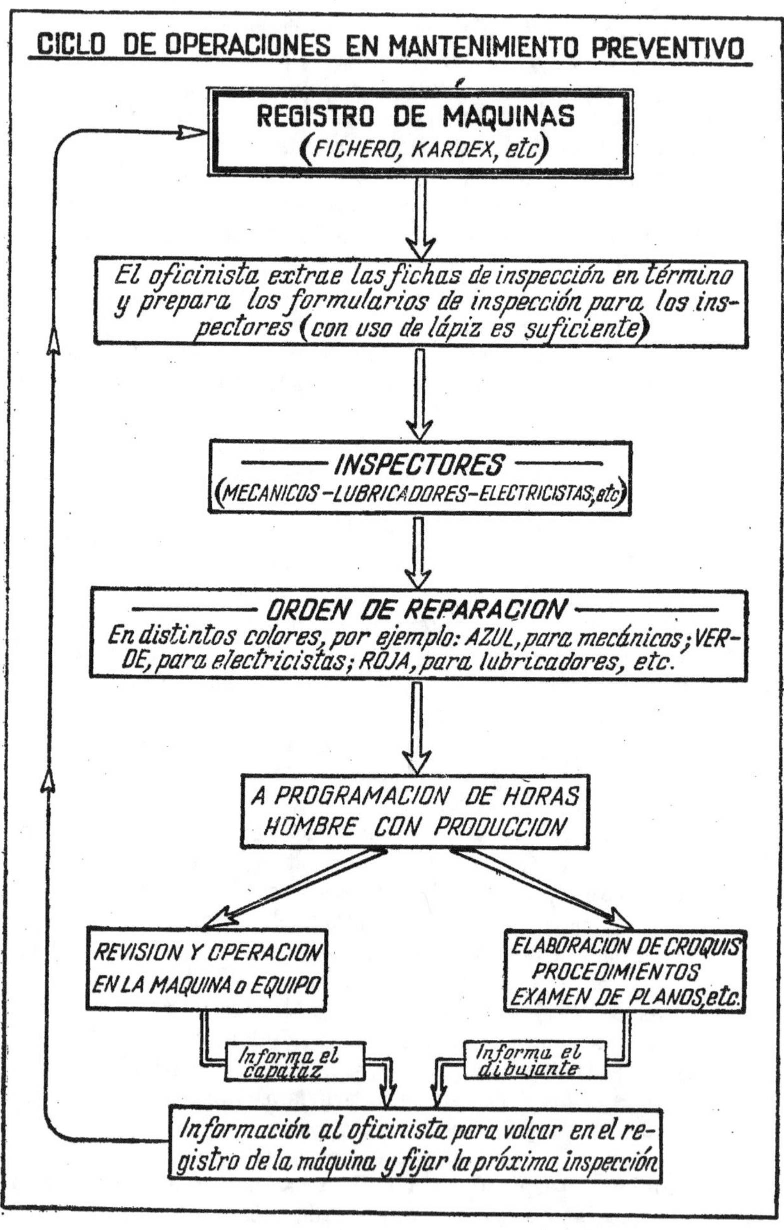

CICLO DE OPERACIONES EN MANTENIMIENTO PREVENTIVO
REGISTRO DE MAQUINAS
(FICHERO, KARDEX, etc)
El oficinista extrae las fichas de inspección en término y prepara los formularios de inspección para los inspectores (con uso de lápiz es suficiente)
INSPECTORES
(MECANICOS – LUBRICADORES – ELECTRICISTAS, etc)
ORDEN DE REPARACION
En distintos colores, por ejemplo: AZUL, para mecánicos; VERDE, para electricistas; ROJA, para lubricadores, etc.
A PROGRAMACION DE HORAS HOMBRE CON PRODUCCION
REVISION Y OPERACION EN LA MAQUINA o EQUIPO
ELABORACION DE CROQUIS PROCEDIMIENTOS EXAMEN DE PLANOS, etc.
Informa el capataz
Informa el dibujante
Información al oficinista para volcar en el registro de la máquina y fijar la próxima inspección

# CAPITULO II



Cuando se empieza a poner en práctica un plan de inspecciones, en los primeros meses no se tendrán resultados visibles, hasta tanto se salven los obstáculos iniciales que se presentan en todo trabajo nuevo.

Esto resulta particularmente significativo en el caso de una planta donde se tiene que iniciar un plan de mantenimiento por primera vez. Bajo ningún aspecto esto tiene que desanimar, pues, con poco o ningún margen de error, puede afirmarse que es normal que se encuentren inconvenientes iniciales al poner en marcha el sistema.

La primera etapa que debe abordar el jefe de mantenimiento es la confección de un *registro de máquinas y equipos* conforme al modelo de planillas o tarjetas que se desarrollan en el próximo capítulo de esta obra. La planilla o tarjeta 2 es la llamada *principal*, y las tarjetas 3 y 4 son las llamadas tarjetas *secundarias*, las cuales puede o no puede ser necesario adosar a la principal.

El mantenimiento preventivo debe comenzarse por partes, y no a la vez, en toda la planta.

El punto de partida para seguir un orden es el llamado *inventario técnico*.

Se deben registrar todos los equipos que tienen movimiento, como así también las instalaciones y equipos estáticos (edificios, tanques, hornos, etc.).

Se tendrán siempre en consideración las indicaciones que dan los fabricantes a través de sus manuales, folletos, dibujos, croquis, etc., y, esto es lo más fundamental, primará siempre el criterio y experiencia del jefe de mantenimiento, que deberá tener la suficiente capacidad de análisis para discriminar y aplicar estas informaciones. Las inspecciones pueden realizarse con el equipo parado o en marcha.

Cuando la producción no puede detener un equipo, debe programarse cada dos inspecciones en marcha una inspección con la máquina detenida. Esta norma no tiene un carácter general, sino más bien particular, pues no siempre se podrá practicar este criterio, debido a que las condiciones de servicio son muy variables entre una máquina y otra, amén de otras circunstancias que se irán analizando en los diferentes capítulos de esta obra.

La cantidad de veces que debe inspeccionarse una máquina es algo muy relativo, precisamente por ser un trabajo que tiene relación con muchas variables.

Si se considera una máquina para la cual el fabricante ha entregado manuales, el jefe de mantenimiento analizará la aplicación de esas sugerencias a las condiciones de servicio a que estará sometida la máquina.

Si se trata de una máquina de la cual no se conoce la procedencia de su compra, pero se sabe que es de fabricación extranjera, entonces será conveniente observarla con especial cuidado y atención, y tratar de programar su detención para inspeccionarla y elaborar un *informe técnico* sobre ella.

Realizada la primera inspección, se estimará una frecuencia de inspección y se decidirá el intervalo de tiempo a transcurrir para efectuar una próxima inspección.

Practicada esta segunda inspección, se decidirá la frecuencia de inspección definitiva, haciendo al mismo tiempo, si ello es posible, una comparación con otros equipos similares de los cuales ya se tenga información detallada.

Un procedimiento similar se seguirá para el caso de equipos que han sido adquiridos en subastas públicas o privadas. En estos equipos puede o no figurar la chapa de características y pueden o no ser de importación.

Para aclarar el concepto puede considerarse un tanque industrial, cerrado herméticamente, dotado de palas agitadoras, reductor de velocidad, motor eléctrico y previsto para una presión de trabajo de 2 kg/cm². Además, se trata de un equipo crítico para la producción de la planta.

Se hará entonces una inspección inicial y se volverá a repetir ésta después de un tiempo a convenirse. Practicadas dos o tres inspecciones consecutivas, se sacará como conclusión cuál es la inspección más racional y económica.

Para esto se habrán hecho detenidas observaciones y acopio de datos sobre los cojinetes, reductor de velocidad, estado del tanque, etc.

Se analizará también el estado del equipo (nuevo, seminuevo, viejo, prácticamente inservible).

Tratándose de un equipo crítico, puede incluso justificarse una inspección diaria o semanal como mínimo.

Cuando las instrucciones del fabricante indican que la inspección se ha de realizar en función del número de horas de marcha, se debe tomar cuidado en analizar el real número de horas, o sea, la cantidad efectiva de horas de funcionamiento de la máquina.

Por ejemplo, un fabricante puede sugerir la inspección de una bomba cada seis meses, sobre la base de 8 o 10 horas de funcionamiento diario, pero el equipo en la planta se hace trabajar entre 16 y 20 horas diarias. En este caso, la frecuencia de inspección será trimestral (cada 3 meses).

Debe tenerse también en cuenta el medio ambiente en que trabaja el equipo. Este puede ser corrosivo, con vapores, polvoriento, húmedo, caluroso, etc.

A estos factores debe unirse el grado de exigencia a que está sometido el equipo. El jefe de producción puede dar informaciones útiles a través de un intercambio de opiniones para ayudar a fijar la frecuencia de inspección óptima. También se podrán analizar los períodos de mejor disponibilidad por baja producción, vacaciones, etc.

No hay que olvidar que, tratándose de un equipo nuevo, éste tiene un período de ablande que obliga a una inspección constante mientras dura este período.

Al responsable de mantenimiento, cuando llega a una planta donde no hay nada hecho sobre mantenimiento preventivo, le conviene, como primera medida, abocarse a la confección del registro de máquinas. Después de cumplida esta etapa, no le cabe otra alternativa que hacer tanteos para aplicar en equipos indefinidos una frecuencia de inspección razonable.

El jefe de mantenimiento debe darse por satisfecho si, al año de estar en la planta, ha conseguido poner en marcha el plan de inspecciones previsto y ha logrado bajar los costos originados por *roturas imprevistas*, acercándose cada vez más al ideal de *reparaciones organizadas y planificadas*, que siempre resultarán más provechosas y económicas que los arreglos por roturas.

Debe entenderse por *equipo crítico* aquel que causa una pérdida total o parcial de la producción en caso de detenerse por avería o rotura. En toda planta hay equipos que son realmente críticos, y es sobre éstos que deben descansar los esfuerzos por lograr inspecciones detalladas y minuciosas.

Siempre resultará beneficioso el intercambio de ideas y opiniones con la gente de producción.

Los edificios e instalaciones anexos a ellos deben tener un fichero aparte.

Su frecuencia de inspección debe estar determinada por el clima, antigüedad, estado general y exigencias de servicio.

Al tratar el mantenimiento de edificios se volverá sobre este tema. Por considerarlo de mucha importante para el jefe de mantenimiento, se van a tratar consideraciones para la confección de los informes técnicos que se han de producir cuando se realiza el cumplimiento de las órdenes de reparación.

Como se comprenderá, muchas órdenes de reparación pueden ser cumplimentadas sin la necesidad de elaborar un informe técnico relacionado con el procedimiento de trabajo.

Ya se ha dicho que, una vez extendida la orden de reparación, hay que verificar en el almacén de la planta la existencia de los repuestos que presumiblemente se han de necesitar.

Verificada la existencia de repuestos, se entra en la faz de programación del trabajo que se va a consumar en fecha ya coordinada con producción.

En caso de no existir planos del equipo que se va a desarmar, se tiene que programar la presencia de un dibujante para el día en que ha de llevarse a cabo la inspección.

El dibujante, en coordinación con un oficinista, presenciarán el despiece del equipo, estudiando las operaciones realizadas y los inconvenientes encontrados (tiempo empleado, concurso del factor humano, herramientas no previstas y necesarias en la marcha del trabajo, etc.).

Con la supervisión de los capataces, y eventualmente del jefe de mantenimiento, se relata en forma escrita el procedimiento de trabajo. En este relato se tendrá en cuenta la forma más rápida y eficiente del desarmado y armado del equipo, considerando los tiempos que emplean los mecánicos, electricistas, etc.

Estas descripciones pueden ser también hechas en forma de organigramas, o sea, de gráficos, indicando las distintas secuencias de operación. Informes de esta naturaleza serán agregados en los antecedentes del equipo, y los datos que se estimen necesarios se volcarán posteriormente en el reverso de la planilla principal del registro de máquinas. Los informes llevarán una numeración o código que los individualice. En la confección de estos procedimientos de trabajo se describen también las piezas vitales de los equipos, asentando la naturaleza de los materiales, numeraciones encontradas, comparación de tolerancias, etc. El informe se completa indicando todas las referencias del equipo, tales como números de planos, católogos, repuestos y toda información o detalle que resulte de interés.

El correspondiente número asignado a cada uno de estos informes se asentará en el registro de máquinas para su consulta cuando ello sea necesario.

Estos informes son verdaderas normas de trabajo que ayudan a planificar trabajos de naturaleza similar, haciendo estimaciones de tiempo y materiales cada vez más exactas.

También servirá como elemento de comparación y análisis aplicado a la operación de las máquinas. Permitirá investigar por qué un desarmado similar lleva más o menos tiempo del que se ha programado, lógicamente en igualdad de condiciones producidas.

En lo referente a los inspectores, principalmente los mecánicos y electricistas, es muy conveniente que lleven consigo una tarjeta como la indicada más adelante en este capítulo.

Este sencillo elemento representa una eficaz *ayuda-memoria* para los inspectores encargados de analizar e inspeccionar las partes o componentes eléctricos y mecánicos.

Esta tarjeta lleva un código numérico que complementará la información que debe volcar el inspector en la planilla de inspecciones 1.

Bastará con que la lleve en su bolsillo y la consulte cuando esté efectuando la inspección de cada equipo.

Incluso le será útil su consulta para colaborar en los informes.

En el ejemplo que se propone se ha empleado un código consistente en letras y números romanos y arábigos.

*(Anverso de la tarjeta)*

### DESPERFECTOS MECÁNICOS

| *Componente* | | *Estado* |
|---|---|---|

*Componente*

A. Cojinetes.
B. Correas-cadenas.
C. Cuerpo-carcasa.
D. Acoplamiento.
E. Cilindros-aros-pistones.
F. Junta-empaquetadura-prensaestopa.
G. Engranajes.
H. Impulsor-rotor.
I. Cañería complementaria.
J. Manguera-tubo.
K. Malla-filtro.
L. Base de fundación.
M. Eje-vástago.
N. Cuña-chaveta.
Ñ. Polea-volante.
O. Válvula-robinete.
P. Anclaje.
Q. Aceite-grasa.
R. Otros (especificar).

*Estado*

I. Doblada.
II. Rota.
III. Corrosión-oxidación.
IV. Pérdida.
V. Floja.
VI. Temperatura alta.
VII. Tapada.
VIII. Vibración.
IX. Descompuesta.
X. Otros (especificar).

*Acción*

0. Ajustar-apretar-aflojar.
1. Alinear-enderezar.
2. Abrir-destapar.
3. Limpiar.
4. Reemplazar.
5. Racondicionar.
6. Modificar-cambiar.
7. Balancear.
8. Otros (especificar).

*(Reverso de la tarjeta)*

### DESPERFECTOS ELÉCTRICOS

*Componente*

10. Cojinetes.
11. Contactos.
12. Interruptor.
13. Válvula de engrase.
14. Fusibles.
15. Contactores.
16. Caja de conexiones.
17. Ventilador.
18. Carcasa.
19. Aceite aislante.
20. Bulones de anclaje.
21. Bobinado.
22. Célula fotoeléctrica.
23. Inducido.
24. Núcleo.
25. Resorte.
26. Cable.
27. Lámpara.
28. Escobillas.
29. Colector.
30. Tierra.
31. Aislación.
32. Voltímetro.
33. Motor.
34. Empaquetadura.
35. Eje.

36. Conductos.
37. Transformador.
38. Tubo electrónico.
39. Otros (especificar).

*Estado*

I. Sobrecarga.
II. Rota.
III. Corrosión.
IV. Pérdida-humedad.
V. Floja-apretada.
VI. Temperatura.
VII. Sucia-engrasada-oxidada.
VIII. Vibración-ruido.
IX. Desgaste.
X. Otras (especificar).

*Acción*

0. Ajustar-apretar-aflojar.
1. Alinear-enderezar-balanceo.
2. Controlar.
3. Limpiar-destapar.
4. Reemplazar.
5. Reacondicionar.
6. Modificar-cambiar.
7. Calibrar.
8. Aislar-rebobinar.
9. Otras (especificar).

*Ejemplo de aplicación de esta tarjeta.*

El inspector mecánico, durante el desarmado de una bomba, sin necesidad de escribir mucho, indicará, por ejemplo, A-II-4.

Esto le servirá de recordatorio para saber posteriormente que la máquina tenía los cojinetes rotos y se tuvieron que reemplazar.

A partir del capítulo IV y hasta el capítulo XIX inclusive de esta obra, se explica la frecuencia de inspecciones más racional adaptable a cada tipo de máquina, haciendo un análisis previo de las características de cada equipo.

Este análisis de las partes integrantes de la máquina ayuda a enfocar las partes críticas de cada máquina o instalación complementaria de la máquina. En todos los casos se hace notar la influencia decisiva del propio criterio y experiencia del jefe de mantenimiento. Estas cualidades deben ser siempre complementadas con la opinión oral o escrita (folletos, manuales, etc.) del fabricante tanto de la máquina como de los elementos de la máquina (cojinetes, etc.). La frecuencia de inspección estará siempre relacionada con las condiciones de servicio y ambientales, bajo las cuales tiene que operar cada equipo. Esto se verá en detalle al considerar compresores, bombas, puentes-grúas, cojinetes, reductores de velocidad, instalaciones eléctricas y mecánicas.

Independientemente de la opinión del fabricante en cuanto a montaje, lubricación, repuestos críticos a mantenerse en el almacén, la frecuencia de mantenimiento quedará condicionada a las horas de funcionamiento de la máquina, temperatura ambiente, condiciones ambientales del lugar de trabajo (polvo, humedad, vapores corrosivos, contaminaciones, etc.).

El mantenimiento preventivo quedará complementado con el mantenimiento rutinario y el mantenimiento correctivo. Toda máquina que demande mucho mantenimiento preventivo debe ser objeto de un estudio cuidadoso de los siguientes puntos:

1) Condiciones de servicio;

2) Frecuencia de inspección;

3) Análisis de desgastes excesivos y roturas;

4) Análisis de costos (mano de obra y materiales);

5) Análisis del cambio de la máquina.

El mantenimiento correctivo evaluará todas estas circunstancias, y se decidirá entonces por un cambio de las condiciones mismas de la máquina (naturaleza del eje, cojinetes, empaquetaduras, lubricante, etc.), o bien el reemplazo de la máquina por otra para condiciones de servicio más severas, cuyo costo inicial compensará con creces el costo de mantenimiento por frecuencia en las inspecciones, desgastes excesivos, reposición frecuente de piezas críticas, etc.

A veces puede bastar el reemplazo de un solo elemento de la máquina (tipo de cojinetes, por ejemplo) para dilatar la frecuencia de inspecciones, o sea, los intervalos de tiempo entre una y otra inspección.

Podría ser ejemplo el caso de una máquina cuyos cojinetes deban absorber esfuerzos radiales y axiales, y estuviera sólo dotada de cojinetes para absorber esfuerzos radiales. El reemplazo por los cojinetes correctos resulta ya suficiente para dilatar el intervalo de inspección.

Ejemplos como el citado se resuelven mediante un análisis de las condiciones de servicio, como ya se ha visto en los párrafos señalados anteriormente.

Si los inspectores están indicando en las planillas de inspección que todo está correcto en los equipos inspeccionados, será ésta una buena oportunidad para ir dilatando los intervalos de inspecciones (frecuencias).

En estos aspectos resulta muy útil la elaboración de lo que ya se ha considerado como procedimiento de trabajo, al confeccionar en detalle un informe explicativo acompañado de planos, croquis y los esquemas necesarios de la forma en que se han efectuado las diferentes secuencias del trabajo tanto al armar como al desarmar el equipo.

Cuando la operación de desarmar y armar un equipo lleva más tiempo que el indicado en el informe o a la inversa, menos tiempo, se estará frente a un trabajo de análisis para investigar razones y motivos (falta de entrenamiento en el personal, falta de herramientas adecuadas, falta de mano de obra especializada, falta de cooperación para el trabajo, etc.).

La descripción de un trabajo puede ser planificada teóricamente y ajustada con la realidad del armado y desarmado del equipo. Al volverse a repetir el desarmado y armado de un equipo igual o similar, ya se tiene un medio (el informe técnico) para planificar y organizar mejor el trabajo.

Esto también sería perfectamente aplicable y muy útil tenerlo en cuenta al hacer el desarmado anual de los motores diésel de la usina de la planta.

El éxito de todas las operaciones de mantenimiento depende de que la gente trabaje con verdadero espíritu de equipo, dejando de lado suspicacias y rivalidades, que siempre son de naturaleza negativa. De ahí que, como ya se indicara en el prólogo, se haga tan necesario practicar las relaciones humanas entre supervisores y operarios.

El mantenimiento rutinario o repetitivo es una operación que se hace diariamente o en intervalos de tiempo ya determinados por programación previa. Ejemplo de mantenimiento rutinario o repetitivo es cualquier operación que se haga diariamente o en intervalos de tiempo ya determinados por programación previa.

Un ejemplo de mantenimiento rutinario se encuentra en las inspecciones oculares diarias que se hacen en las instalaciones y equipos como norma de prevención y seguridad.

Se ha de observar diariamente, por intermedio de un operario o varios operarios destinados a tal fin, el estado de lámparas eléctricas para reponer las quemadas, el estado de baños, lavatorios y sanitarios que usa el personal, el estado de fusibles, reposición de vidrios rotos, ajuste de canillas de agua que pierden, etc.

En algunas fábricas (textiles, por ejemplo) se justifica un mantenimiento rutinario para determinadas máquinas o conjunto de máquinas, que puede consistir en ajustes varios, cambio de elementos por razones de producción, etc.

# CAPITULO III



Confeccionar un registro para las máquinas y equipos de una planta industrial de índole pequeña o mediana es un trabajo muy interesante. Son, por lo general, estas fábricas las que más necesitan poner en marcha un plan de inspecciones preventivas para sus equipos. Normalmente, las grandes fábricas ya tienen organizado y perfectamente encaminado este requisito, y sus registros de máquinas están formados por ficheros funcionales adquiridos en comercios especializados en esta clase de trabajos. A esta situación se ha llegado después de muchos ensayos previos y experiencias, hasta encontrar el modelo de kardex definitivo.

Un ingeniero o técnico que sea contratado para confeccionar un plan de mantenimiento preventivo no puede ni debe embarcar a la empresa que lo contrata en la compra de un costoso fichero, cuya estructura difícilmente se adapte íntegramente a las verdaderas necesidades de la planta.

En un establecimiento pequeño o mediano, con muy pocos elementos y sin necesidad de un trabajo de oficina excesivo, se puede iniciar un eficaz sistema de mantenimiento preventivo.

Para ello bastará diseñar tarjetas del tipo que se indica en las planillas 2, 3 y 4, inscriptas tanto en el anverso como en el reverso.

El jefe de mantenimiento, en colaboración con los capataces e inspectores (mecánicos, electricistas, engrasadores, etc.), como primer paso, se ocupará de confeccionar un *inventario técnico*. Al respecto puede servir de guía la planilla de inventario técnico a efectuarse para planificar el uso de la planilla de inspecciones que se adjunta en este capítulo.

El inventario técnico se irá cumpliendo por sectores o departamentos, siguiendo un ordenamiento como el indicado en la planilla que se ha citado anteriormente.

Cumplido el inventario técnico, se diseñarán las tarjetas para volcar estos datos técnicos y empezar así la formación del fichero o registro de máquinas propiamente dicho.

Seguidamente se procederá a estudiar y analizar la frecuencia de inspecciones, o sea, los intervalos de tiempo que han de mediar entre una y otra inspección de un mismo equipo. Se fijarán entonces las frecuencias de inspección que deben tener todos los equipos de la planta.

Si la frecuencia prevista resultara excesiva, el programa puede cambiarse, conforme a lo que la experiencia y criterio del jefe de mantenimiento vaya determinando.

Será necesario un oficinista con conocimientos técnicos para que vaya transcribiendo en las tarjetas los datos técnicos obtenidos por el inventario.

Un detalle importante que se ha previsto en la planilla o tarjeta 2 es que su orilla cuenta con 52 casilleros, correspondientes a las 52 semanas que tiene el año.

De conformidad con la frecuencia de inspección asignada a cada equipo, se aplicará, cubriendo el casillero correspondiente, una grapilla o indicador. Este indicador estará señalando la semana del año en que debe ser efectuada la inspección del equipo. Simultáneamente se adoptará un código de colores, que puede ser el indicado en la base de la planilla 2.

Por ejemplo, un indicador marrón estará evidenciando que la frecuencia de inspección de ese equipo es mensual. Un mismo equipo puede tener una o varias frecuencias de inspección.

Un indicador marrón en la orilla de la tarjeta señalará entonces al oficinista que debe preparar para ese equipo la planilla de inspección 1 todos los meses, o sea que, cumplida la inspección de ese mes, correrá la grapilla cuatro casilleros, correspondientes a las cuatro semanas que tiene el mes.

En realidad, hay meses que tienen cuatro semanas y media, casi cinco, pero el exceso de exactitud, como en todos los órdenes de la vida, es siempre más ilusorio que real.

Un indicador amarillo señalará al oficinista que debe elaborar para ese equipo una planilla 1 anualmente. Preparar la pla-

PLANILLA 1

## PLANILLA DE INSPECCION GENERAL
### (ADAPTABLE A VARIOS TIPOS DE EQUIPOS)

| Nº INSPECCION: | EQUIPO: | FECHA: |
| --- | --- | --- |

NOTA 1).- Esta información es el acopio del estado en que se encuentra el equipo y es importante para el presupuesto correcto de su reparación (O.R.)

NOTA 2).- Al hacer la inspección ver si la frecuencia es o no es correcta.

| INSPECCIONAR (CUANDO EL EQUIPO ESTA EN MARCHA) | METODO | BIEN | REGULAR | MAL | EXCESIVO | FISURA | VIBRACION | GASTADO | TEMPERATURA | RUIDO ANORMAL | PERDIDAS | ROTO | SUCIO | OBSERVAC. |
| --- | --- | --- | --- | --- | --- | --- | --- | --- | --- | --- | --- | --- | --- | --- |
| CUERPO | VISUAL | | | | | | | | | | | | | |
| MOTOR ELECTRICO | AUDITIVO | | | | | | | | | | | | | |
| TAPA | VISUAL | | | | | | | | | | | | | |
| PROTECCIONES de SEGURIDAD | VISUAL | | | | | | | | | | | | | |
| CIMIENTOS | AUDITIVO y VISUAL | | | | | | | | | | | | | |
| BULONES de ANCLAJE | VISUAL | | | | | | | | | | | | | |
| ANCLAJE | VISUAL | | | | | | | | | | | | | |
| ALINEACION | VISUAL | | | | | | | | | | | | | |
| TRANSMISION—VIBRACIONES | AUDITIVO y VISUAL | | | | | | | | | | | | | |
| MANCHONES de ACOPLAMIENTO | VISUAL | | | | | | | | | | | | | |
| RETENES, CAJAS PRENSA ESTOPA | VISUAL | | | | | | | | | | | | | |
| DEFENSA de ACOPLAMIENTO | VISUAL | | | | | | | | | | | | | |
| COJINETES | AUDITIVO | | | | | | | | | | | | | |
| JUNTAS | VISUAL | | | | | | | | | | | | | |
| FILTROS de ASPIRACION | VISUAL | | | | | | | | | | | | | |
| LUBRICACION | VISUAL | | | | | | | | | | | | | |
| NIVEL de ACEITE | VISUAL | | | | | | | | | | | | | |
| PINTURA | VISUAL | | | | | | | | | | | | | |
| TEMPERATURA | TACTO | | | | | | | | | | | | | |
| COLOR de ACEITE | VISUAL | | | | | | | | | | | | | |
| CAÑERIA | VISUAL | | | | | | | | | | | | | |
| CONEXIONES | VISUAL | | | | | | | | | | | | | |
| VALVULAS | VISUAL | | | | | | | | | | | | | |
| TRAMPAS | VISUAL | | | | | | | | | | | | | |
| AISLACIONES | VISUAL | | | | | | | | | | | | | |
| REFRIGERACION | VISUAL | | | | | | | | | | | | | |
| CUANDO EL EQUIPO ESTA PARADO | | | | | | | | | | | | | | |
| JUEGO RADIAL EN EL EJE | | | | | | | | | | | | | | |

CONSIDERACIONES DE LA INSPECCION ANTERIOR : ..................................................................................................................................................

| HACER ESTIMA-CION PARA LA O.R. | PRESUPUESTO | | | | | | | | | | | |
| --- | --- | --- | --- | --- | --- | --- | --- | --- | --- | --- | --- | --- |
| | Hs. HOMBRE | | | | | | | | | | | |
| | MATERIALES | | | | | | | | | | | JEFE DE MANTENIMIENTO |

nilla 1 quiere decir que el oficinista escribe (con lápiz es suficiente) el número de inspección, el nombre del equipo y la fecha correspondiente, indicada por la grapilla o indicador.

Cumplido esto, la entrega a los capataces para que éstos la distribuyan entre los inspectores correspondientes.

Como se comprenderá, previamente las habrá hecho visar por el jefe de mantenimiento.

El oficinista, diariamente, tiene que revisar el fichero para preparar todas las planillas de inspección que estén pidiendo los indicadores.

La planilla o tarjeta 2 está impresa en ambos lados (anverso y reverso). El anverso tiene toda la información sobre mecánica, electricidad, lubricación y repuestos. En el reverso están indicados los casilleros para los números de las órdenes de trabajo o reparación, fecha de realización, trabajos cumplidos, medidas adoptadas y un lugar destinado a las observaciones para indicar cualquier otro dato complementario o de interés.

Al cumplimentar la planilla 1 (bastará con hacer las anotaciones necesarias con un lápiz), el inspector marcará una cruz (x) para indicar los trabajos requeridos.

Por ejemplo, al inspeccionar el cuerpo del equipo con el método visual, si se lo encuentra bien, se hará una cruz (x) en el casillero correspondiente. Si los cojinetes, por el método auditivo, hacen ruidos anormales, se indicará también con una cruz (x) en el casillero que corresponda, y así siguiendo hasta satisfacer toda la planilla 2.

Cumplida esta planilla, el inspector, de considerarlo necesario, emitirá la correspondiente orden de trabajo. De encontrarse todo normal, se hará constar en el registro de máquinas.

En este último caso, el jefe de mantenimiento estudiará la posibilidad de dilatar la frecuencia de inspección según la importancia del equipo.

El oficinista recoge todas estas informaciones, hace las anotaciones correspondientes y procede a modificar la posición de las grapillas en las orillas de las tarjetas afectadas por la inspección y orden de reparación.

Cuando se confeccionan los formularios para las órdenes de trabajo, deben solicitarse a la imprenta encargada de los trabajos las copias que se consideren necesarias.

En general, habrá tantas copias como especialistas intervengan en el cumplimiento de las órdenes. Para facilitar esto, nada mejor que cada una de las copias tenga un color determinado.

PLANILLA 2 (anverso)

## MODELO DE PLANILLA PARA REGISTRO DE MAQUINAS Y EQUIPOS

DESCRIPCION:................................INSTALADO EN:...........
FABRICANTE:..........................DIRECCION:...................T.E.:.
PROVEEDOR:...........................DIRECCION:....................T.E.:.
N.º DE FABRICA:.........MODELO:....SERIE:......TIPO:.....N.º DE PLANO:......N.º DE CATALOGO:...
FECHA DE COMPRA:.................N.º DE ORDEN DE COMPRA:..........N.º DE REQUISICION:.........

**BOMBAS**

TIPO DE ACCIONAMIENTO:....................ALTURA MANOMETRICA:................m.
(CORREA EN V Ó PLANA - MANCHON - REDUCTOR)
BOCA DE ASPIRACION $\phi$:...... BOCA DE IMPULSION $\phi$:...... CAUDAL:.....m³/hora PESO:.......kg.
PRESION DE IMPULSION:.....kg/cm². PRESION DE ASPIRACION:..............kg/cm²
LUBRICACION:...................... COJINETES..............
OTROS DATOS:..................

**COMPRESORES**

TIPO DE ACCIONAMIENTO:...............VOLUMEN DESPLAZADO POR EL EMBOLO:....m³/hora
EMBOLOS (CANTIDAD):....DIAMETRO:......mm. CARRERA:.......mm VELOCIDAD:..........m/seg.
PRESION DE ENTRADA:....kg/cm²- PRESION DE SALIDA:....kg/cm²- BOCA DE ASPIR. $\phi$:....mm - BOCA DE IMPUL $\phi$:...mm
POTENCIA FRIGORIFICA PRODUCIDA:........FRIG./hora - POTENCIA MECANICA ABSORBIDA:......k·W
RELACION DE COMPRESION:........COJINETES:........LUBRICACION:.......
POLEAS (CANTIDAD):...............DIAMETRO:.......mm - CROQUIS N.º........
OTROS DATOS:................

**MOTOR ELECTRICO**

FABRICANTE:............MARCA:....TIPO DE CORRIENTE:.......FRECUENCIA:......R.P.M.
INTENSIDAD NOMINAL:..... A.- TENSION NOMINAL:.......V - COS. FI:....RENDIMIENTO:.........
POTENCIA NOMINAL:.......K.V.A — TIPO DE ARRANQUE:
(ESTRELLA - TRIANGULO - REOSTATO - CONTACTOR - INTERRUPTOR)
FUSIBLES:............LUBRICACION:...............
COJINETES:............ $\phi$ POLEA:..........mm
OTROS DATOS:................

**REPUESTOS**

| MATRICULA | DENOMINACION | CARACTERISTICAS | STOCK MINIMO |
|---|---|---|---|
|  |  |  |  |
|  |  |  |  |
|  |  |  |  |
|  |  |  |  |
|  |  |  |  |

| MATRICULA | DENOMINACION | TELEFONO | OBSERVACION |
|---|---|---|---|
|  |  |  |  |
|  |  |  |  |
|  |  |  |  |
|  |  |  |  |

CODIGO DE M.P. — DIARIO: INDICADOR ROJO; SEMANAL: AZUL; QUINCENAL: VERDE; MENSUAL: MARRON; TRIMESTRAL: ANARANJADO; SEMESTRAL: NEGRO Y ANUAL: AMARILLO



Columna lateral (meses / semanas): ENERO (1-4); FEBRERO (5-8); MARZO (9-13); ABRIL (14-17); MAYO (18-21); JUNIO (22-26); JULIO (27-30); AGOSTO (31-35); SEPTIEMB. (36-39); OCTUBRE (40-43); NOVIEMBRE (44-48); DICIEMBRE (49-52)

PLANILLA 2 (reverso)

| REVISIONES PERIODICAS | | | | |
|---|---|---|---|---|
| FECHA | Nº O.R. | TRABAJOS REALIZADOS | MEDIDAS ADOPTADAS | OTROS DATOS |
| | | | | |
| | | | | |
| | | | | |
| | | | | |
| | | | | |
| | | | | |
| | | | | |
| | | | | |
| | | | | |
| | | | | |
| | | | | |
| | | | | |
| | | | | |
| | | | | |
| | | | | |
| | | | | |
| | | | | |
| | | | | |
| | | | | |
| | | | | |
| | | | | |
| | | | | |
| | | | | |
| | | | | |
| | | | | |
| | | | | |
| | | | | |

Por ejemplo, los mecánicos recibirían una copia de la orden de trabajo en color rosa, los electricistas en color verde y los encargados de realizar trabajos de maquinado en color celeste. El original, de color blanco, quedará en poder del jefe de mantenimiento. De existir formularios con todas las copias del mismo color (blanco, por ejemplo), entonces se subrayará en la orden el concurso de los especialistas intervinientes. Se distribuirá una copia a cada capataz del grupo para que conozca el trabajo pedido y tome las providencias del caso con su gente.

Previamente, el oficinista habrá hecho firmar las órdenes por el jefe de producción, el jefe de mantenimiento, etc., y después de depositar o retener el original para el jefe de mantenimiento, hará llegar las copias a los capataces de las distintas especialidades.

Normalmente, todo el trabajo indicado en la orden de reparación puede hacerse durante la misma semana en que se solicita. Una vez que se termina el trabajo, el mecánico pone sus iniciales, y si no se requiere ningún trabajo complementario adicional, firma el VºBº de cumplido en la orden de reparación y la entrega a su respectivo capataz.

Una vez que todos los trabajadores han terminado su tarea y devuelven la copia de la orden al capataz, éste la examina para supervisar el trabajo especificado.

Cuando el oficinista recibe todas las copias de las órdenes cumplidas, toma la tarjeta 2 y hace las anotaciones necesarias. En todas estas anotaciones, como ya se ha indicado, es conveniente el empleo de lápiz común, pues su uso permite una escritura fácil, rápida y factible de borrarse cómodamente.

Cuando el oficinista anota en el reverso de la tarjeta principal la fecha y el número de las órdenes, conviene también que en la parte de observaciones anote las iniciales de los trabajadores intervinientes, para si ocurre alguna anormalidad posterior, saber quién fue el responsable del trabajo.

Las copias de las órdenes se mantienen en el archivo por unos meses y luego se destruyen. En este capítulo se encuentran las planillas o tarjetas 3 para registrar componentes mecánicos, y 4 para asentar componentes eléctricos.

Ya se hizo referencia anteriormente que estas tarjetas son complementarias de la tarjeta principal 2. Tanto el uso de la tarjeta 3 como el de la 4 son determinados en cada caso por el jefe de mantenimiento, pues no siempre son empleadas. Un ejemplo puede ilustrar esta aplicación.

PLANILLA 3

## COMPONENTE ELECTRICO

| EQUIPO: (NUEVO-USADO) | | N°: | | SERIE: | MARCA: | TIPO: |
|---|---|---|---|---|---|---|

TENSION      /    V.   I       AMP.   R.P.M.      cos $\varphi$      TERMICOS:      A   FUSIBLES TIPO:   K.W.   H.P.

PROTECCION TIPO:      CORRIENTE: C.C.    C.A.   ACOPLAMIENTO:   SISTEMA:   $\emptyset$ POLEA:   $\emptyset$ EJE:   LONG. EJE:

CORREA TIPO:      ANCHO:   SECCION:   LONGITUD O N°   POLEA TIPO:   CANAL. SEC.   N° DE CANALES:

TRANSMISION TIPO:      PIÑON:   $\emptyset$ PIÑON:   CADENA N°:   LONGITUD:   OBSERVACIONES:

| RODAMIENTOS TIPO: | NUMERACION | $\emptyset$ EXTERIOR | $\emptyset$ INTERIOR | ALTO | BUJE MATERIAL: | $\emptyset$ INTERIOR | LONGITUD | LUBRICACION |
|---|---|---|---|---|---|---|---|---|
| | 1° N° | | | | | | | |
| | 2° N° | | | | | $\emptyset$ EXTERIOR | | |
| | 3° N° | | | | | | | |
| | 4° N° | | | | | OBSERVACIONES: | | |

DEVANADO TIPO:      ALAMBRE TIPO:   ALAMBRE:   N° ESPIRAS POR BOBINA:   RANURAS:   OBSERVACIONES:

ELEMENTO DE MANIOBRA:      OBSERVACIONES:

ACCIONA MAQUINA N°      SECCION:   DEPARTAMENTO:   T. TRABAJO:   A.   PLENA CARGA:   A.   TEMPERATURA EXT:   °C

## REVISIONES

| FECHA | | | ORDEN DE REPARACION N° | TRABAJOS REALIZADOS | COSTO |
|---|---|---|---|---|---|
| DIA | MES | AÑO | | | |
| | | | | | |

NOTA: LAS DIVISIONES DE TRABAJOS REALIZADOS Y COSTOS PUEDEN CONTINUARSE EN EL REVERSO.

PLANILLA 4

## COMPONENTE MECANICO

| EQUIPO: (NUEVO-USADO) | N.º | SERIE: | MARCA: | TIPO: |
|---|---|---|---|---|

UTILIZADA PARA:

| DEPARTAMENTO: | SECCION: | RENDIMIENTO: |
|---|---|---|

| SISTEMA DE ACCIONAMIENTO: | MECANICO | H.P. ELECTR. | K.W. VAPOR | $kg/cm^2$ AIRE | $kg/cm^2$ |
|---|---|---|---|---|---|

| ACOPLAMIENTO: | Ø EJE: | Ø POLEA: | PIÑON MODULO: | N.º CADENA: |
|---|---|---|---|---|

| TIPO DE POLEA: | CORREA ANCHO: | LARGO: | R.P.M.: | SECCION N.º : |
|---|---|---|---|---|

### SISTEMA DE LUBRICACION   SISTEMA REFRIGERACION

| RODAMIENTOS | NUMERACION | Ø EXTERIOR | Ø INTERIOR | ALTO | BUJE MATERIAL: | | Ø EXTERIOR | Ø INTERIOR | LONGITUD |
|---|---|---|---|---|---|---|---|---|---|
| TIPO: | 1.º N.º | | | | | Nº1 | | | |
| | 2.º N.º | | | | | Nº2 | | | |
| | 3.º N.º | | | | | Nº3 | | | |
| OBSERVACIONES | 4.º N.º | | | | OBSERVACIONES | Nº4 | | | |
| | 5.º N.º | | | | | Nº5 | | | |
| | 6.º N.º | | | | | Nº6 | | | |

### REVISIONES

| FECHA | | | ORDEN DE REPARACION N.º | TRABAJOS REALIZADOS | COSTO |
|---|---|---|---|---|---|
| DIA | MES | AÑO | | | |
| | | | | | |

NOTA: LAS DIVISIONES DE TRABAJOS REALIZADOS Y COSTOS PUEDEN CONTINUARSE EN EL REVERSO.

Puede existir una máquina principal a la cual estén adosados dos o más motores eléctricos de características distintas entre sí, y, a su vez, tres reductores de velocidad de características también distintas entre sí. Se justificaría así el empleo de dos o más planillas 4 y de tres planillas 3, que se adosarán a la principal 2. La planilla o tarjeta 2 tendrá un color definido, como también tendrán un color definido las tarjetas 3 y 4, que permita diferenciarlas entre sí cómodamente. Por ejemplo, y a título de referencia, la tarjeta 2 podría ser blanca, la 3 rosada y la 4 verde, por citar algunos colores elegidos al azar.

Se vuelve a insistir, entonces, en el hecho de que tanto la planilla 3, para componentes mecánicos, como la planilla 4, para componentes eléctricos, tienen un carácter complementario o secundario con respecto a la planilla 2, que es la principal.

Tanto la planilla principal como las planillas secundarias puede decirse que son verdaderas tarjetas, pues este nombre de tarjeta o ficha es en realidad más específico que el de planillas.

Una vez que el jefe de mantenimiento las ha diseñado en función de las necesidades de la planta, encargará la confección de las mismas directamente a una imprenta, especificando los colores de cartulina elegidos, así como también las medidas que considere más adecuadas para el estuche al cual transitoriamente las destine.

La tarjeta 2 se ha llamado principal porque está destinada a un solo equipo, sea éste una bomba, un compresor, un rectificador, etcétera. El modelo que se presenta en este capítulo tiene sólo un carácter orientativo de cómo puede ser realizada una de estas tarjetas. En este caso, por comodidad de dibujo, se agrupó en una misma tarjeta bombas y compresores, cuando, en realidad, se debe considerar una tarjeta en forma individual para cada equipo. Por ello, en cada capítulo se han considerado los datos técnicos que deben ser tenidos en cuenta para el registro de máquinas. De esta forma, el jefe de mantenimiento adoptará la modalidad de tarjeta que mejor encuadre a sus necesidades y a la organización de la empresa.

PLANILLA DE INVENTARIO TÉCNICO A EFECTUARSE PARA PLANIFICAR EL USO DE LA PLANILLA DE INSPECCIONES EN CADA DEPARTAMENTO O SECTOR DE LA EMPRESA

*Nombre del equipo.* Se denominará con el nombre indicado por el fabricante de acuerdo con su función específica (compresor, transformador, interruptor, etc.).

*Fabricante.* Detallar nombre y dirección.

*Fecha de compra, orden y pedido.* Consultar los archivos para estos datos.

*Tipo, modelo y serie.* Verificar las lecturas de las órdenes de compra y las chapas indicadoras.

*Costo.* Asentar el precio que figura en la orden de compra (en la moneda original).

*Bien de uso n°.* Es el número suministrado por contaduría y que generalmente está indicado en una chapa adosada al equipo.

*Código.* Es el que suministrará el departamento de ingeniería.

*Medidas.* Se indicarán largo, ancho y alto (en este orden) de medidas externas, de modo que quede indicado el espacio que ocupa el equipo.

*Peso.* Se extraerá de la orden de compra (toneladas).

*Descripción del equipo.* Se tomarán todos los datos posibles, comenzando por los que figuran en la orden de compra, pero siempre verificándolos en el mismo equipo.

*Tanques* (ver planilla para tanques):

    *a)* Diámetro;
    *b)* Alto;
    *c)* Capacidad, espesor de paredes y fondo, material;
    *d)* Camisas: medidas, posición, propósito;
    *e)* Conexiones: medidas y destino;
    *f)* Tapas, accesorios, patas, rodado, etc.;
    *g)* Presión que soporta o vacío (mm de columna de agua).

*Bombas:*

    *a)* Material;
    *b)* Capacidad;
    *c)* Conexiones complementarias;
    *d)* Bases;
    *e)* Prensaestopa y empaquetaduras;
    *f)* Marca;
    *g)* Tipo (centrífuga, rotativa, etc.);
    *h)* Cojinetes (rodamientos, bolillas, tipo y fabricante);
    *i)* Lubricación (parte a lubricar, lubricante usado, lugares a lubricar, frecuencia, tiempo estimado).

*Agitadores:*

    *a)* Material de cada parte: carcasa, eje, paleta, etc.;
    *b)* Eje: medidas y características (revestimiento), fijo o desmontable;
    *c)* Paletas;
    *d)* Acoplamiento;
    *e)* Tipo de soporte;
    *f)* Marca;
    *g)* Cojinetes;
    *h)* Lubricación.

*Equipos en general:*

    *a)* Partes principales y sus medidas y características (incluso tipo de material);
    *b)* Capacidad de producción y/o de contenido;
    *c)* Bases: tipo, características de suspensión (flotantes, elásticas, regulables, etc.).

*Transmisión.* Se indicará el tipo y características (acoplamiento, tipo de correa, reductor o variador de velocidad y su relación, etc.).

*Velocidad.* Se indicará el valor de entrada a la máquina y el de su salida, si la tuviese, así como también el de las partes principales de la misma, que en cada caso se especificará por el departamento técnico.

*Cojinetes.* Indicar el tipo, características y medidas, siempre que sean accesibles; en caso contrario, mencionarlos de acuerdo con la función de los esfuerzos que soportan o localizar en el catálogo del fabricante.

*Lubricante.* Indicar el medio de lubricación: pistola de engrase, graseras a rosca, automáticas, etc., alemites, por arrastre, salpicados. Se hará por partes de la máquina e indicando el tipo de lubricante en cada caso. Consultar en todos los casos las instrucciones del fabricante o especialista en lubricación.

*Número de inventario de equipos auxiliares.* Son todos los instalados sobre o próximos a la máquina o equipo y para su exclusivo funcionamiento. Por ejemplo, en un tanque serán sus equipos auxiliares el agitador, reductor, registrador, llaves de arranque y protección, botoneras, etc.

*Motor.* Todos los datos se extraerán de la chapa de características del motor y de la orden de compra, y con los que se disponga se llenará el cuestionario.

*Ubicación.* La denominación de edificios y locales figura en un plano destinado al efecto.

*Fecha.* Corresponde al día en que se levanta el inventario del equipo.

# CAPITULO IV



Los compresores de uso industrial se clasifican en alternativos (a pistón) y en centrífugos.

El compresor alternativo impuso su nombre con el uso, por el movimiento de vaivén del pistón del cilindro. El recorrido del pistón dentro del émbolo se llama carrera.

En los sistemas modernos, el acoplamiento entre el compresor y el motor eléctrico trifásico se hace en forma directa, sirviendo como órgano de unión un manchón y recibiendo el conjunto el nombre de "motocompresor semi-hermético". La denominación semi-hermético obedece al hecho de que el motor eléctrico no forma un conjunto hermético con el compresor, como acontece con los motocompresores (bochas) de los acondicionadores individuales de aire para potencias eléctricas de hasta 5 HP. El acoplamiento por correas en "V" entre motor y compresor ha caído en desuso y por varias razones, entre ellas las siguientes:

1) Mayor espacio ocupado.

2) Limitación en la velocidad de rotación, con menor reciclaje de la cantidad de refrigerante en la unidad de tiempo. Esto equivale, a igual cantidad de refrigerante, a obtener menor potencia frigorífica.

3) Problemas de mantenimiento con el tensado de correas y alineación de poleas.

4) Efectos perjudiciales sobre la pista del "sello" del compresor por la cupla de arranque del motor. Se ovalizan los cojinetes del lado del volante (donde va el sello) y se originan pérdidas de aceite y refrigerante.

En las instalaciones modernas, los compresores centrífugos están ganando campo por la obtención de grandes potencias frigoríficas con máquinas de poco volumen, en donde el mantenimiento es muy escaso por la ausencia de movimiento alternativo de los componentes o sea ausencia de componentes críticos, como cigüeñal, bielas, pistones, aros, válvulas y caja de válvulas.

La simplicidad de los compresores centrífugos obedece a su diseño y construcción muy similar a las bombas centrífugas, consistiendo generalmente en un cuerpo o envoltura exterior, en el que giran dos o más ruedas impelentes montadas sobre un mismo eje.

En los compresores alternativos se emplean dos válvulas auxiliares de servicio, una del lado de baja presión o aspiración del compresor y otra del lado de alta presión o descarga del compresor.

Estas válvulas de servicio están unidas al compresor por medio de bridas abulonadas, que hacen posible la extracción del compresor para su reparación integral y la instalación de otra de repuesto y similar para continuar el servicio.

Sobre estas válvulas de servicio también van montados, generalmente, los manómetros de aspiración y descarga.

Los datos técnicos que interesan al responsable del mantenimiento, para el caso de los compresores alternativos son:

Diámetro del cilindro.

Carrera del pistón.

Estos datos que vienen dados por el fabricante en mm, permiten determinar la cilindrada (que se expresa en $m^3$. Esta "cilindrada" o volumen teórico barrido por el pistón depende de la velocidad del compresor, la cual viene dada en r.p.m. A manera de ejemplo, un fabricante de compresores puede especificar:

a 500 r.p.m. — 310 $m^3$ /hora.

a 750 r.p.m. — 465 $m^3$ /hora.

a 960 r.p.m. — 595 $m^3$ /hora.

Es usual también, que el fabricante de compresores destinados a refrigeración, especifique las capacidades que se pueden esperar del compresor a distintos regímenes de revoluciones y de acuerdo al refrigerante empleado. Así, y a título de ejemplo, un fabricante puede especificar para el compresor que vende, la siguiente información:

— a 500 r.p.m. extrae 260.000 cal/h necesitando 85 HP para su accionamiento.

— a 750 r.p.m. extrae 380.000 cal/h necesitando 125 HP para su accionamiento.

— a 960 r.p.m. extrae 490.000 cal/h necesitando 160 HP para su accionamiento.

Para R 12 (denominación del freón 12).
— a 500 r.p.m. extrae 155.000 cal/h necesitando 55 HP para su accionamiento.

— a 750 r.p.m. extrae 230.000 cal/h necesitando 80 HP para su accionamiento.

— a 940 r.p.m. extrae 290.000 cal/h necesitando 100 HP para su accionamiento.

La sociedad Americana de Ingenieros de Refrigeración, definió a principios de siglo la TONELADA DE REFRIGERACION, que es la base para entender la capacidad o potencia frigorífica que tiene un compresor. Esta unidad de medida se indica TR (toneladas de refrigeración). Por definición, una TONELADA DE REFRIGERACION, es el efecto refrigerante o refrescante que se obtiene por la fusión de una tonelada de hielo durante 24 h. Exactamente una TR es igual a $3.350 \dfrac{cal}{h}$, pues el calor latente de fusión del hielo es igual a $80 \dfrac{cal}{h} \times 1.000 \ kg = \dfrac{80.000 \ cal}{24 \ h} = 3.350 \dfrac{cal}{h}$. En la práctica y a manera de aclaración, se considera que son necesarias 1,6 TR para fabricar una tonelada de hielo. Esto tiene su explicación en que hay que llevar el agua primero a 0 °C y debido a otras pérdidas que son inevitables. En el sistema de refrigeración por compresión, el enfriamiento se produce por las calorías que absorbe el refrigerante al pasar del estado líquido (niebla en el comienzo del evaporador) al estado de gas caliente (al terminar su recorrido en el evaporador).

                                                                    

Decir que un compresor tiene una capacidad o potencia de 1 TR quiere decir que es capaz de absorber, a través del evaporador, 3.350 $\dfrac{cal}{h}$ a una sustancia (agua, por ejemplo), o, lo que es lo mismo, producir 3.350 frigorías/h, pues la frigoría tiene un efecto igual y contrario a la caloría. Se pueden sacar calorías o producir frigorías, es lo mismo. Conforme a lo que enseña la Física, en todo recipiente cerrado hay una relación biunívoca entre cada presión y cada temperatura (ver tabla Relaciones de Presión y Temp. de los Refrigerantes más comunes).

El hombre, a través de experiencias de laboratorio, logró fabricar líquidos que hierven con mucha facilidad. Estos líquidos se los hace hervir estando en recipientes cerrados (evaporadores) y reduciendo (por aspiración de un compresor) la presión reinante en el evaporador. Estos compuestos químicos que hierven con facilidad, haciendo vacío en los recipientes que los contienen, se llaman REFRIGERANTES. Los refrigerantes, al hervir, "roban" o absorben calorías al agua o salmuera a través de los tubos del evaporador, que por ser de cobre o bronce tienen muy buena conductibilidad térmica. Quitar calorías significa ENFRIAR.

Al adquirirse un compresor para determinada potencia en TR, el fabricante especifica los valores de la presión de aspiración y de descarga con que trabaja la máquina para el refrigerante indicado (generalmente FREONES en sus denominaciones R 12 y R 22) para compresores alternativos.

Al operario de mantenimiento le interesa fundamentalmente conocer las presiones de aspiración y descarga de la máquina que está cuidando. Como así también las temperaturas que el refrigerante toma a esas presiones.

Los fabricantes de refrigerantes dan tablas, como la impresa, en donde se especifican, para cada tipo de refrigerante, la relación que hay entre presiones y temperaturas, tanto para la aspiración (lado de baja del compresor) como para la descarga (lado de alta del compresor).

## SINTOMAS POR FALLAS EN COMPRESORES

| Inconveniente | Causa probable | Correctivo |
|---|---|---|
| El compresor no funciona | a) Interruptor gral. abierto<br>b) Fusibles quemados<br>c) Térmicos insuficientes<br>d) Defecto en la botonera de arranque<br>e) Sistema cerrado por razones de seguridad<br>f) Regulación del termostato demasiado alta<br>g) Solenoide de la línea no puede abrir<br>h) Inconvenientes eléctricos en el motor<br>i) Conexiones flojas. | a) Cierre el interruptor gral.<br>b) Revise los circuitos y la continuidad en los bobinados del motor por corto circuitos o puestas a tierra.<br>c) Verificar los térmicos con el amperaje requerido<br>d) Reparar o reemplazar<br>e) Investigue las causas (reparación, mantenimiento, etc.)<br>f) Investigar la correcta temperatura del evaporador, a la cual debe cortar el termostato |
|  |  | g) Repare o reemplace la solenoide<br>h) Revise las conexiones y continuidad de los bobinados<br>i) Revise los empalmes y borneras |
| El compresor hace ruido acompañado o no de vibraciones | a) Exceso de refrigerante en el cárter<br>b) Defecto en acoplamiento compresor-motor<br>c) Cañerías mal colocadas<br>d) Escapes de gas refrigerante<br>e) Aislación inadecuada en las cañerías<br>f) Aflojamiento en el rotor del motor<br><br>*Nota:* En caso de tener el cárter resistencia calefactora, revisar su estado (punto a). Esta resistencia eléctrica tiene la finalidad de vaporizar el refrige:ar.te del cárter | a) Verificar que la válvula de expansión sea la adecuada al tipo de refrigerante empleado y compruebe la regulación (pasaje de refrigerante)<br>b) Reductor de velocidad inadecuado o averiado. Examinar el compresor y reemplazar las piezas defectuosas del compresor y/o motor de accionamiento<br>c) Ajustar o agregar soportes<br>d) Investigar con lámpara de Halide<br>e) Verificar el espesor de las aislaciones<br>f) Verificar el estado de los cojinetes |

| Inconveniente | Causa probable | Correctivo |
| --- | --- | --- |
| *Alta presión de descarga* | a) Condensador con insuficiente caudal de agua y/o temperatura del agua demasiado elevada<br>b) Suciedad— Válvula de expansión obstruida Tubos obstruidos<br>c) Gases no condensables en el sistema<br>d) Exceso de refrigerante en el sistema<br>e) Válvula de descarga defectuosa<br>f) Poca capacidad del condensador | a) Ajustar la regulación de la válvula de entrada de agua<br>b) Efectuar limpieza en la línea de líquido (filtros y sustancias deshidratantes)<br>c) Purgar el aire<br>d) Extraer lo necesario<br>e) Revisar y/o cambiar<br>f) Verifique el condensador con los datos del proyecto |
| *Baja presión de descarga* | a) Temperatura de condensación defectuosa<br>b) Válvula de aspiración del compresor parcialmente cerrada<br>c) Cantidad insuficiente de refrigerante<br>d) Aros del pistón defectuosos; válvula de servicio para descarga con defectos<br>e) Baja presión de aspiración<br>f) Compresor sin compresión suficiente<br>g) Condensador sobredimensionado | a) Revise las condiciones del agua de enfriamiento<br>b) Revisar los flappers o lámina de la válvula<br>c) Verifique escape, hacer las reparaciones necesarias y agregar refrigerante<br>d) Examinar interiormente el compresor<br>e) Ver punto 6° "Baja presión de aspiración"<br>f) Ver punto 8°<br>g) Verifique la aplicación |
| *Presión de succión demasiado elevada* | a) Excesiva carga calórica<br>b) Válvula de expansión sobrealimentada<br>c) Compresor trabajando sin compresión | a) Reducir la carga o completar otro equipo<br>b) Verifique la fijación del bulbo. Verifique el rango de la válvula de expansión<br>c) Extraer la caja de válvula y verificar estado |
| *Baja presión de aspiración* | a) Falta de refrigerante<br>b) Evaporador sucio o sobreenfriado<br>c) Obstrucción de filtro y secadores en la línea de líquidos saturados de humedad.<br>d) Mallas o filtros co- | a) Investiguen pérdidas y/o agreguen carga de refrigerante<br>b) Limpiar<br>c) Reemplazar<br>d) Limpiar<br>e) Revisar y calibrar para una adecuada es- |

| Inconveniente | Causa probable | Correctivo |
| --- | --- | --- |
| | locados en la aspiración del compresor, sucios<br>e) Mal funcionamiento de la válvula de expansión (cubierta excesiva de escarcha)<br>f) Temperatura de agua condensación demasiado baja<br>g) Compresión deficiente | trangulación del refrigerante<br>f) Estrangular circulación de agua por el condensador<br>g) Examinar aros de pistones |
| *Elevada presión de descarga del líquido refrigerante en el condensador* | a) Aire o gases no condensables en el sistema<br>b) Entrada de agua al condensador con temperatura demasiado elevada<br>c) Insuficiente cantidad de agua de refrigeración en el condensador<br>d) Condensador tapado.<br>e) Exceso de refrigerante en el circuito | a) Purgar el condensador<br>b) Aumentar el caudal de agua<br>c) Revisar las bombas y línea de caudal de agua<br>d) Limpiar los filtros y cañerías de agua y/o limpiar los tubos de los condensadores<br>e) Extraer el exceso de freón |
| *Baja presión de descarga del líquido refrigerante en el condensador* | Demasiado baja la carga de freón en el sistema<br><br>Pequeñas fugas en las válvulas de descarga (flappers) del compresor<br><br>Agua de entrada al condensador, demasiado fría<br><br>Mala regulación o fallas en la válvula de expansión | Reponga la cantidad necesaria de freón<br><br>Revise las válvulas y cambie las que estén falladas<br><br>Estrangule la entrada de agua al condensador<br><br>Ajuste o reemplace la válvula de expansión |
| *Presión de aspiración demasiado elevada* | Válvula de expansión sobrealimentada<br>Escapes o fugas de gas freón por las válvulas de aspiración | Regular la válvula para una mayor estrangulación<br><br>Extraer el cabezal del compresor y examinar las válvulas |
| *Presión de aspiración demasiado baja* | Insuficiente refrigerante en el sistema | Agregar la cantidad necesaria |

| *Inconveniente* | *Causa probable* | *Correctivo* |
|---|---|---|
|  | Obstrucciones en la línea de líquido | Extraer y limpiar los filtros |
|  | Pasa insuficiente líquido por la válvula de expansión | Regular la válvula |
| *El compresor se detiene por elevada presión de descarga* | Incorrecto ajuste del presostato, sobrecarga de refrigerante | Verificar la calibración por alta |
|  | Escasez de agua de refrigeración en el condensador | Extraer el exceso, reponiéndolo al tubo<br>Investigar la deficiencia |
|  | Fallas en la bomba de agua | Revisar el motor y la bomba. Revisar los filtros y comprobar el estado de las válvulas |
|  | Obstrucción en las cañerías de agua |  |
| *El compresor se detiene por accionamiento del presostato en baja presión de aspiración* | Filtros de refrigerantes obstruidos | Limpiar los filtros |
|  | Deficiente estado de las válvulas de aspiración | Extraer el cabezal e inspeccionar las válvulas |
| *El compresor marcha continuamente* | Disminución anormal del refrigerante en el sistema | Reponer cantidad necesaria de refrigerante |

RELACIONES DE PRESIÓN Y TEMPERATURA DE LOS
REFRIGERANTES MÁS COMUNES

| Temperatura | | Anhídrido Sulfuroso $SO_2$ | Cloruro de Metilo $CH_3Cl$ | Freón-12 $CCl_2F_2$ | Amoníaco $NH_3$ | Freón-22 $CHClF_2$ |
|---|---|---|---|---|---|---|
| °F | °C | | | | | |
| —40 | —40,0 | 23,5" | 15,9" | 10,9" | 8,7" | 0,6 |
| —35 | —37,2 | 22,4" | 13,8" | 8,4" | 5,4" | 2,7 |
| —30 | —34,4 | 21,1" | 11,5" | 5,5" | 1,6" | 5,0 |
| —25 | —31,7 | 19,6" | 8,9" | 2,3" | 1,3 | 7,5 |
| —20 | —28,9 | 17,9" | 6,1" | 0,6 | 3,6 | 10,3 |
| —15 | —26,1 | 16,1" | 2,9" | 2,4 | 6,2 | 13,3 |
| —10 | —23,3 | 13,9" | 0,3 | 4,5 | 9,0 | 16,6 |
| — 5 | —20,6 | 11,5" | 2,1 | 6,8 | 12,2 | 20,2 |
| 0 | —17,8 | 8,9" | 4,2 | 9,2 | 15,7 | 24,1 |
| 5* | —15,0* | 5,9" | 6,5 | 11,8 | 19,6 | 28,3 |
| 10 | —12,2 | 2,6" | 8,9 | 14,7 | 23,8 | 32,9 |
| 15 | —9,4 | 0,5 | 11,6 | 17,7 | 28,4 | 37,9 |
| 20 | —6,7 | 2,5 | 14,5 | 21,1 | 33,5 | 43,3 |
| 25 | —3,9 | 4,6 | 17,6 | 24,6 | 39,0 | 49,1 |
| 30 | —1,1 | 7,0 | 21,0 | 28,5 | 45,0 | 55,3 |
| 35 | 1,7 | 9,6 | 24,6 | 32,6 | 51,6 | 61,9 |
| 40 | 4,4 | 12,4 | 28,6 | 37,0 | 58,6 | 69,0 |
| 45 | 7,2 | 15,5 | 32,8 | 41,7 | 66,3 | 76,6 |
| 50 | 10,0 | 18,8 | 37,3 | 46,7 | 74,5 | 84,7 |
| 55 | 12,8 | 22,4 | 42,1 | 52,0 | 83,4 | 93,3 |
| 60 | 15,6 | 26,2 | 47,3 | 57,7 | 92,9 | 102,5 |
| 65 | 18,3 | 30,4 | 52,8 | 63,7 | 103,1 | 112,3 |
| 70 | 21,1 | 34,9 | 58,7 | 70,1 | 114,1 | 122,6 |
| 75 | 23,9 | 39,8 | 65,0 | 76,9 | 125,8 | 133,5 |
| 80 | 26,7 | 45,0 | 71,6 | 84,1 | 138,3 | 145,0 |
| 85 ▲ | 29,4 ▲ | 50,6 | 78,6 | 91,7 | 151,7 | 157,2 |
| 86 ▲ | 30,0 ▲ | 51,8 | 80,0 | 93,2 | 154,5 | 159,8 |
| 90 | 32,2 | 56,6 | 86,0 | 99,6 | 165,9 | 170,1 |
| 95 | 35,0 | 62,9 | 93,8 | 108,1 | 181,1 | 183,7 |
| 100 | 37,8 | 69,8 | 102,0 | 116,9 | 197,2 | 198,0 |
| 105 | 40,6 | 77,2 | 110,7 | 126,2 | 214,2 | 213,0 |
| 110 | 43,3 | 85,1 | 119,8 | 136,0 | 232,3 | 228,7 |
| 115 | 46,1 | 93,3 | 129,5 | 146,5 | 251,5 | 245,2 |
| 120 | 48,9 | 101,8 | 139,5 | 157,1 | 271,7 | 262,6 |

**NOTA**

El vacío está indicado en pulgadas (") de mercurio por debajo de la presión atmosférica.

Las presiones manométricas están indicadas en libras por pulgada cuadrada.

* Temperatura normal de evaporación.
▲ Temperatura normal de condensación.

## INSTALACION DE FUERZA MOTRIZ
## PARA ACCIONAR COMPRESORES
*(Figuras 1-IV., 2-IV. y 3-IV.)*

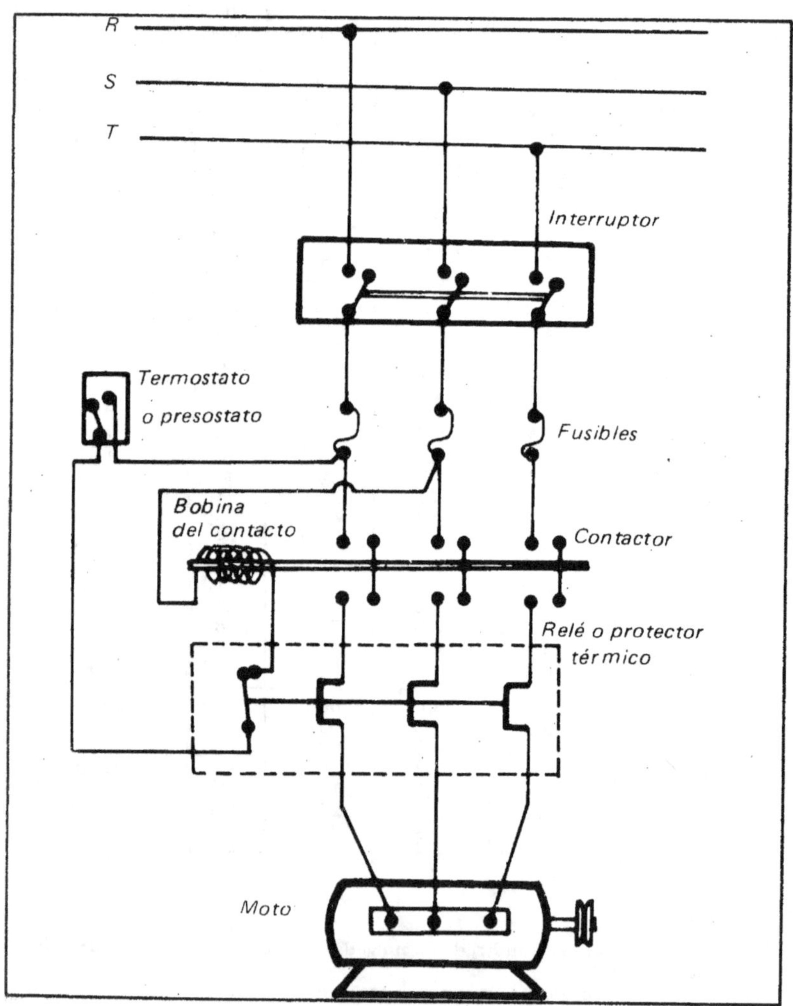


Fig. 1-IV. Circuito de comando de un motor trifásico protegido con relé térmico.

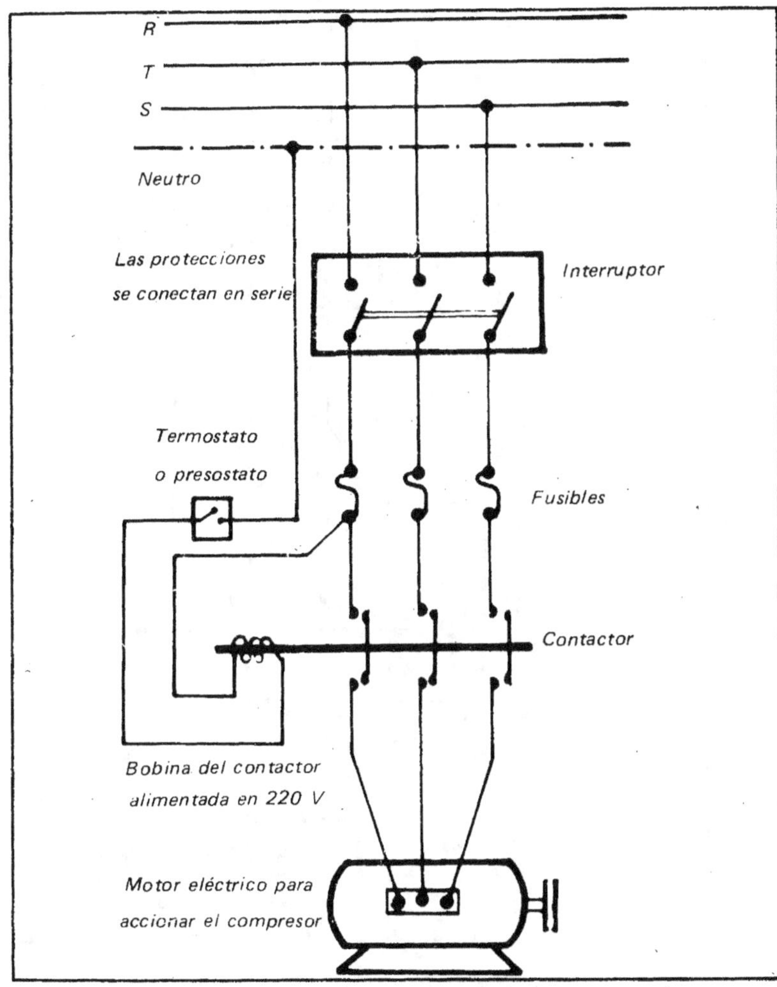



Fig. 2-IV. Circuito de un motor trifásico con contactor y bobina de 220 voltios.

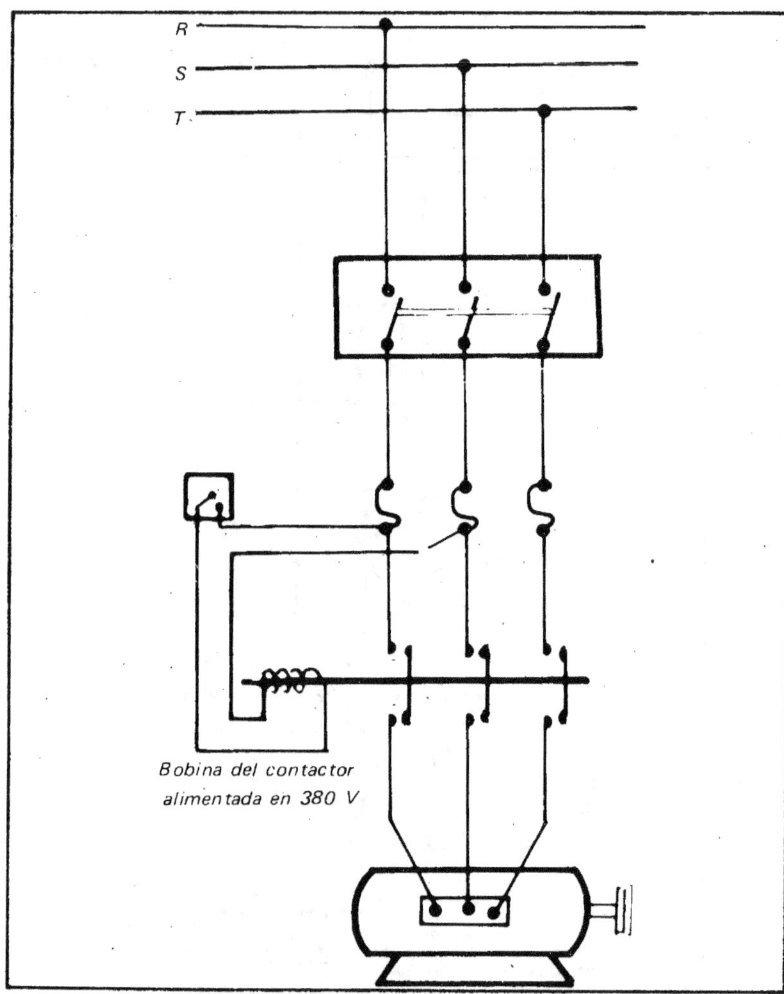


Fig. 3-IV. Circuito de un motor trifásico con contactor y bobina de 380 voltios.

NOTA: El conjunto formado por el interruptor, los fusibles y el contactor reciben el nombre de "Arrancador combinado".

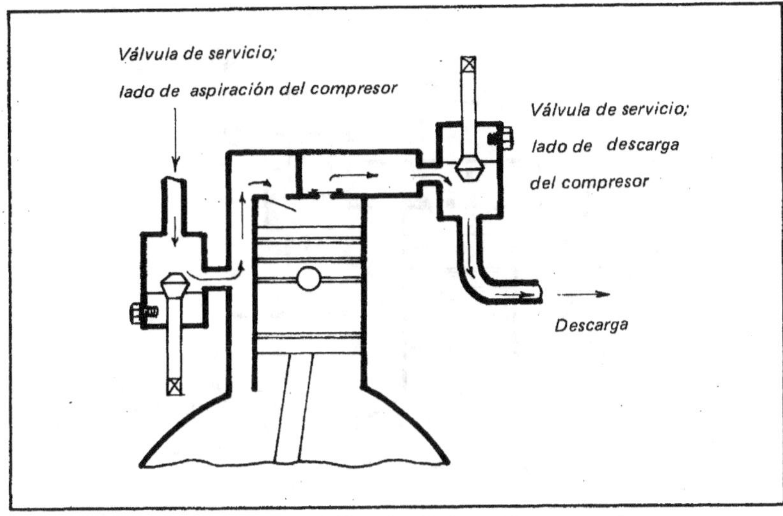



Fig. 4-IV. Posición abierta o de funcionamiento normal de una válvula de servicio del compresor (la comunicación con el manómetro está cerrada, los vástagos están corridos del todo hacia afuera).

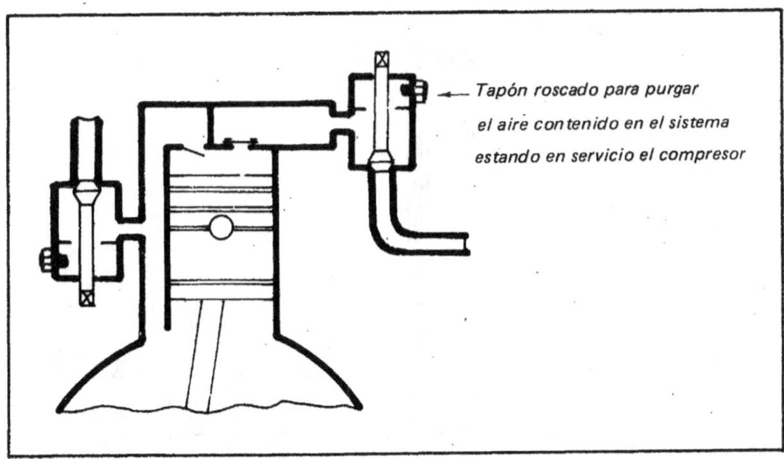



Fig. 5-IV. Posición cerrada de las válvulas de servicio del compresor (está interrumpida toda comunicación entre el compresor y el sistema frigorífico. Los vástagos están corridos del todo hacia adentro).

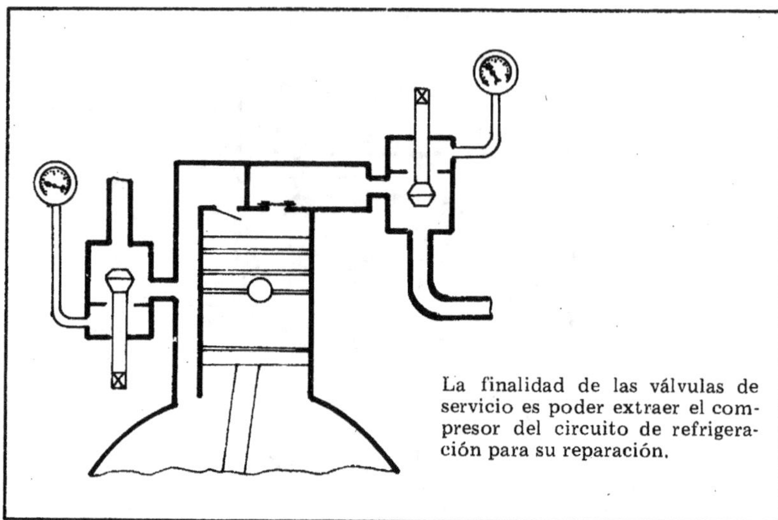



Fig. 6-IV. Posición intermedia de las válvulas de servicio del compresor para la lectura de los manómetros.

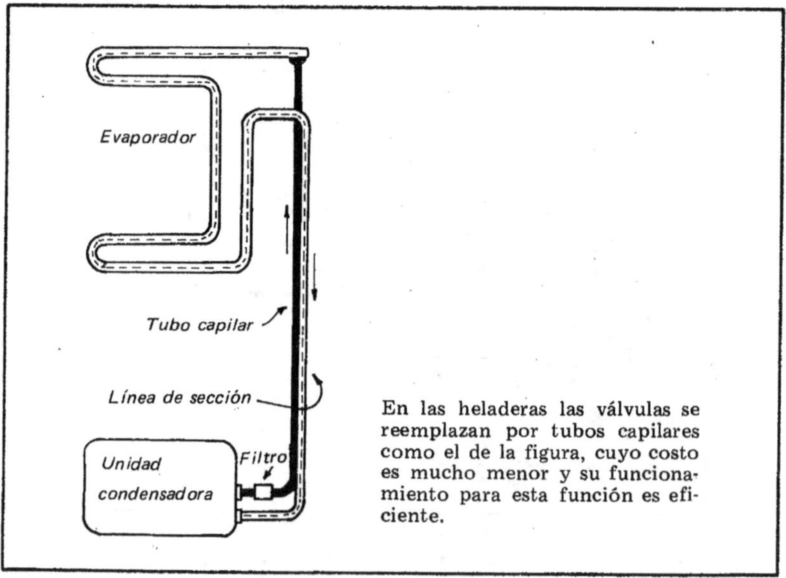



Fig. 7-IV. Tubo capilar

CARACTERÍSTICAS COMPARATIVAS DE LOS REFRIGERANTES MÁS COMUNES

| *CARACTERISTICAS* | *Amo-níaco* | *Freón-12* | *Cloruro de Metilo* | *Anhí-drido Sulfu-roso* | *Freón-114* |
|---|---|---|---|---|---|
| 1. Fórmula quí-mica ..... | $NH_3$ | $CCl_2 F_2$ | $CH_3 Cl$ | $SO_2$ | $C_2 Cl_2 F_4$ |
| 2. Color del lí-quido ...... | incoloro | incoloro | incoloro | incoloro | incoloro |
| 3. Olor ...... | picante | dulce | dulce | picante | dulce |
| 4. Toxicidad .. | alta | escasa | mediana | alta | — |
| 5. Inflamabili-dad ....... | escasa | no | escasa | no | no |
| 6. Temperatura de ebullición a la presión atmosférica en °C ..... | —33,2 | —29,83 | —23,76 | —10,08 | + 3,5 |
| 7. Temperatura de solidifica-ción a la pre-sión atmosfé-rica en °C .. | —77,7 | —155 | —97,78 | —72,72 | — |
| 8. Presión de e-vaporación a —15 °C (5 °F) en lb/pulg$^2$ ..... | 19.6 | 11,8 | 6,5 | 5,9" | 16,1" |
| 9. Presión de condensación a 3 0 ° C (86 °F) en lb/pulg$^2$ ... | 154,5 | 93,2 | 80 | 51,8 | 22 |
| 10. Peso específi-co del vapor saturado a —15 °C (5 °F) en kg/m$^3$ | 1,97 | 10,789 | 3,58 | 2,50 | 3,80 |
| 11. Peso específi-co del líqui-do a 30 °C en kg/m$^3$ .. | 595 | 1.292 | 901 | 1,353 | 1.440 |
| 12. Peso del gas relativo al ai-re (peso del aire = 1) a 0 °C y a la presión at-mosférica .. | 0,596 | 4,26 | 1,78 | 2,26 | — |

| CARACTERISTICAS | Amo-níaco | Freón-12 | Cloruro de Metilo | Anhí-drido Sulfu-roso | Freón-114 |
|---|---|---|---|---|---|
| 13. Calor latente de vaporiza-ción a —15 °C (5 °F) en kcal/kg.. | 314 | 38,55 | 100,40 | 94,20 | 34,44 |
| BTU/lb .... | 565 | 69,47 | 180,71 | 169,38 | 61,98 |
| 14. Calor latente de condensa-ción a 30 °C (86 °F) en kcal/kg .. | 273,6 | 33,15 | 88,41 | 79,3 | 30,25 |
| BTU/lb .... | 492,6 | 59,47 | 159,13 | 142,8 | 54,45 |
| 15. Volumen es-pecífico del vapor satura-do a —17,8 °C (0 °F) en litros/kg ... | 570 | 100 | 320 | 450 | 297 |

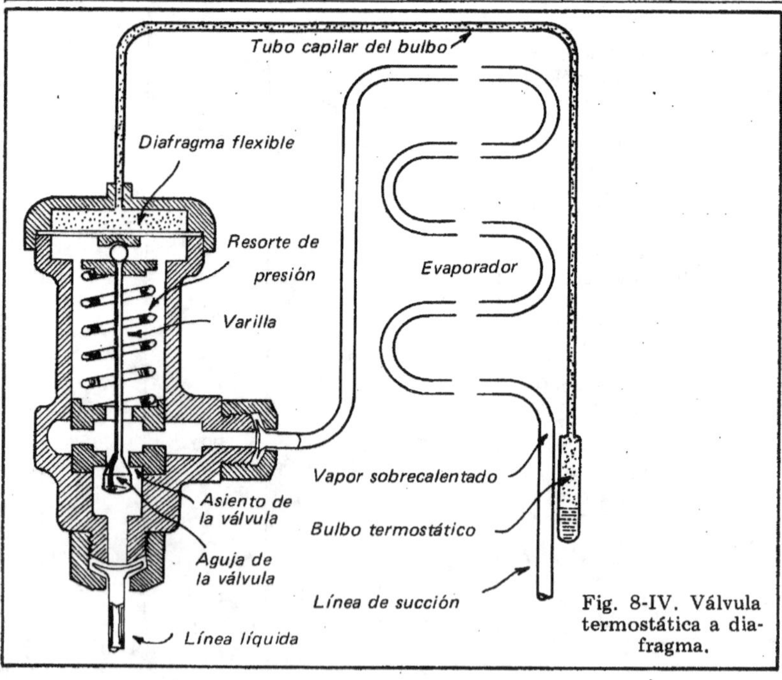


Fig. 8-IV. Válvula termostática a dia-fragma.

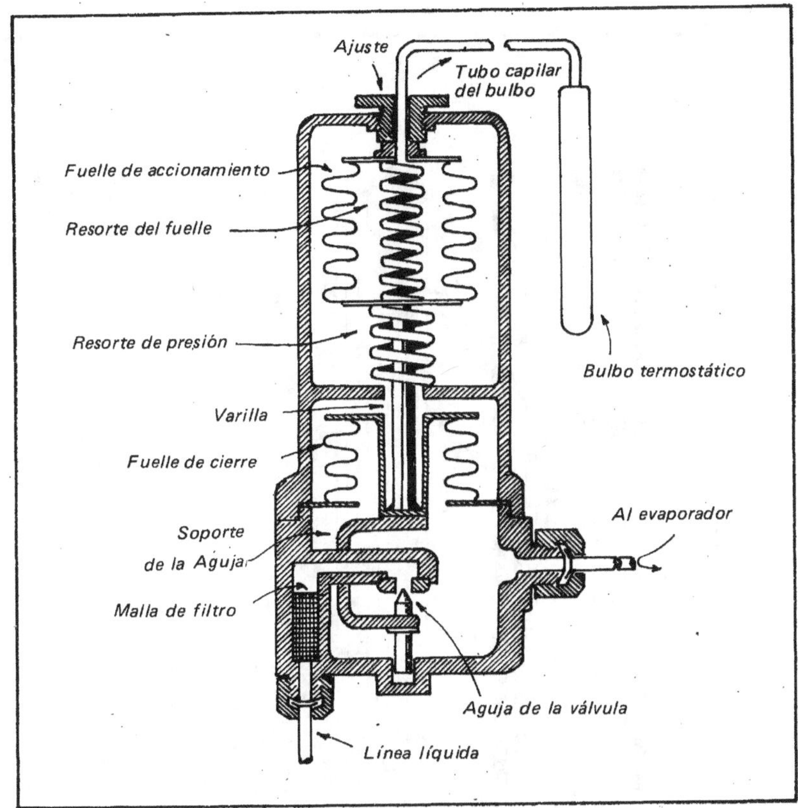


Fig. 9-IV. Válvula termostática a fuelle.

## Mantenimiento preventivo en equipos e instalaciones para aire acondicionado

Aunque la finalidad de este libro no es el desarrollo de temas tan especializados como son la refrigeración y la calefacción, no podemos dejar de dar algunos conceptos básicos sobre los temas mencionados.

El estado de ánimo es ayudar a una más clara comprensión de los componentes, para desarrollar mejor el mantenimiento sugerido.

Así, entonces, comenzamos estudiando la figura 10-IV, que representa el esquema básico de una instalación frigorífica, para el enfriamiento del agua destinada al servicio de aire acondicionado.

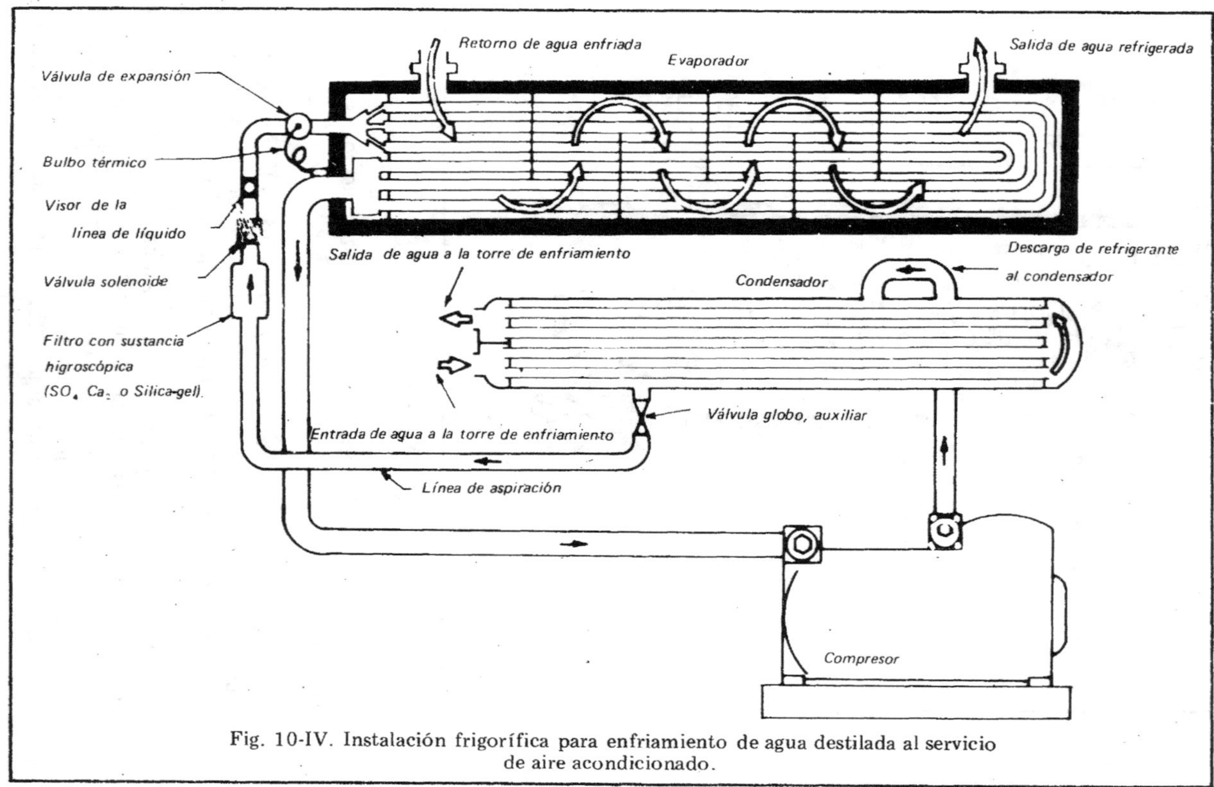


Fig. 10-IV. Instalación frigorífica para enfriamiento de agua destilada al servicio de aire acondicionado.

De estos componentes, el compresor, sea éste centrífugo o alternativo, no representa el equipo crítico. Después de explicar qué función cumple, proponemos un análisis de fallas y sus posibles soluciones.

*Definiciones básicas en instalaciones
para aire acondicionado (refrigeración
y calefacción)*

*Aislante térmico:* material que conduce poco el calor. Se usa fundamentalmente para mantener la temperatura en un ambiente determinado.

*Caloría:* cantidad de calor necesario para elevar la temperatura de 1 litro de agua destilada, de 14 a 15 °C, con una presión atmosférica de 760 mm y al nivel del mar. Es una unidad de energía.

*Caloría/hora:* unidad que indica el número de calorías que intervienen en cualquier proceso en una hora. Es una unidad de potencia.

*Calor latente:* energía puesta en juego en un cambio de estado.

*Calor Sensible:* es el que sólo varía la temperatura de la sustancia que lo absorbe y no cambia su estado físico.

*Carga térmica:* cantidad de calor que se produce en un ambiente.

*Circulación:* en aire acondicionado es el movimiento del aire.

*Condensación:* es el paso del estado de vapor a líquido. Se lleva a cabo transfiriendo calor proveniente del ambiente.

*Deshumedificación:* es la reducción por cualquier proceso, de la cantidad de vapor de agua contenida en el aire.

*Evaporación:* es el paso del estado líquido al gaseoso. Durante esta transformación, el líquido absorbe calor.

*Filtro de aire:* dispositivo mecánico que elimina las partículas que están en suspensión en el aire que pasa a través de él.

*Frigorías:* calorías puestas en juego en un proceso de enfriamiento.

*Humedad:* cantidad de vapor de agua que contiene el aire.

*Refrigerante:* sustancia que se caracteriza por tener temperatura de vaporización baja. El calor que absorbe al pasar del estado líquido al gaseoso disminuye la temperatura ambiente.

*Ventilación:* proceso de suministrar o quitar aire a un ambiente por medios mecánicos o naturales.


*Esquema básico de una instalación*
*frigorífica para enfriamiento de*
*agua destinada al servicio de*
*aire acondicionado*


El gas refrigerante (por ej.: freón) es comprimido por el compresor y descargado a alta presión en el condensador, donde el calor de compresión es extraído al ponerse en contacto el gas con la superficie fría de los tubos del condesador, por cuyos tubos entra y sale el agua de enfriamiento que proporciona una torre de enfriamiento.

El gas freón, al encontrarse así con una superficie fría y a menor presión, se va transformando al estado líquido, pero conservando la suficiente presión para laminarse a través de la válvula de expansión e ingresar en el evaporador en forma de niebla espesa (vapor saturado, húmedo, de freón), para comenzar a vaporizarse a raíz de la baja de presión que reina en el evaporador, por efecto de la aspiración del compresor.

La niebla de freón, al ponerse en contacto con los tubos de bronce del evaporador e ir robando las calorías, que a través de los tubos le transmite el agua, se vaporiza (hierve) y se va transforman-

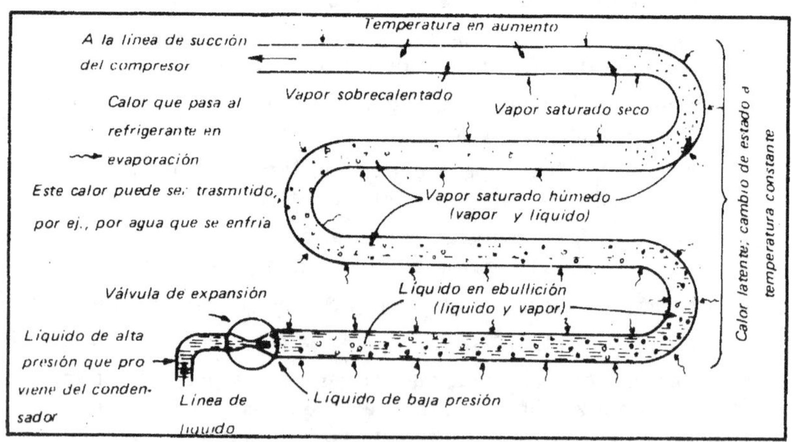


Fig. 11-IV. Esquema del proceso de la vaporización del refrigerante en un evaporador.

do en vapor de freón seco y caliente al final de su recorrido por los tubos en U del evaporador, para ser aspirado por el compresor y repetir así el ciclo de refrigeración.

O sea, que haciendo circular una cantidad constante de refrigerante por el circuito compresor-evaporador-condensador-válvula de expansión, la técnica resolvió el problema de lograr grandes efectos de enfriamiento con una cantidad relativamente pequeña de refrigerante, pero haciéndolo circular muchas veces, como r.p.m. tenga el compresor elegido.

En la figura 10-IV se muestra un filtro con sustancia higroscópica (p. ej.: silica-gel) para aprovechar y retener los posibles vestigios de humedad que pudiera contener el freón, como así también impurezas que pudieran obstruir la válvula de expansión.

Esta válvula, convenientemente calibrada controla el caudal de refrigerante (freón) que ingresa al evaporador, para absorber el calor que le transmite el agua a través de los tubos de bronce o cobre.

El agua, enfriada así, con la ayuda de bombas impelentes, hace un circuito cerrado, pasando por serpentinas y ventiladores (fan-oil), brindando aire frío filtrado y con adecuado porcentaje de humedad, o sea "acondicionado".

El agua, que entra y sale del condensador, también cierra un circuito a través de bombas impelentes y una torre de enfriamiento que se encarga de disipar el "calor de condensación" del agua, o sea el calor que a través de los tubos de bronce del condensador le transmiten los gases de freón calientes, para transformarse en freón líquido.

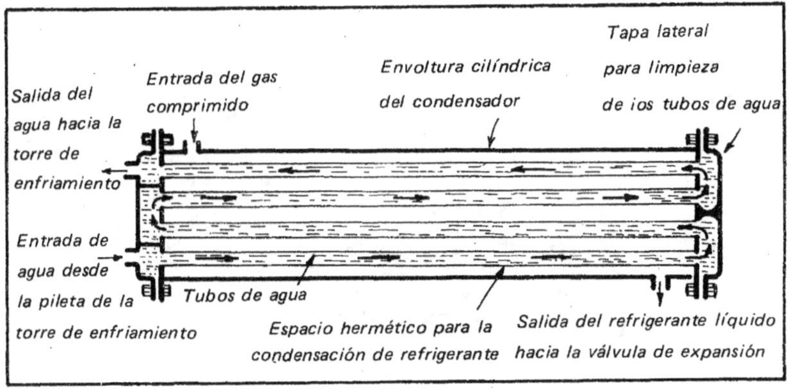


Fig. 12-IV. Esquema del principio ae un condensador multitubular.

## Torres de enfriamiento

Esta instalación, generalmente ubicada en las azoteas de los edificios, tiene la finalidad de transferir a la atmósfera el calor que ha tomado el agua de enfriamiento en el condensador, para que el refrigerante tome nuevamente su estado líquido, y comenzar, así, un nuevo ciclo de enfriamiento.

La estructura y tipos más frecuentes de torres de enfriamiento pueden apreciarse en los esquemas de las figuras 13-IV a 17-IV.

El desgaste prematuro de los cojinetes de los ventiladores es un indicio de necesidad de balanceo dinámico de las paletas del ventilador.

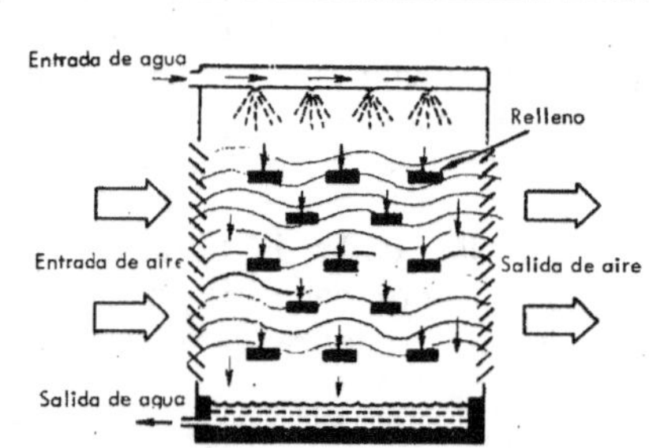


El agua atomizada cae sobre el relleno, que mejora la eficiencia del enfriamiento por la mayor distribución del caudal de agua y la mayor superficie húmeda expuesta.

Las persianas laterales permiten el pasaje del aire exterior a través de la torre.

Fig. 13-IV. Torre atmosférica de flujo cruzado.

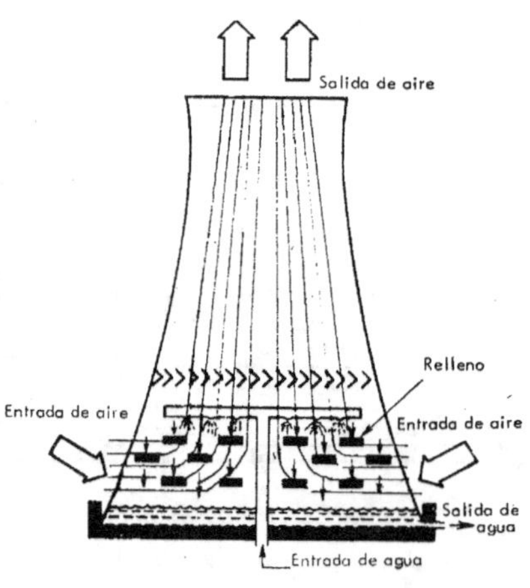


Se comporta como una enorme chimenea. El aire exterior, más pesado, entra por la base de la torre, desplazando hacia arriba el aire saturado, más liviano, haciéndolo salir por la parte superior. El agua distribuida sobre el relleno cae en contracorriente con el aire inducido enfriándose.

Fig. 14-IV. Torre de tiro natural hiperbólica.

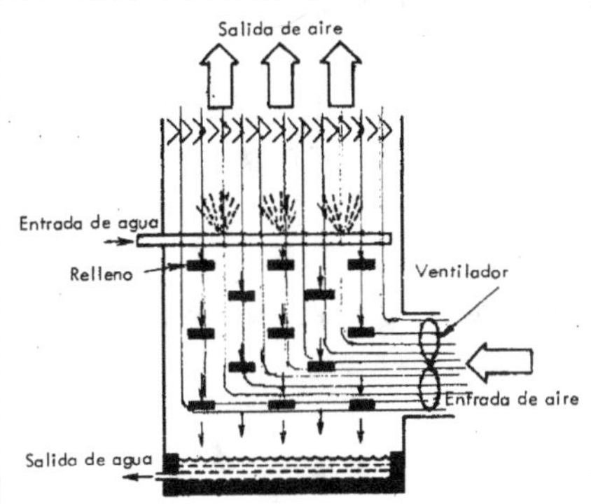



Lleva uno o más ventiladores para mover grandes cantidades de aire a través de la unidad. El aire impulsado por el ventilador atraviesa el relleno enfriando las gotas de agua que caen. Separadores de gotas evitan que una parte del agua se pierda en la atmósfera.

Fig. 15-IV. Torre de tiro forzado.

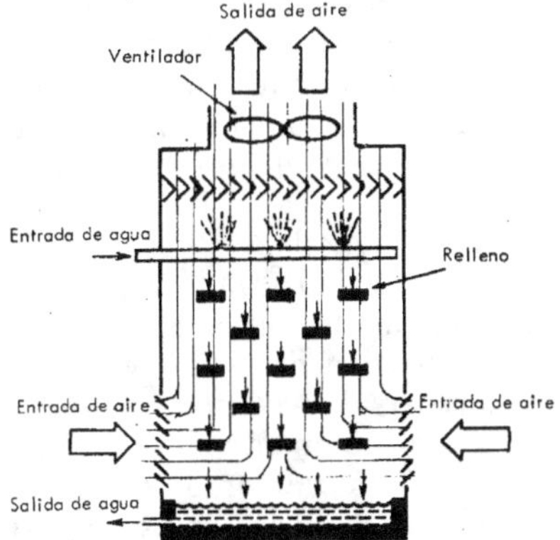



El aire aspirado asciende enfriando las gotas de agua que caen a través del relleno. El aguá caliente entra en contacto con el aire más húmedo y el agua más fría con el aire más seco. Se minimiza la recirculación de aire caliente en la parte superior de la torre debido a la acción de los ventiladores.

Fig. 16—IV. Torre de tiro incluido en contracorriente.

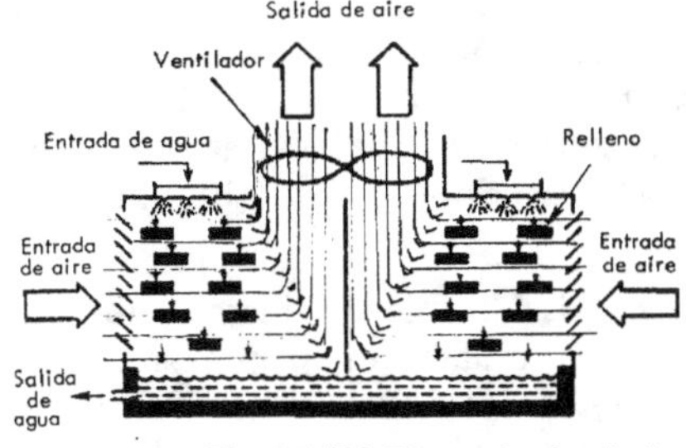



El flujo de aire horizontal atraviesa el relleno mientras cae sobre él una lluvia de pequeñas gotas de agua. La pérdida de presión estática del aire es menor, pues la resistencia que se opone al flujo de aire es menor. Los separadores de toas desvían el aire hacia la parte superior de la torre.

Fig. 17-IV. Torre de tiro inducido de flujo cruzado.

*Mantenimiento de los sistemas de ventilación, calefacción
y refrigeración para acondicionamiento de aire*

Se consideran partes esenciales, las que se detallan:

1) Equipos acondicionadores (compactos e individuales).

2) Desagües.

3) Ventiladores.

4) Condensadores, evaporadores y serpentinas refrigerantes.

5) Filtros.

6) Compresores.

7) Torres de enfriamiento.

8) Parte eléctrica y controles.

1º) *Equipos acondicionadores*: Están contituidos, en el caso de los edificios, por compactos que contienen el conjunto de serpentinas refrigerantes y los correspondientes ventiladores centrífugos que han de efectuar la utilización del aire acondicionado en los lugares de utilización (Serpentina-Ventilador, o, *fan-coil.*)

Como siempre, lo fundamental es la correcta limpieza, sobre todo las paredes de la cavidad donde está contenido el equipo (compacto) y las rejillas de los conductos que suelen acumular una considerable cantidad de pelusa y polvo grasoso.

Anualmente debe efectuarse una limpieza general de las paredes, techo y divisiones del compacto que contiene la serpentina-ventilador, (*fan-coil*). Mensualmente debe efectuarse la limpieza del *fan-coil* en todas sus partes. Quincenalmente cambiar los filtros de aire.

2º) *Desagüe*: Los conjuntos serpentina-ventilador están provistos de bandejas colectoras y conductos destinados a drenar el agua de limpieza y condensación.

Mensualmente deben ser inspeccionados los conductos de drenaje destinados a este servicio. Para evitar olores desagradables se debe cuidar que los sifones (si los hubiere), tengan el nivel correcto de agua.

3º) *Ventiladores centrífugos*: La limpieza, ajuste, y lubricación de los ventiladores debería efectuarse en primavera. Merecen especial cuidado los cojinetes con metal antifricción, los cuales no sólo pueden destruirse así mismo, sino también arruinar el eje. En el caso de rodamientos puede girar el aro interior de los mismos.

*Se recomienda la siguiente frecuencia de inspección:*

*Semanalmente*: Revisar los estiramientos de las correas del compresor-motor eléctrico, cuando son nuevas, y repetir la inspección mensualmente. Deben tensarse adecuadamente para evitar que patinen. El tensado correcto se consigue aproximadamente cuando la presión con el pulgar en el medio de su longitud, y en la parte superior, baja el espesor de la correa.

Con una regla debe verificarse que las poleas del ventilador (o compresor) y motor eléctrico se encuentren alineadas y contenidas en un mismo plano.

La polea o volante del compresor normalmente es de fundición de hierro, el cual debe estar correctamente equilibrado (balanceado) a fin de evitar vibraciones que arruinen los cojinetes. Las correas más comúnmente empleadas son las correas en V, de sección trapezoidal. Las correas en V se diferencian entre sí según la sección y el largo que tienen.

*Semestralmente*: Revisar el ajuste de las tuercas y bulones de anclaje, en poleas volantes, como así de la máquina.

*Anualmente*: Debe efectuarse una limpieza desengrasando y extrayendo el polvo acumulado en las superficies interiores y exteriores de los *fan-coil*. Conviene repetir la pintura anticorrosiva. Los cojinetes deben limpiarse cuidadosamente. Por cuidadosamente se entiende, que la limpieza debe evitar que se introduzcan partículas extrañas en las pistas que originan un rápido deterioro, en lugar del mejoramiento deseado.

4º) *Condensadores, evaporadores y serpentinas de enfriamiento*: Las serpentinas aleteadas, dentro de las cuales circula el agua refrigerada, deben ser limpiadas exteriormente para despojarlas de la suciedad y de esta forma mejorar el coeficiente de transmisión. La suciedad y el polvo es fácilmente desprendible con agua a presión y cepillado adecuado.

La suciedad grasosa se desprende con ayuda de cepillos, y agua convenientemente jabonosa, para desprender las sustancias adheridas del lado que entra el aire impulsado por el ventilador. En caso de ser suciedad con alto grado de grasitud debe sumarse el empleo de una solución con soda cáustica, teniendo especial cuidado de practicar el correcto enjuague posterior, para evitar el ataque químico a la serpentina. Los condensadores, normalmente del tipo tubular (pueden ser tubos de bronce o hierro) están o deben estar provistos de cabezales extraíbles, para facilitar la limpieza de los tubos. En el caso de los condensadores no convienen que sean del tipo a serpentina con aletas, pues la limpieza, como ya se ha visto, es más dificultosa por la necesidad de recurrir a métodos químicos de limpieza.

5º) *Filtros*: Los filtros comúnmente empleados en aire acondicionado pueden ser de dos clases: a viruta metálica galvanizada o lana de vidrio.

Para su perfecta instalación en sus respectivos armazones, se deberá observar que la malla, normalmente de la parte exterior, sea la que recibe la entrada de aire, pasando por su interior a través de decrecientes mallas, hasta salir por la malla fina, por donde sale el aire purificado para la utilización, previo enfriamiento y humectación. El mantenimiento de estos elementos se circunscribe a la limpieza prolija. Esta operación es por demás sencilla, debiendo tenerse la precaución de efectuarla en lugar ventilado. Estando los filtros en posición vertical, se hace nuevamente la limpieza, de arriba hacia abajo con un pincel para quitarles la suciedad superficial. Estando los filtros horizontales, con el lado de entrada de aire apoyando sobre un lugar adecuadamente limpio, se los golpea manualmente para expulsar el aire interior. Para hacer más efectiva esta operación, y de ser ello necesario, se recurre al lavado con agua caliente a presión con la ayuda de una manguera. Los filtros de aire deben limpiarse conforme a la zona de ubicación, condiciones de servicio y atmosféricas. Una frecuencia razonable puede variar entre semanal y quincenal. La extracción y el lavado se justifica al iniciarse la temporada de verano, es decir, prácticamente una vez por año, aunque puede justificarse según las necesidades de servicio el hacerlo cada seis meses.

6º) *Compresores*: Durante la época invernal, los compresores no trabajan. No obstante es prudente que al menos semanalmente se hagan funcionar cinco o diez minutos. Con esto se consigue mantener lubricado el sello, que es uno de los elementos más críticos de los compresores destinados a refrigeración.

El sello es el elemento encargado de asegurar la hermeticidad del cárter con relación a la atmósfera exterior. Si el sello no es hermético, cuando la presión en el cárter sea inferior a la atmosférica, penetraría humedad y aire que son elementos enemigos tanto del aceite como del refrigerante. Cuando la presión en el cárter sea superioı a la atmosférica, se producirá pérdida al exterior de aceite y refrigerante, pues el aceite es miscible con el refrigerante.

Semanalmente, y con la ayuda de una lámpara detectora (HALIDE), conviene investigar las pérdidas del refrigerante (freón). La llama, normalmente azulada de la combustión correcta, cambia de coloración al ponerse en contacto con una fuga de refrigerante. Anualmente conviene accionar el reóstato para verificar la interrupción del circuito eléctrico, que detiene el motor cuando la presión de baja es inferior a la normal, y cuando la presión de alta es superior a la normal.

La planilla que sigue puede servir de orientación al jefe de mantenimiento, para capacitar a su personal en lo referente al mantenimiento deseado.

| *Inspección* | *DESCRIPCION* | *Diariamente* | *Semanalmente* | *Mensualmente* | *Semestralmente* | *Anualmente* |
|---|---|---|---|---|---|---|
| 1 | Lea y registre las presiones de alta y baja | X | | | | |
| 2 | Lea y registre la presión y nivel de aceite | X | | | | |
| 3 | Lea y registre la carga que toma el motor eléctrico | | X | | | |
| 4 | Lea y registre la tensión eléctrica de suministro | | X | | | |
| 5 | Observe el nivel de refrigerante | X | | | | |
| 6 | Verifique los controles de seguridad | | | X | | |
| 7 | Verifique los contactores (limpieza, ajuste, etc.) | | | X | | |
| 8 | Verifique el estado de las válvulas (*flappers*) | | | | | X |
| 9 | Limpie los filtros del refrigerante | | | | | X |
| 10 | Limpie las tuberías del condensador y evaporadr | | | | | X |

*La atención que debe prestarse al acondicionamiento de aire*

Con el equipo de acondicionamiento de aire no se puede seguir la regla de "repararlo cuando falle". Debe prepararse un programa para evitar los gastos directos e indirectos del deterioro incontrolado que ocasiona paralizaciones sumamente graves (equipos centrales).

El conjunto mecánico que se atiende de acuerdo con un programa de mantenimiento preventivo puede superar su expectativa normal de duración y esto vale lo mismo si se trata de una instalación eléctrica, de un automóvil o de un sistema de aire acondicionado.

El diseño de un sistema de acondicionamiento de aire y la calidad de sus componentes puede afectar sus costos de adquisición y funcionamiento, pero no hay nada que tenga mayor efecto sobre la fiabilidad del equipo, los costos en general y la satisfacción del cliente que la existencia o la ausencia de un programa de mantenimiento preventivo.

La fricción, las vibraciones y otras fuerzas actúan sobre muchos de los componentes de un sistema en diversos grados y sólo con un programa de mantenimiento cuidadosamente proyectado y ejecutado se puede evitar costosas paralizaciones y averías.

La necesidad del mantenimiento preventivo es cada vez mayor. Las paralizaciones son hoy más costosas que en el pasado porque el aire acondicionado es un factor primordial en el rendimiento de las inversiones. Por otra parte, las paralizaciones son críticas en edificios industriales y comerciales (p. ej.: servicio a computadoras, laboratorios, etc).

Existe además un creciente énfasis en la automatización del funcionamiento de los sistemas de acondicionamiento de aire que supone con frecuencia complejos sistemas de control. Dicha automatización hace más difícil el mantenimiento cuando es necesario. Simplifica también los procedimientos diarios de funcionamiento y crea una tendencia a prestar menos consideración al programa de mantenimiento.

Cada instalación de acondicionamiento de aire tiene características individuales que son exclusivamente peculiares de ella y por lo tanto pueden no ser aplicables todos los conceptos sobre mantenimiento preventivo. Los programas de mantenimiento son aquellos preparados por el personal responsable del funcionamiento del sistema y que se basan en las instrucciones publicadas por los fabricantes de los componentes del mismo.

De esta forma el programa se ajusta expresamente al sistema de que se trate.

Hay, no obstante, reglas generales que deben cumplirse en todos los casos. La primera y más importante es que deben inspeccionarse periódicamente el sistema prestando especial atención a las piezas de desgaste. Se hará un plan organizado para inspeccionar todas las piezas de acuerdo con una lista de comprobación para evitar repeticiones y omisiones.

Un método sencillo para implantar un programa de inspección y mantenimiento consiste en dividir el sistema en partes principales como: conductos de aire, refrigeración, torre de enfriamiento y circuitos eléctricos, de control o protección y de agua.

El mantenimiento de estos componentes se podrá programar

para períodos en que su paralización temporal no afecte seriamente a los ocupantes del edificio o al proceso industrial.

La temporada de primavera es por lo general el momento lógico para comenzar un programa de limpieza e inspecciones programadas. Debe hacerse esto antes de que se presente la posibilidad de ciertos días con temperatura repentinamente alta. Una vez terminado este trabajo, el sistema está listo para servir condiciones confortables.

Las operaciones restantes quedan determinadas en gran manera por las condiciones climatológicas.

A continuación, presentamos una guía general de mantenimiento de los puntos más importantes de un sistema central típico de acondicionamiento de aire.

### Primero los Ventiladores

Algunos sistemas de acondicionamiento de aire funcionan durante el año. En otros, las calderas y lás máquinas de refrigeración se cierran fuera de temporada. Los ventiladores, no obstante, funcionan generalmente de forma casi continua para refrigeración, calefacción y ventilación; hay que atenderlos, por lo tanto, durante todo el año. Puesto que muchos sistemas utilizan ventiladores durante la temporada intermedia de primavera, es aconsejable iniciar el servicio anual de mantenimiento por este equipo.

Limpiar la capa de suciedad de las paletas y la rueda de los ventiladores, comprobar si los cojinetes presentan señales de desgaste, lubricarlos según sea necesario y observar la alineación del motor y el ventilador. Se limpiarán o sustituirán los filtros. Limpiar las hojas de los reguladores de tiro (registros de los conductos), y comprobar sus mecanismos de control.

En los sistemas que utilizan unidades de ventilador-serpentín (*fan-coil*) o "compactos", quitar la tapa del armario si es posible y limpiar el interior con aspirador. Utilizar los cepillos y herramientas de limpieza especiales que recomiende el fabricante.

### Limpieza de la Torre de Enfriamiento después del invierno

La torre de enfriamiento debe ser inspeccionada y limpiada en primavera tan pronto como lo permita la temperatura. Las zonas oxidadas se rasquetearán y pintarán. Para su funcionamiento eficiente es esencial que se quiten todos los sedimientos acumulados.

La suciedad sirve de cultivo para algas y hongos, para eliminarlos o retardar su crecimiento habrá que tratar químicamente el agua.

Casi todos los sistemas de refrigeración por agua, sin que importe su situación geográfica, pueden utilizar un método de tratamiento del agua. Hay muchas firmas especializadas en este tipo de trabajo. Son muchas las instalaciones que no emplean este servicio, pero un buen mantenimiento preventivo requiere un análidis anual del agua de condensación y del agua refrigerada.

Inspeccionar las boquillas de pulverización de la torre para asegurarse que los orificios están limpios. Limpiar las bateas. Purgar el aceite de las cajas de engranajes y comprobar visualmente si los cojinetes presentan señales de desgaste. Inspeccionar las paletas por si tienen señales de fatigas, de grietas o desbalanceo.

En las torres de madera comprobar la alineación de motores y bombas. Si la transmisión del ventilador está desalineada, comprobar si los engranjes tienen desgaste.

*Comprobar el sistema de refrigeración durante el invierno*

Cuando las torres de enfriamiento están fuera de servicio durante el invierno es una buena idea proteger el conjunto del ventilador con una cubierta impermeable.

Para obtener mejores resultados, ésta deberá ser lo suficiente grande para cubrir toda la sección abierta de la parte superior de la torre y estar firmemente asegurada contra el viento y la lluvia.

El mantenimiento preventivo de la maquinaria de refrigeración puede iniciarse al terminar el otoño y continuarse durante el invierno (si el equipo no es necesario). Las reparaciones pueden también hacerse durante esos meses.

Comprobar el sistema de control eléctrico o de vapor. Cambiar el aceite de compresores y filtros varios. Es más conveniente quitar el aceite sucio al final de la temporada de refrigeración puesto que los ácidos que contiene pueden producir corrosión.

Hay que hacer también una inspección a fondo de la unidad de purga, en compresores centrífugos, de todas las conexiones eléctricas y de los controles de seguridad presostatos, termostatos, etc.

Los tubos del condesador deben comprobarse anualmente. Los tubos del evaporador deben comprobarse una vez cada cinco años. La ejecución de su limpieza puede determinarse quitando los cabezales. Si hay acumulación de lodo y óxido habrá que hacer una limpieza total. Hay una gran variedad de cepillos para este fin.

En caso de que haya oxidación se quitará con productos químicos. Asegurarse de que la solución no permanezca dentro de los tubos durante un período largo sin diluir. Para mayor seguridad consultar con una compañía de tratamiento de aguas bien acreditada.

Para compresores centrífugos accionados por motor eléctrico y engranje o turbina, habrá que emplear la cantidad y clase adecuada de aceite de recambio en el reductor de velocidad. Comprobar la alineación de los acoplamientos y el desgaste de los dientes. Los acoplamientos son piezas pequeñas pero vitales y cuando se cuidan debidamente prolongan la duración de la máquina. Si no están bien alineadas pueden ocasionar daños internos en los engranajes, el compresor y el motor.

Todas las juntas se comprobarán a fondo ver si tienen roturas, cuando la máquina esté limpia y terminada. De esta forma se pueden evitar trabajos innecesarios posteriormente. Si no se toma ninguna medida para corregir las fugas de una máquina se pueden producir considerables daños en las piezas internas. Hay que seguir las instrucciones del fabricante y asegurarse de comprobar todas las juntas con un detector de pérdidas eficaz, pues los costos actuales de los gases refrigerantes justifican estas prevenciones.


*Después del cierre revisar la lista de inspecciones*

Antes de que la máquina centrífuga o alternativa sea puesta de nuevo en funcionamiento hay que revisar su lista de comprobación para estar seguro de que todas las piezas han sido inspeccionadas.

Al cargar las unidades equipadas con evaporador de tipo inundado, el nivel del refrigerante en reposo no debe cubrir todos los tubos. El refrigerante hierve cuando la unidad está funcionando cubriendo con espuma los tubos restantes. Si se añade demasiado refrigerante puede entrar en forma líquida en el compresor inundando los eliminadores con lo cual hace falta más potencia de impulsión y disminuye la capacidad. La carga apropiada debe llegar normalmente hasta 1/3 de la altura del haz de tubos, en estado de reposo.

Para determinar la carga adecuada se añade refrigerante durante el funcionamiento hasta que sea mínima la diferencia entre la temperatura del agua fría que sale y la del refrigerante en el evaporador.

No hay que prestar atención al nivel indicado durante el funcionamiento si la unidad marcha debidamente. Cuando la máquina trabaja, el nivel de líquido refrigerante indica cantidades normales.

Comprobar periódicamente que no existan desviaciones con respecto a las temperaturas normales de funcionamiento: es decir, la diferencia entre la temperatura del agua refrigerada que sale del evaporador y la del refrigerante del evaporador aumentará si no hay bastante refrigerante.

### Equipos por absorción

La capacidad de una máquina por absorción para mantener un vacío interno es esencial para su funcionamiento eficiente. Una de las primeras operaciones de inspección es comprobar la estanquidad de todas las juntas. La forma más fácil de realizarlo es hacer el vacío hasta una lectura de dos pulgadas de mercurio en manómetro absoluto (aproximadamente 28 pulgadas de presión manométrica) y dejar la unidad en reposo durante por lo menos 24 horas.

Si se aprecian fugas, introducir en el circuito nitrógeno y una pequeña cantidad de refrigerante hasta el punto recomendado por el fabricante.

Utilizar un buen detector de fugas o espuma de jabón, corregir todas las que se hayan apreciado repitiendo la prueba del vacío hasta que no quede ninguna.

Quitar las cajas de agua e inspeccionar y limpiar los tubos según se ha descripto para los centrífugos. Comprobar el funcionamiento del purgador.

Inspeccionar las condiciones de trabajo de las válvulas de diafragma y reemplazar éstas si es necesario. Comprobar todos los controles de seguridad (presostatos, termostatos, etc.).

### Repuestos

Para la debida puesta en marcha de primavera y como preparación para pequeñas emergencias durante el año, deben tenerse a mano repuestos claves. Comprobar la cantidad en existencia de filtros, lubricantes, juntas y refrigerante. La mayoría de los fabricantes de componentes proporcionan una lista mínima de piezas de repuesto. Hay que ser previsor y ordenar las piezas consecuentemente con lo cual se evitarán los excesos de existencias y se contribuirá a la buena organización de los planes de trabajo y de las estanterías de los depósitos.

### Problemas comunes

Año tras año, algunos problemas se repiten con más frecuencias que otros y generalmente se originan como consecuencia de un programa de inspección y mantenimiento mal organizado y de falta de tener en existencia lo que parecen ser pequeñas o insignificantes piezas de repuesto.

Si un sistema ha evidenciado cualquiera de las siguientes deficiencias comunes es probable que el programa de inspecciones necesite ser revisado.

1. Capacidad insuficiente por falta de refrigerante.

2. Empaquetaduras de bomba con fugas.

3. El consumo de vapor o electricidad es excesivo como consecuencia de tubos sucios, piezas móviles gastadas o filtros que no han sido sustituidos periódicamente.

4. Las bateas y filtros de agua de condensación están obstruidos por falta de tratamiento químico del agua.

Como última medida de precaución, considerar la conveniencia de que el fabricante inspeccione el equipo por lo menos una vez al año. Algunos fabricantes ofrecen programas de mantenimiento preventivo que se ajustan a las necesidades de sus clientes, cuando éstos no pueden disponer de los servicios de un ingeniero especializado en mantenimiento industrial.

## ANORMALIDADES EN COMPRESORES

*I — Compresor que no marcha*

*A—Causas más comunes*

A—1 Interruptor abierto.
A—2 Correa rota o que resbala.
A—3 Grillas térmicas del contactor abiertas o defectuosas.
A—4 Motor eléctrico de poca potencia para la capacidad del compresor. La sobrecarga inicial provoca entonces la actuación del térmico.
A—5 Motor eléctrico demasiado exigido por la carga de refrigeración.
A—6 Contactor defectuoso no abriendo en el tiempo adecuado y haciendo actuar los térmicos.
A—7 Elemento térmico de poca capacidad.
A—8 Motor trabado (el motor una vez retirada la correa, debe poder moverse con la mano).
A—9 Sobrecarga por falta de una fase en los trifásicos.
A—10 Presencia de refrigerante o aceite en el cilindro del compresor. Esto se corrige sacando la correa y moviendo con la mano el compresor. Si con esto no se arregla, debe desarmarse por posibles deterioros mecánicos.

A—11 Correa demasiado tirante que es causal de sobrecarga para el térmico, que abrirá. Verificar alineación de poleas y largo de la correa.

A—12 Función de línea ɑnormal. No debe haber variaciones de ± 10 %, en 380 V y ± 5 % en 220 V.

A—13 Fusibles fundidos. Nunca deben reponerse, sin antes haber localizado y reparado la causa de fusión.

## *II — Compresor insuficiente*

Los síntomas de este defecto son: baja presión de descarga, alta presión de aspiración y temperatura inferior a la normal en la cabeza del cilindro.

*Causas:*

*A—Presión o rozamientos excesivos*

A—1   Correa demasiado tirante.
A—2   Cojinetes demasiados ajustados.
A—3   Juego axial del compresor excesivamente pequeño.
A—4   Insuficiencia o exceso de aceite en el carcasa.
A—5   Cigüeñal torcido o polea torcida.

C—Pérdida en el compresor: válvulas, juntas, aros del pistón, sellos, etc.

*D—Compresor que marcha a velocidad demasiado baja.*

D—1   Medir la tensión de línea, puede ser baja.
D—2   Motor defectuoso.
D—3   Correa que patina (floja o aceitada).
D—4   Relación incorrecta de los $\phi$ de las poleas del compresor y motor. Polea del motor demasiado pequeña.

## *Presión de descarga (lado de alta) muy grande*

*Síntomas*: Cabeza de cilindros del compresor excesivamente caliente, motor sobrecalentado y presión alta de aspiración.

*Causas:*

A—   Aire en el sistema.
B —   Carga excesiva de refrigerante.
C —   Condensador enfriado por agua.
      Suministro de agua interrumpido o insuficiente.
      Agua demasiado caliente.
      Capacidad del condensador deficiente.

Paso del refrigerante por el condensador obstruido por abolladuras, aplastamientos o suciedades.

### Presión de descarga muy baja

A — Válvula de descarga con pérdidas.
C — Escasez de refrigerante.
I — Agua de enfriamiento excesivamente fría.
   Flujo de carga excesiva.

### Presión de aspiración muy elevada

Demanda de frigorías superior a la capacidad del compresor.
Compresor que marcha demasiado lento.
Exceso de refrigerante. Se manifiesta con escarcha o exudación en la aspiración y hasta la cabeza del compresor.
Válvula reguladora ajustada para admitir demasiado refrigerante.
Valvula reguladora con pérdidas o trabada en posición de abierta por suciedad o defecto mecánico.
Pérdida en la válvula de aspiración y/o descarga.
Control de temperatura ajustado para una presión demasiado alta.

### Presión de aspiración demasiado baja

*Causas:*

Circulación excesiva de aceite (anormalidades en el separador de aceite).
Control de temperatura ajustado para un valor demasiado bajo.
Refrigerante insuficiente.

### Refrigerante insuficiente en el circuito

*Síntomas:*

Baja presión de descarga.
Baja presión de aspiración.
Silbidos en la válvula de expansión o control.
Escarcha o exudación en puntos donde no debe haberla, lo cual indica restricción del refrigerante, por exceso de laminación del fluido refrigerante.

*Causas*:

Tubos abollados o parcialmente obstruidos en algún punto del sistema.

Válvula de servicio (aspiración y/o descarga) mal abierta.

Pérdidas en el sistema.

Capacidad inadecuada de la válvula de expansión.

Válvula de control obturada o trabada en posición cerrada.

*En válvulas de expansión termostática*

El bulbo y fuelle están cargados con un refrigerante diferente del utilizado en el sistema.

Filtros tapados.

Deshidratador sucio (cambiarlo).

La planilla adjunta resume el plan de inspecciones, adecuado para los distintos componentes de una instalación para aire acondicionado.

Complementariamente con la planilla se desarrolla el mantenimiento de equipos acondicionadores conocidos como COMPACTOS o unidades FAN-COIL (VENTILADOR-SERPENTINA), EVAPORADORES, CONDENSADORES, VENTILADORES Y TORRES DE ENFRIAMIENTO.

Por considerarlo de interés, incluimos para conocimiento de los lectores, las planillas de mantenimiento que ofrecen los fabricantes de equipos individuales de aire acondicionado en sus manuales de instrucción.

*Mantenimiento de compresores para aire comprimido*

Cada tres meses sacar la caja de válvulas y reparar éstas con trapos secos y limpios o ligeramente humedecidos con tetracloruro de carbono. No debe usarse aceite.

Cada 150 horas de funcionamiento debe examinarse el aceite lubricante. Se aconseja cambiarlo si se observa un marcado cambio en el color y en sus propiedades físicas y químicas.

Al extraer la culata, si la superficie se encuentra blancuzca y seca, ello denotará lubricación insuficiente.

Si la superficie se encuentra carbonosa y brillante, esto indica que los aros están desgastados, porque permiten la subida del aceite: deficiente sellado de los aros.

Si la superficie presenta un color normal y aspecto untuoso, ello denota una lubricación correcta.

El vaciado del aceite debe hacerse estando la máquina en calien-

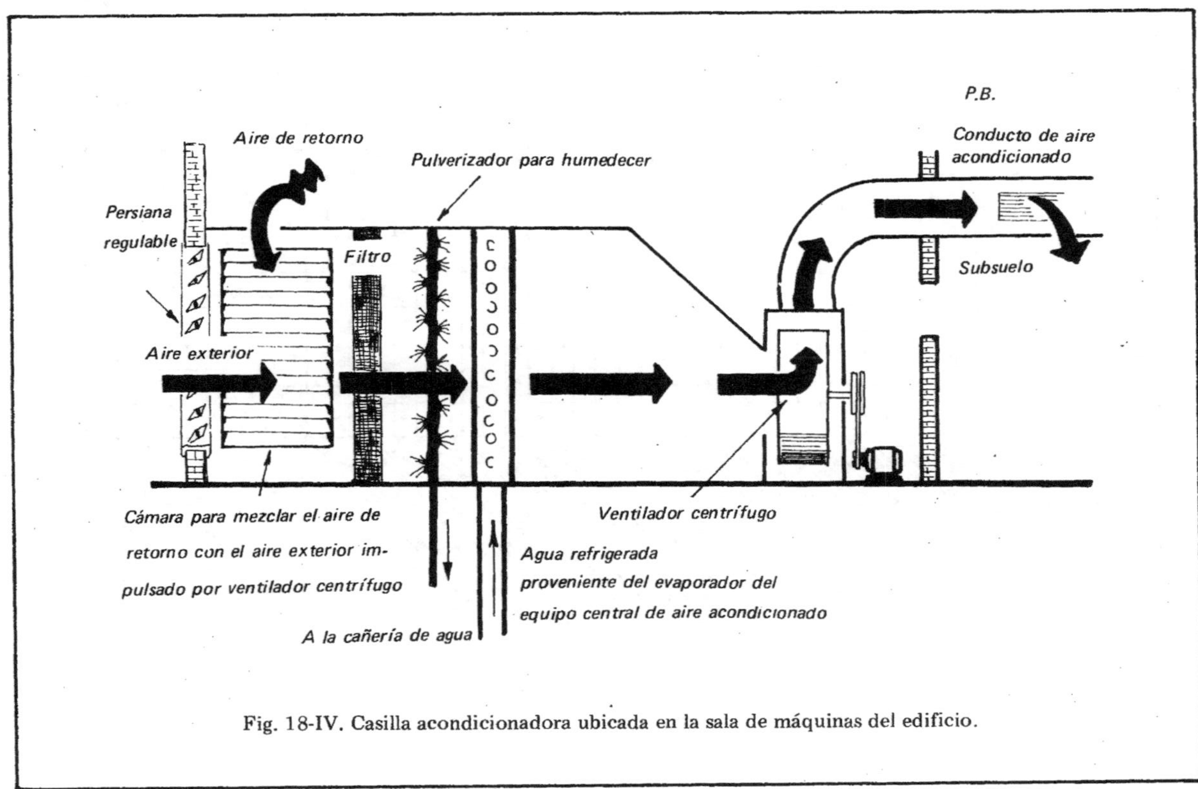


Fig. 18-IV. Casilla acondicionadora ubicada en la sala de máquinas del edificio.

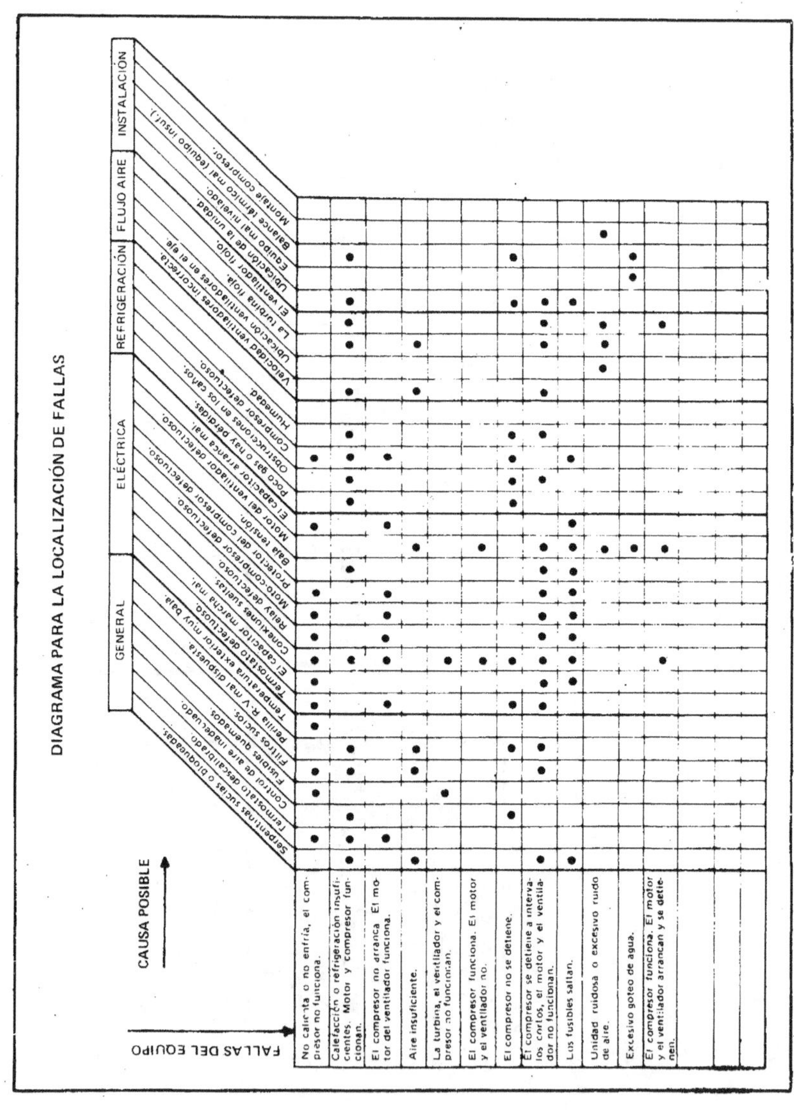

DIAGRAMA PARA LA LOCALIZACIÓN DE FALLAS
CAUSA POSIBLE
FALLAS DEL EQUIPO
GENERAL
ELÉCTRICA
REFRIGERACIÓN
FLUJO AIRE
INSTALACIÓN
Serpentinas sucias o bloqueadas.
Termostato descalibrado.
Control de aire inadecuado.
Fusibles quemados.
Filtros sucios.
Perilla R. V. mal dispuesta.
Temperatura exterior muy baja.
El capacitor marcha mal.
Conexiones sueltas.
Relay defectuoso.
Moto-compresor defectuoso.
Protector del compresor defectuoso.
Baja tensión.
Motor del ventilador defectuoso.
El capacitor arranca mal.
Poco gas o hay pérdidas.
Obstrucciones en los caños.
Compresor defectuoso.
Humedad.
Velocidad ventiladores incorrecta.
El turbina floja.
El ventilador flojo.
Ubicación de la unidad.
Equipo mal nivelado.
Balance térmico mal (equipo insuf.).
Montaje compresor.
No calienta o no enfría, el compresor no funciona.
Calefacción o refrigeración insuficientes. Motor y compresor funcionan.
El compresor no arranca. El motor del ventilador funciona.
Aire insuficiente.
La turbina, el ventilador y el compresor no funcionan.
El compresor funciona. El motor y el ventilador no.
El compresor no se detiene.
El compresor se detiene a intervalos cortos, el motor y el ventilador no funcionan.
Los fusibles saltan.
Unidad ruidosa o excesivo ruido de aire.
Excesivo goteo de agua.
El compresor funciona. El motor y el ventilador arrancan y se detienen.

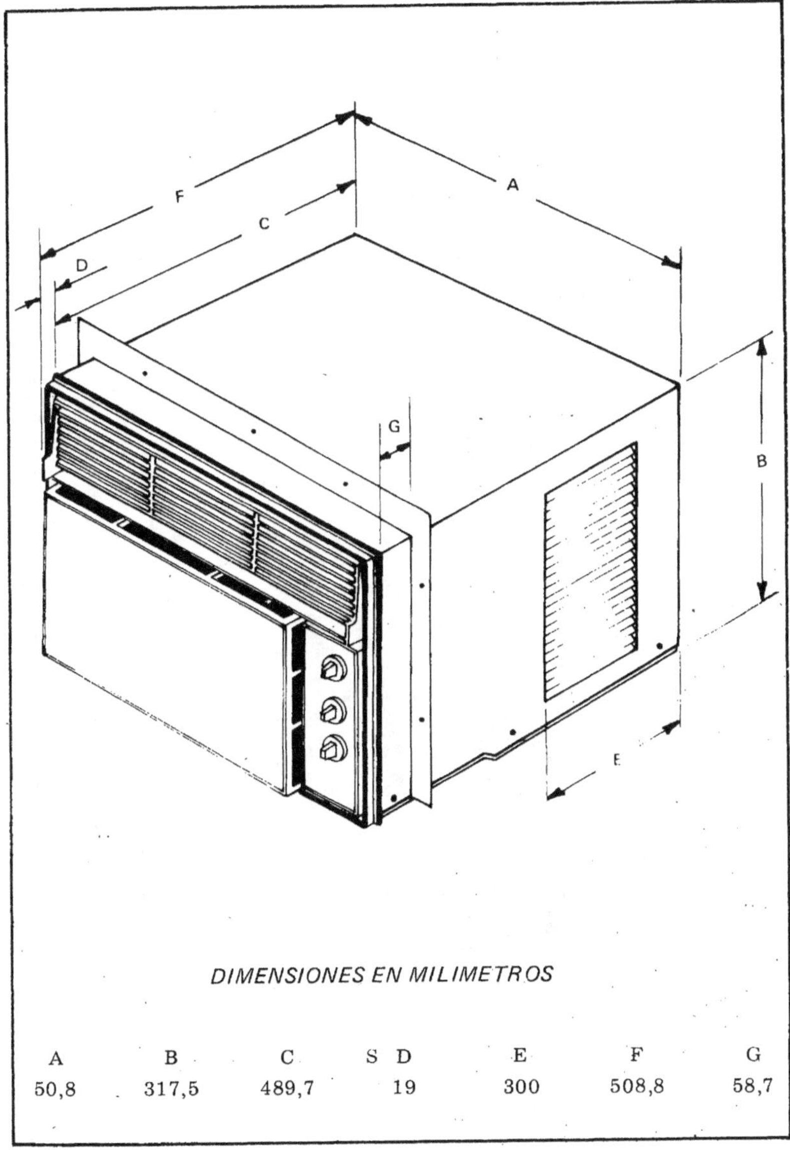



Fig. 19-IV. Gabinete de aire acondicionado. Se muestran las medidas de su chasis.

## INSTRUCCIONES PARA EL MANTENIMIENTO PREVENTIVO DE EQUIPOS

| EQUIPOS | FRECUENCIA DE LAS INSPECCIONES | | | | | |
|---|---|---|---|---|---|---|
| | Diariamente | Semanalmente | Mensualmente | Semestralmente | Anualmente | Cada 2 años |
| CALDERAS | Tomar en forma horaria presiones y nivel de agua | | Probar válvulas de seguridad. Limpiar tubos y conductos de humo. Cambiar el agua del circuito | Limpiar chimeneas | Inspección interna de tubos y hogares. Limpieza de trampas y sifones. Revisar Válvulas de desaire. | |
| COMPRESORES. | Tomar en forma horaria temperaturas, presiones y niveles de aceite. Verificar estado de los sellos y temperatura de los mismos. En compresores para aire comprimido, purgar agua y aceite. | Verificar tensión y amperaje en la línea de alimentación. Verificar estado de las correas. Detectar fugas del refrigerante o el aceite. | Revisar llaves térmicas y el estado de los contactos. Limpiar y lubricar. Revisar la carga de freón. Regular protecciones, termostatos y terminales | Verificar el estado de aceite en el cárter. Cuando cambie sensiblemente el color debe ser cambiado. Verificar el estado de los filtros. | Verificar presostatos y termostatos. | |
| MOTORES ELECTRICOS | Verificar al tacto la temperatura de la carcasa. Controlar los cojinetes y rodamientos. | Limpieza externa. | En motores grandes (más de 10 HP) medir amperajes. Revisar borneras. | | Lubricar y revisar cojinetes. Limpieza del inducido. Verificar con el Megger la aislación de bobinados. | |
| BOMBAS Y VALVULAS | | Revisar empaquetaduras. Mantener el nivel de aceite. Ajustar sellos. | Revisar flotantes. Limpiar filtros. | | Limpiar depósitos de aceites. Inspeccionar ejes impulsores. etc. Cambiar filtros Renovar aceite. | |
| CONDENSADORES | Tomar en forma horaria y sobre todo en verano la temperatura de entrada y salida de agua de condensación refrigerante, freon, etc. | | Limpiar las torres de enfriamiento. | | | Limpieza química y/o mecánica, cepillado de los tubos cabezales y cuerpo. |
| EVAPORADORES | Tomar en forma horaria y sobre todo en Verano la temperatura de entrada y salida de agua del evaporador refrigerante, freon, etc. | | Cambiar el agua del circuito | | | Limpieza química y/o mecánica, cepillado de los tubos y cuerpos. |
| VENTILADORES | | Revisar lubricación y temperatura de los cojinetes. | Dos veces por mes se cambiarán o lavarán los filtros de unidades *fan-coil* Verificar desgaste de bandejas para condensado. | | Inspeccionar el rotor. Limpiar y revisar cojinetes y renovar lubricantes. | |

| EQUIPOS | FRECUENCIA DE LAS INSPECCIONES | | | | | |
|---|---|---|---|---|---|---|
| | Diariamente | Semanalmente | Mensualmente | Semestralmente | Anualmente | Cada 2 años |
| CONDUCTOS DE AIRE ACONDICIONADO | | Inspeccionar en los "Plenos" las cañerías de agua y sus elementos de unión (pérdidas, etc.) | En radiadiores para calefaccion, revisar válvulas trampas y empaquetadoras. | | Purgar sifones de cañerías de calefaccion. | Limpieza y ajustes de rejillas y conductos y registros. |
| TABLEROS ELECTRICOS | Revisar fusibles Hacer lectura de instrumentos | | Dos veces por mes revisar los contactos de las llaves. Revisar conexiones flojas, recalentamiento, etc. | Verificar con la pinza amperimétrica, sobre cargas en líneas dudosas. Limpieza de lámparas y artefactos. | Con una presión no superior a 2 kg cm², sopletear el cableado y revisar conexiones, humedad recalentamiento, etc. Revisar reles termicos, electromagneticos, etc.) Revisar continuidad, y resistencia de aislación, de toma de tierra. | |
| QUEMADORES DE CALDERAS | Verificar, en forma horaria, presión de la bomba de combustibles, color y forma de la llama. Observar perdidas, estado de las conexiones y detalles similares. | Limpiar boquillas revisar nivel de aceite. Limpiar filtros de petróleo. | Cada 15 dias abrir y cerrar las válvulas, lubricando vastagos. Limpiar el filtro de la bomba de combustible del quemador. | Revisar los electrodos y los precalentadores. | Limpieza de cañerías y depósitos de combustibles. | |
| TANQUES DE AGUA POTABLE Y TANQUES TERMOS | | | | Revisar las juntas de las tapas y los flotantes. | Limpieza y desinfección (época de carnaval o Semana Santa). | |
| EQUIPOS DE AGUA REFRIGERADA PARA BEBER EN GENERAL | | | Accionar el quipo preventivamente. | | En el mes de setiembre, limpiar los tanques, verificar carga de freón. Revisión general de los equipos. Purgar las cañerias. | |
| EQUIPOS INDIVIDUALES DE AIRE ACONDICIONADO | | Inspeccionar línea de descarga de agua de condensación para localizar posibles obstrucciones. | Limpieza de filtros. | Motor de ventilador lubricacion con aceite SAE 20 G | Inspeccionar deslizamiento, alineacion y movimientos sin rozamiento de los ventiladores. | Revisar resortes de los amortiguadores del compresor blindado. |
| TORRES DE ENFRIAMIENTO | Verificar estado | Verificar estado y tension de correas. | Limpieza de bateas y piletas. | Revisar el estado del emparrillado de madera. | Verificar estado de cojinetes, engrase general de rodamientos y partes móviles. | Pintura exterior. |

te, pues al estar emulsionado, permite que las impurezas sean extraídas.

Limpiar los filtros de aire con ayuda de pinceles o de aire comprimido, limpio y seco.

El depósito de aire comprimido debe limpiarse interiormente una vez por año y pintarlo con antióxido.

Mensualmente probar la válvula de seguridad. Esta debe accionar cuando el manómetro está indicando un valor superior al máximo permisible.

Conviene que la reparación de las válvulas de seguridad la efectúen especialistas, por razones de seguridad.

Diariamente debe observarse la limpieza y lubricación del compresor.

El aceite lubricante debe conservar su viscosidad a temperaturas de 90 °C; esto equivale a decir que el aceite lubricante debe tener un índice de viscosidad alto o sea la cualidad de conservar su viscosidad con una temperatura de 100 °C.

El aceite debe ser el aconsejado por el fabricante de la máquina, conservando su fluidez en invierno y agregarse aditivos anticongelantes en caso de ser necesario.

Se dice que el compresor genera aire a baja presión, cuando ésta llega hasta 2 kg/cm$^2$, entre 2 y 8 kg/cm$^2$ es presión media y más de 8 kg/cm$^2$ ya se considera como presión alta. Los tubos de goma no tienen que estar en contacto con el suelo y se deben arrollar formando arcos lo más grandes posible.

En compresores nuevos se cambia el aceite después de 50 h de marcha. Después, cada 150 h de marcha debe cambiarse nuevamente.

Si los filtros de aire son de fieltro, deben renovarse por otros nuevos, cuando se encuentren impregnados de polvo y suciedad.

Si los filtros están formados por mallas metálicas se sacan y se sopletean con aire comprimido para extraer la suciedad adherida.

Si el aceite presenta un aspecto negro o pardusco, esto es indicio de que está mal.

Aumentando la presión, disminuye el caudal, o sea, baja el rendimiento volumétrico.

Compresores de B.P. hasta 2 kg/cm$^2$.
Compresores de M.P. de 2 a 8 kg/cm$^2$.
Compresores de A.P. más de 8 kg/cm$^2$.

Cada tres meses sacar las culatas y por el estado y aspecto se podrá determinar la eficiencia de la lubricación.

Superficie blancuzca y seca denota lubricación deficiente.

Superficie carbonosa con residuos brillosos, lubricación excesiva.

Superficie normal y untuosa, lubricación correcta.

Las gargantas de las poleas son de sección trapezoidal para evitar que las correas patinen. Cuando las correas patinan, el compresor pierde rendimiento, pues no puede desarrollar su presión nominal.

La válvula de seguridad debe probarse a la presión establecida, por lo menos mensualmente y observar la tensión y comportamiento del muelle.

El grifo de la purga debe abrirse diariamente para evacuar el agua de condensación formada en el recipiente o depósito de aire comprimido. La presión ejercida sobre la caja de agua facilita la expulsión al exterior.

El fondo del recipiente tiene pendiente hacia el grifo de purga para facilitar la evacuación.

La elección del compresor debe ser de una capacidad (rendimiento volumétrico) igual o mayor al caudal total de servicio, manteniendo en todo momento la presión necesaria. Es un error pensar que con el aumento de presión se compensa el caudal, pues al aumentar aquélla, disminuye éste.

Además se calienta la mariposa en forma anormal.

Debe verificarse, al poner en marcha el compresor, la correcta circulación del agua de refrigeración y reponer la cantidad necesaria (agua de lluvia o destilada).

Diariamente observar el estado del nivel de aceite, no llenando con mayor cantidad de lo establecido por el límite máximo indicado en el mismo. Esto traerá problemas en el funcionamiento, pues subirá aceite a la cámara de compresión, dejando residuos carbonosos brillantes que perjudican las válvulas y los asientos.

Las válvulas no deben limpiarse con nafta o aceite; un trapo ligeramente embebido es suficiente.

Diariamente debe observarse la mirilla del depósito de aire comprimido para ver el estado interior.

Los tubos de goma deben arrollarse formando amplios círculos.

La función del aceite en los cilindros no sólo es la de lubricar mediante una delgada película que impide el desgaste prematuro, sino que cumple una función de sello, para evitar la fuga del aire entre los aros y la pared del cilindro. También protege las caras internas de éste contra la corrosión.

Cuando la máquina está parada, el aceite deja de fluir a las paredes del cilindro y se produce el enfriamiento de éste. Debido a ello es conveniente que se produzca una condensación de agua que lava la película de aceite remanente, exponiendo las paredes a la oxidación.

La oxidación, a su vez, tiene una influencia corrosiva sobre las paredes del cilindro. Estos inconvenientes los solucionan los fabricantes con mecanismos que aseguren una lubricación uniforme y constante y con la elección de un lubricante de viscosidad con propiedades químicas y físicas adecuadas.

La lubricación insuficiente es causa del engranamiento.

Mensualmente deben ser limpiados los filtros y, en servicios exigentes, esta práctica puede llegar a ser semanal o diaria.

Otros factores que determinan la frecuencia de inspección son la capacidad del sistema, la contaminación del medio y el volumen de aire filtrado por unidad de tiempo.

Los filtros embebidos en aceite deben cambiarse si existen elementos no impregnados se soplarán con aire comprimido.

Las tuberías de admisión tienen su boca normalmente hacia el exterior del edificio y a una altura prudencial del suelo, para asegurar al compresor un abastecimiento de aire fresco y limpio.

Las válvulas, normalmente son del tipo automático, accionadas por una presión diferencial (diferencia entre la presión interna y externa del cilindro).

En las instalaciones de compresión de aire se consideran las siguientes partes principales: filtros de aire, tubería de admisión, válvulas, cilindros, compresores, tanque o depóstio de aire comprimido y sistema de distribución.

*Filtros de aire*

La contaminación del aire (polvo, suciedad, etc.) ocasiona inconvenientes de obturación y desgaste en las válvulas, cilindros y conductos de sección reducida.

Los filtros tienen por misión impedir la entrada de aire contaminando a los cilindros del compresor.

Las impurezas no detenidas en los filtros tienen un carácter nocivo no sólo por el efecto abrasivo sobre las piezas internas, sino por el peligro latente de una mezcla explosiva.

Los filtros tapados, por otra parte, son causantes de entrada insuficiente de aire fresco y traen esto aparejado, una caída de presión de aros y el exceso produce carbonización en los lugares de mayor temperatura (cámara de compresión).

La cantidad excesiva de aceite en el cárter trae aparejada una mayor posibilidad de oxidación. Esto, a su vez, es causa de la formación de sedimentos y formaciones gomosas que atacan rápidamente las propiedades del aceite.

Las válvulas de descarga están expuestas a mayores efuerzos que las de admisión, debido a que soportan las elevadas temperaturas de compresión o sea por los gases calientes de descarga.

Cuando las válvulas afectadas por depósitos, rotura o desgaste excesivo, permiten que el aire caliente y a presión vuelva de nuevo al cilindro, la recompresión produce una elevación de temperatura aún mayor.

La acción refrigerante puede no resultar siempre eficaz para las válvulas de descarga, sobre todo en compresores refrigerados por aire.

El aceite oxidado se adhiere a las válvulas y conductos de descarga, formando gomas que al mezclarse con las impurezas del aire dan origen a depósitos que producen obturaciones y atascamientos que originan contrapresiones, causantes de sobreelevaciones de temperatura.

Todo esto influye, entonces, en el funcionamiento normal de la unidad.

CAPITULO V

---

**Mantenimiento de cojinetes. Descripción de componentes con el objeto de analizar el mantenimiento preventivo. Consideraciones sobre el cuidado y montaje de estos elementos. Función de la lubricación. Almacenamiento organizado de los lubricantes. Procedimientos a seguir en el manipuleo de cojinetes. Elementos y normas para efectuar la limpieza.**

Los cojinetes, sean éstos a rodillos (cónicos, cilíndricos, de agujas, etc.) o bolillas, son hoy en día usados por la mayoría de las máquinas instaladas en las plantas industriales.

Se puede afirmar que el estado general y la vida útil de las máquinas dependen de los rodamientos; de ahí la importancia fundamental que debe tener para un jefe de mantenimiento el cuidado de los cojinetes.

Como estos elementos necesitan ciertos cuidados para poder dar un rendimiento adecuado, están protegidos por cajas, dentro de las cuales se encuentra el lubricante convenientemente protegido de los agentes exteriores, tales como polvo, suciedad, humedad, etcétera, que acortan la vida útil del lubricante y, por ende, del cojinete.

Los cojinetes están formados por dos anillos o cuerpos concéntricos, entre los cuales se encuentran las *pistas*, donde están ubicadas las bolillas o los rodamientos.

Al estar instalados sobre el eje de la máquina, es preciso evitar golpes y choques (esfuerzos radiales), pues esto puede ocasionar que los rodillos y bolillas produzcan rayaduras o abolladuras en las pistas, que, aun siendo imperceptibles a simple vista, pueden motivar que durante la marcha se perciban ruidos en el cojinete y que éste se desgaste rápidamente. La limpieza y el orden deben ser los aliados inseparables en el manipuleo de estos elementos.

Un montaje inicial y una lubricación adecuados han de evitar, por largos años, el reemplazo de un cojinete, y por ser éstos de naturaleza crítica en el conjunto de cualquier máquina rotativa, se ha de asegurar tambien por largos años un servicio eficiente y satisfactorio.

En caso de ser necesaria la remoción o cambio de un cojinete, éste jamás debe montarse o desmontarse con golpes directos de maza o martillo. Para montarlo se hace necesario un previo calentamiento en un baño de aceite mineral a una temperatura promedio de unos 80° C (puede llegarse, de ser necesario, a 120° C), con lo cual se conseguirá una dilatación uniforme del anillo interior que hará posible el montaje del rodamiento en el eje de la máquina. Una vez presentado, se ha de tomar un trozo de tubo metálico de igual diámetro al aro interior del cojinete, e, interponiéndole o no un taco de madera, se ha de golpear suavemente con una maza o martillo para montarlo en el eje.

El tipo de aceite empleado para el calentamiento previo de los cojinetes es el usado en los transformadores e interruptores en baño de aceite. Son aceites que se obtienen de la destilación del petróleo y cuyo punto de inflamación es del orden de los 140° C. La temperatura del baño debe controlarse con un termómetro para no exceder los 80° C que se han indicado como término medio, pues mayores temperaturas pueden afectar el acero de los cojinetes, es decir, se pueden alterar sus propiedades. Jamás se debe calentar un cojinete con medios eléctricos, con soplete o con alguna forma de llama, pues esto originará calentamientos desiguales que arruinarán el material.

Después de montado, y una vez frío, se verificará que el aro interior no gire sobre el eje, pues, como se comprenderá, esto arruinaría el mismo. Igualmente, se procederá a aplicar la cantidad necesaria y suficiente del lubricante que haya aconsejado el fabricante o especialista en lubricación.

El jefe de mantenimiento debe siempre tener presente que la correcta lubricación de los cojinetes, como también de cualquier máquina, asegura un funcionamiento correcto, prolonga la vida útil de los elementos sujetos a rozamientos y reduce el consumo de energía, aumentándose así el rendimiento del equipo.

Por cantidad necesaria y suficiente de lubricante se debe entender la aplicación no sólo del lubricante adecuado, sino también en el lugar que corresponda, a intervalos y en cantidades correctas. Para cada máquina en particular, el jefe de mantenimiento debe aceptar el lubricante sugerido por el fabricante, pues así podrá seleccionar esmeradamente los lubricantes que ha de emplear en la planta con la seguridad de que los mismos se han basado en un estudio del proyecto y materiales empleados en la fabricación de la máquina y de sus condiciones de servicio.

La finalidad del mantenimiento preventivo es precisamente mantener una cantidad económica y racional de lubricantes que sea compatible con el buen funcionamiento de la maquinaria, reduciendo así los gastos de mantenimiento y operación y el riesgo de errores en la aplicación de los mismos. Se hace entonces imprescindible una organización en el almacenamiento y distribución de los lubricantes.

Los lubricantes líquidos (aceites) deben almacenarse en tanques o en sus envases originales, ubicándolos sobre caballetes metálicos y dotándolos de bombas o grifos bajo los cuales se dispongan bandejas adecuadas para recolectar los excedentes.

Conviene disponer en estos recipientes inscripciones que indiquen el tipo de aceite contenido y sus aplicaciones, como parte de un plan de lubricación preventiva correctamente planificada. En realidad, se están haciendo estas consideraciones sobre lubricación porque el capítulo de cojinetes es el más adecuado para estos comentarios, ya que ellos son los componentes de las máquinas más íntimamente ligados con la lubricación.

El almacenamiento de las grasas lubricantes o *grasas consistentes*, como se las llama en el mundo del mantenimiento, debe hacerse en envases bien cerrados para evitar contaminaciones. Durante la extracción de grasas debe evitarse el uso de trozos de madera u otros dispositivos rudimentarios que implican el riesgo de contaminaciones por la suciedad, humedad, etc., que aportan.

El operario encargado de entregar los lubricantes debe efectuar sus entregas a los mecánicos y demás inspectores (lubricadores) en forma controlada y con elementos adecuados, tales como aceiteras o aparatos de engrase especiales para aplicación directa que eviten trasvases, que sólo sirven para acumular impurezas y contaminaciones.

La correcta selección del lubricante debe ir acompañada de la correcta selección del cojinete en función de los esfuerzos que éste ha de soportar (axiales, radiales o una combinación de ambos esfuerzos). Condiciones tales como la viscosidad del lubricante están íntimamente ligadas con la velocidad de rotación y temperatura del cojinete, impuestas por las condiciones de trabajo y características de la marcha.

Para extraer cojinetes se utiliza una herramienta especial llamada *extractor*, que también tiene aplicación para trabajos con poleas. Para efectuar el engrase o limpieza debe procederse con la mayor pulcritud al abrirse las cajas donde están alojados estos elementos. Es imprescindible la limpieza de las tapas y cajas antes de desmontar los cojinetes, engranajes o poleas, para evitar que la suciedad penetre en los mismos.

Al efectuarse la extracción, la limpieza se efectúa con disolventes apropiados (tetracloruro de carbono, nafta común, querosene, etc.). El tetracloruro de carbono tiene la ventaja de no ser inflamable, pero sus vapores son tóxicos, por lo cual debe trabajarse en locales bien ventilados. El querosene, aunque económico, no es muy recomendable porque puede ser causante de la formación de moho, contribuyendo de esta manera a que se alteren las _pistas_.

Los cojinetes, una vez limpios, deben secarse con trapos secos que no formen _hilachas_ y _pelusas_. Antes de aplicar la grasa lubricante es aconsejable depositar en las pistas algunas gotas de un aceite mineral liviano, por ejemplo, SAE 10.

No es recomendable cargar grasa en exceso, pues se producirán recalentamientos (por la mala disipación del calor generado durante la rotación) que terminarán por producir durezas indeseables. Esta anormalidad dañará las pistas, pues producirá rayaduras y/o abolladuras. En motores provistos de rodamientos y en condiciones normales de funcionamiento, sin condiciones de servicio muy exigentes, la grasa que pone el fabricante es normalmente útil por un lapso de dos años, aproximadamente.

No obstante, en la mayoría de los casos, los motores de poca potencia están dotados de _cojinetes de deslizamiento_. En estos elementos, la lubricación se efectúa con aceites lubricantes de buena calidad, normalmente una vez por año, según las condiciones de servicio. Por el ruido que deja percibir un cojinete durante la marcha es posible determinar si su lubricación es satisfactoria.

Este ruido se aprecia mejor apoyando la punta de un destornillador o el extremo de una barra metálica contra la caja del cojinete y aplicando el oído en el otro extremo.

Si el cojinete está bien, se oye un ligero zumbido. Si se perciben chirridos, esto indica que el cojinete está con falta de lubricante, mientras que crujidos o golpes indican que las bolillas o aros han sufrido averías. Cuando la caja de cojinetes tiene boquilla para efectuar el engrase, debe sacarse el tapón de purga e inyectar lubricante hasta que comience a advertirse que por el tapón de purga comienza a salir lubricante limpio.

Las llamadas _válvulas de engrase_ se utilizan en la mayoría de las máquinas de tamaño mediano y grande. Existiendo este dispositivo, la grasa debe aplicarse conforme a las instrucciones de la chapa de características. La lubricación debe practicarse mientras la máquina está en marcha. Es éste un sistema de engrase a presión y descarga que permite purgar la grasa usada. Debido a esto, la limpieza completa de los cojinetes sólo será necesaria después de ciertos intervalos (por ejemplo, anualmente).

Si existen partes próximas en movimiento, por razones de seguridad, el engrase se hará con la máquina detenida. En este caso se inyecta sólo la mitad del lubricante, después de lo cual se pone en marcha la máquina y se permite que gire durante un minuto más o menos. Se detiene nuevamente la marcha y se aplica el resto de lubricante.

La limpieza integral de los cojinetes se realizará cada vez que se desmonte la máquina para cumplir una orden de reparación. Se usarán los disolventes indicados anteriormente, que eliminan rápidamente la grasa inservible. Otro disolvente empleado, aunque de acción menos eficaz que el tetracloruro de carbono, es un aceite mineral liviano (tipo SAE 10) calentado a unos 70° C.

En las máquinas nuevas, cuando se ponen en marcha por primera vez, y en las usadas que han permanecido inactivas durante mucho tiempo, debe inyectarse grasa antes de efectuar el arranque. Cuando la grasa nueva comienza a salir por el tapón de purga, esto indicará que la lubricación es ya correcta.

Pasada una semana, se repondrá nuevamente el lubricante. En estos casos, como ya se ha indicado, se eliminará completamente la suciedad acumulada en la boquilla para evitar su ingreso al cojinete. Las válvulas de engrase son ventajosas para máquinas que deben operar en lugares polvorientos.

En estos casos se practicará una lubricación más frecuente que la indicada en la chapa de características. Como siempre, primará el criterio fijado por el jefe de mantenimiento.

Los cojinetes no deben sacarse de los ejes a menos que ello sea imprescindible. Esta operación debe efectuarla un operario calificado y con las herramientas especiales (extractores).

Nunca deben hacerse esfuerzos axiales sobre los aros exteriores. Si el aro interior ha estado girando sobre el eje y ha sufrido averías, no bastará con cambiar el rodamiento.

En este caso será necesario rectificar el eje o incluso cambiarlo, según el grado de desgaste y estado.

La velocidad de giro y la temperatura de servicio son factores determinantes en el tipo y frecuencia de lubricación.

Conviene oír siempre la opinión del fabricante o la del especialista en lubricación, para definir un criterio frente a condiciones extremas de temperatura.

Los cojinetes deben desembalarse sobre lugares limpios, sin sacarlos de sus envolturas originales hasta el momento de instalarlos, lo cual debe hacerse lo antes posible.

Las tapas protectoras de los escudos deben estar bien apretadas para evitar que penetre la suciedad.

El montaje se hará aplicando una presión uniforme sobre toda la superficie del anillo, dando para ello golpes suaves.

Los cojinetes de deslizamiento, o sea, los que tienen aporte de metal antifricción, deben montarse haciendo presión suave, sin golpearlos ni deformarlos.

Las ranuras para la circulación del lubricante estarán exentas de la más ligera rebaba. Estos canales deben estar bien limpios y libres de obstrucciones.

La lubricación no debe efectuarse con el motor en marcha para evitar que el aceite llegue a los devanados y salpique el suelo, con el consiguiente peligro de accidentes e incendios. Además, el aceite perjudica sensiblemente la aislación de las bobinas, pues ataca el barnizado.

Siempre deben emplearse aceites minerales de buena calidad. Se tomarán especiales precauciones para condiciones de servicio muy difíciles, tales como elevadas temperaturas o fuerte tracción de correas. Los niveles de aceite, en caso que éstos existan, nunca deben llenarse hasta rebasar, puesto esto es antieconómico y perjudicial para la misma máquina.

Nunca debe emplearse aceite reacondicionado, pues suele contener residuos de alquitrán y ácidos provenientes de la oxidación o el mismo tratamiento, u otros factores indeseables.

---

# CAPITULO VI

**Mantenimiento de acoplamientos. Descripción de los distintos tipos de acoplamientos. Sistemas directos e indirectos. Normas para realizar el montaje de las máquinas sobre sus bases de fundación y su influencia en el mantenimiento preventivo. Montaje correcto de los acoplamientos. Reductores de velocidad. Consideraciones sobre la inspección de estos elementos. Frecuencia de inspecciones.**

La elección del acoplamiento adecuado para dos máquinas (generalmente una eléctrica y otra mecánica) debe ser objeto de cuidadosos estudios y consideraciones tanto técnicas como económicas.

Se tendrá siempre en cuenta la naturaleza de las máquinas que deben acoplarse para decidir el tipo de acoplamiento más conveniente. Los acoplamientos empleados en las plantas industriales pueden ser directos o indirectos.

Los directos están representados por los llamados *manchones* de acoplamiento. Estos pueden ser rígidos (bridas) o permitir ciertos movimientos preestablecidos por el estudio y la experimentación de los distintos fabricantes, en cuyo caso se llaman *elásticos o semielásticos*.

La particularidad de estos últimos es su capacidad para absorber pequeños esfuerzos axiales y/o radiales, siempre presentes en los acoplamientos.

Los indirectos están constituidos por los diferentes tipos de correas (en V, planas, etc.), cadenas y juegos especiales de engranajes (reductores, variadores, tornillos sinfín, etc.).

Todo acoplamiento correcto implica una satisfactoria *presentación mecánica* tanto del eje conductor como del conducido.

En el acoplamiento por correas es fundamental la correcta alineación de las poleas. Normalmente, los centros de éstas no deben estar a una distancia menor de cuatro veces el diámetro de la polea mayor. El lado flojo de la correa debe ser siempre el superior.

Para realizar el montaje de las máquinas se efectúa siempre una *base de fundación*.

Esta puede ser de mampostería u hormigón armado, y se aísla convenientemente (generalmente, con planchas de corcho y/o tacos de goma) para reducir al mínimo las vibraciones propias de toda máquina en funcionamiento. Además, se reduce a un mínimo aceptable la formación de ruidos. Los fabricantes suelen entregar las máquinas de tamaño mediano o pequeño sobre un par de rieles. Estos poseen ranuras especiales donde se alojan los bulones de anclaje que van empotrados en la base preparada para la máquina.

Las ranuras de los rieles permiten entonces, estando las tuercas flojas, *un grado de libertad* para deslizar la máquina sobre ellos. Como es obvio, los rieles deben estar correctamente instalados, o sea, paralelos entre sí y en perfecta horizontalidad, determinada esta última con la ayuda de un nivel.

En la figura 1 puede observarse la correcta disposición de un acoplamiento directo.

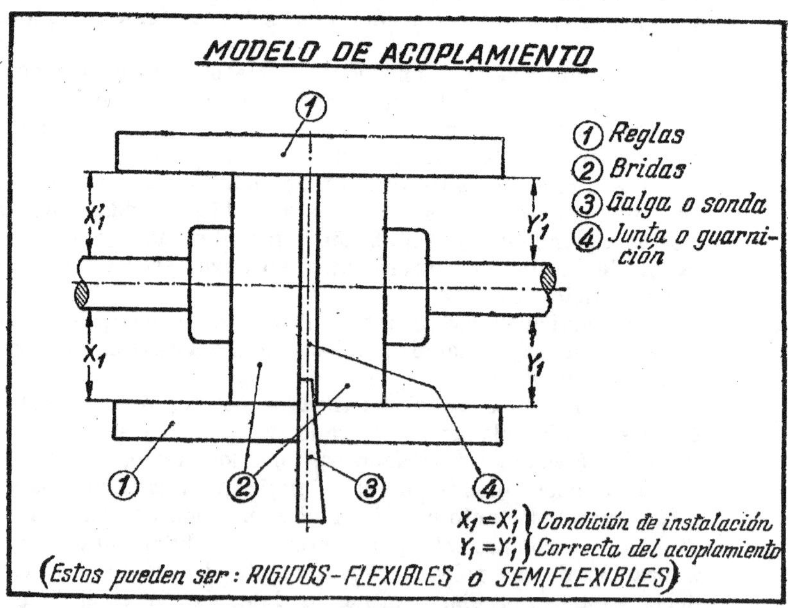


FIG. 1 - VI

La alineación puede comprobarse, a falta de otros medios, con el auxilio de una simple regla apoyada sobre las caras de las poleas.

Antes de amurar los bulones de anclaje y los rieles a la base de fundación, deben ser tenidos en cuenta todos estos detalles.

Al fraguar el hormigón, ya será tarde para subsanar problemas de paralelismo y horizontalidad en los acoplamientos directos o indirectos. Estas anormalidades tendrán una influencia decisiva en el mantenimiento de las máquinas, correas, poleas y acoplamientos.

Después de haber fraguado el hormigón, los bulones de anclaje han quedado satisfactoriamente fijados.

Con las tuercas flojas se podrá desplazar a voluntad la máquina sobre los rieles de anclaje. Esta cualidad permite realizar el tensado correcto de las correas, cumplido lo cual se apretarán las tuercas para obtener la fijación definitiva.

Una vez ajustadas las correas, se debe volver a controlar la alineación y se retocarán definitivamente los bulones de anclaje si ello fuera necesario.

Se hace girar la máquina para observar si la correa no resbala o se desvía. Generalmente, si los ejes están paralelos, pero las poleas no están alineadas, una correa plana se correrá hacia un costado en la polea mayor. Si, por el contrario, las poleas están alineadas, pero los ejes no están paralelos, la correa se correrá hacia un costado en la polea menor.

Las correas no deben montarse con la ayuda de barretas o palancas, pues estos esfuerzos ocasionan roturas internas. En el caso de correas en V, éstas deben cubrir la garganta de las poleas.

Iguales consideraciones merecen comentarse en los acoplamientos a cadenas y engranajes, donde también es imprescindible una correcta alineación y montaje. Esto evitará la presencia de desgastes desiguales, así como también problemas en los cojinetes y el consiguiente perjuicio en los ejes.

Un acoplamiento a engranajes, a tornillo sinfín o de naturaleza similar, debe ser siempre objeto de un estudio especial por parte de una oficina técnica.

Al respecto, los fabricantes de cojinetes aconsejan rodamientos para empujes radiales y axiales o combinación de ambos. Estas consideraciones deben tenerse presentes en los acoplamientos a engranajes.

Los acoplamientos directos del tipo flexible tienen mucha difusión por su elasticidad para absorber esfuerzos radiales y axiales. Por pequeños e insignificantes que éstos sean, siempre están presentes en el accionamiento de la máquina, y normalmente, por las mismas condiciones de servicio, son inevitables.

Cuando se realizan acoplamientos con bridas, éstas vienen dotadas de un juego longitudinal para efectuar correcciones al realizar el montaje.

Los fabricantes especifican las tolerancias permisibles a tenerse en consideración en cada caso.

Para controlar la concentricidad y paralelismo de los acoplamientos se pueden usar calibres especiales, o bien, como ya se ha indicado, apoyando una regla sobre las caras de ambas mitades del acoplamiento. Se efectuarán en este caso comprobaciones cada 90° de giro, o sea, en cuatro posiciones (90°, 180°, 270°, 360°).

Las correas, en general, deben ser objeto de especial atención por parte del jefe de mantenimiento. El aceite y el calor son los principales enemigos de estos elementos.

La limpieza debe efectuarse con trapos limpios y secos. Tratándose de una correa nueva, la misma se estira y asienta gradualmente, y su tensión debe ser controlada y corregida dentro de la primera semana de marcha.

*Semanalmente.* Revisar las correas. Estando flojas, resbalan, y esto ocasiona un desgaste excesivo, con la reducción de su vida útil.

Una comprobación de que la tensión de las correas en V es correcta puede ser obtenida si, mientras están en reposo, pueden retorcerse no más de $\frac{1}{4}$ o $\frac{1}{2}$ vuelta con los dedos índice y pulgar. Otra comprobación consiste en hacer presión con el dedo índice sobre el lado superior. Con una correcta tensión, el hundimiento producido no debe exceder el espesor de la correa.

Cuando sea necesario efectuar un cambio, debe realizarse la reposición de todo el juego, para que todas las correas tengan la misma tensión.

Las frecuencias de inspección que se consideran tienen un carácter general y están aplicadas a condiciones normales de humedad, temperatura y servicio. En cada caso se hará un estudio de las situaciones particulares, y la frecuencia de inspección se aumentará o disminuirá según las circunstancias.

La mayoría de las condiciones anormales de las acoplamientos suele manifestarse en forma de ruidos, debido a los roces entre superficies metálicas, o bien de olor a quemado.

Semanalmente debe comprobarse, como ya se ha indicado, si la tensión de las correas es la adecuada, así como también el estado de su superficie.

Si los acoplamientos flexibles están bien centrados, no debe percibirse ningún ruido anormal en la función del mismo.

Compruébese que las cadenas no rozan con sus cubiertas protectoras. Inspecciónese la lubricación de las mismas, sobre todo para verificar si existe exceso de grasa o aceite en el fondo de la cubierta protectora.

Compruébese que no exista desgaste excesivo en los eslabones de las cadenas o en los dientes de los engranajes visibles. Estos, generalmente, van lubricados con grasas extradensas.

Comprobar si existe goteo de ácidos, agua o vapores, y exceso de polvo, partículas o pelusas sobre los acoplamientos o cerca de ellos. Esto ocasionará problemas tanto a la máquina conductora como a la conducida.

Comprobar que no haya cuerpos extraños (tablas, trapos, etcétera) que puedan entorpecer el movimiento de las partes móviles. Cuidar la limpieza y el orden, y corregir cualquier punto débil antes que llegue a producirse una anormalidad.

*Mensualmente.* Verificar la alineación y concentricidad de los acoplamientos. Comprobar la alineación de las poleas y el ajuste de las tuercas de fijación, conforme a lo ya explicado anteriormente.

Verificar la presencia de vibraciones en la base de fundación. Inspeccionar la alineación de las poleas y la horizontalidad de los ejes.

Verificar la limpieza y lubricación.

Verificar la tensión de las correas en general.

Comprobar que éstas no tengan resbalamientos. Esto es particularmente importante en los compresores, pues esta anormalidad es una de las causas por la cual la máquina no da su presión necesaria.

Comprobar desgastes y alargamientos en cadenas y transmisiones por engranajes.

Limpiar el interior de la cubierta protectora de las cadenas.

Comprobar la alineación de la base para tener la seguridad de que no existen rozamientos de las correas o cadenas con la cubierta protectora.

En los engranajes cerrados, abrir la llave o tapón de purga y examinar la circulación del aceite por si existieran residuos metálicos, arena o agua.

Si el estado del aceite fuese malo, se procederá a vaciar y limpiar con disolvente o aceite mineral liviano SAE 10, calentado a 70° C, volviendo a llenar conforme a lo indicado por el fabricante o especialista en lubricación.

Conviene siempre cotejar los resultados observados con los datos obtenidos en la última inspección. Esta es una norma muy conveniente que debe tenerse presente en el mantenimiento preventivo.

Las poleas, si están provistas de tornillos de fijación (prisioneros), no deben apretarse en demasía, pues éstos pueden ser degollados, y se complicará el retiro de la polea cuando ello sea necesario.

Los prisioneros deben entonces ser apretados ligeramente, y esto bastará para conseguir un rozamiento aceptable y, en consecuencia, un buen ajuste.

Cuando la polea, tanto conductora como conducida, no tiene agujero para el tornillo de ajuste (prisionero), ésta debe ser calentada en un baño de aceite mineral hasta unos 80° C; de ser necesario y compatible con la naturaleza del material, esta temperatura puede llevarse, como en el caso de los cojinetes, hasta 120° C.

La presentación de las poleas en los árboles o ejes se efectuará también de la misma forma que con los cojinetes, es decir, con la ayuda de un tubo metálico de diámetro inferior al de la polea, o bien con un taco de madera dura.

En el caso de los cojinetes, cuando el aro o anillo exterior debe ser montado con ajuste fuerte dentro de su soporte específico, se empleará también un trozo de tubo cuyo diámetro se ajuste al diámetro del anillo exterior del cojinete.

*Reductores de velocidad.*

En reductores de velocidad nuevos, y sobre la base de un servicio en condiciones normales, término medio de 8 horas diarias, el aceite debe cambiarse al mes de haberse iniciado el servicio. Después del período de asentamiento, el aceite debe cambiarse en función de las horas de funcionamiento del reductor de velocidad.

Al hacer el cambio del aceite, y antes de colocar el lubricante nuevo, conviene limpiar la caja con solvente o un aceite liviano, tipo SAE 10, por ejemplo, para eliminar todos los vestigios de impurezas. Al cargarse el aceite nuevo debe respetarse la señal generalmente indicada por el fabricante para el límite superior del nivel del lubricante. De no existir la marca de nivel, debe asegurarse la cantidad necesaria para un abastecimiento amplio y continuo del lubricante. Debe consultarse al fabricante sobre la viscosidad necesaria que debe tener el aceite lubricante, pues una viscosidad inadecuada dará por resultado un calentamiento excesivo del aceite y, por ende, temperaturas de funcionamiento excesivamente altas, con las consiguientes fugas del aceite a través de la junta de la tapa. La temperatura del aceite en un reductor en servicio no debe exceder los 70° C u 80° C.

Cada cambio de aceite mensual o anual (esto depende de las horas de funcionamiento) irá seguido de una inspección detenida del estado de los engranajes. Si algún piñón o rueda está desgastado o presenta dientes rotos, deberán cambiarse tanto el piñón como la rueda. El mecánico que haga la revisión debe poseer un buen conocimiento de su trabajo, pues el armado y desarmado de estos elementos, y en general de cualquier máquina, requiere criterio y conciencia; de ahí la conveniencia de que el jefe de mantenimiento tome un examen de capacitación a los postulantes. La capacitación irá complementada en estos casos con las instrucciones del fabricante, sobre todo para la observación de las tolerancias admisibles, herramientas especiales e indicaciones específicas para cada caso.

Todo buen mecánico sabe que es preciso un cierto juego para asegurar una lubricación satisfactoria de los engranajes del reductor, para que no se presenten agarrotamientos durante la marcha cuando el aceite levanta temperatura.

El orden y la limpieza aseguran siempre el éxito de estas operaciones. Deben preverse los materiales necesarios y adecuar las comodidades suficientes para la limpieza y disposición de las piezas desarmadas.

Al efectuar el cambio del aceite debe observarse si existen vestigios de material (limaduras) de los engranajes, agua, formación de lodos por la descomposición del aceite, etc., con lo cual se está evidenciando que conviene analizar las condiciones de servicio del reductor (velocidad, factor de carga) y la frecuencia de inspección (más corta o más larga), es decir que se estaría frente a un posible caso de mantenimiento correctivo. Conforme a las exigencias del servicio, y como norma orientativa, se puede sugerir la siguiente frecuencia de inspecciones:

*Mensualmente* (sobre la base de un funcionamiento de 24 horas diarias). Cambiar el aceite usado en caso de ser ello necesario (presencia de lodos, agua, pérdida de la viscosidad, etc.).

Verificar la existencia de residuos metálicos o arena y el estado de la junta de la tapa.

Verificar los desgastes con relación a las tolerancias indicadas por el fabricante.

Si se cambia el aceite, antes de reponer el nuevo, efectuar una limpieza interior con solventes o aceite liviano. Es aconsejable el uso de tetracloruro de carbono por no ser inflamable.

De existir caja prensaestopa, verificar el estado de la empaquetadura por si se hubiera endurecido demasiado o estuviera llena de residuos metálicos y suciedad. Al efectuar el cambio de la empaquetadura se respetará lo indicado en el capítulo correspondiente a empaquetaduras.

*Anualmente.* Se repetirá el mantenimiento indicado anteriormente para unidades que hayan tenido un funcionamiento diario de solamente 8 horas.

# CAPITULO VII

---

**Empaquetaduras. Definición y propósito de las empaque-
taduras. Caja prensaestopa. Criterios para seleccionar empaquetaduras. Consideraciones para efectuar el montaje
correcto en la caja prensaestopa y su influencia en el
mantenimiento de los equipos. Naturaleza de las empaquetaduras. Empleo de estos materiales en función de
la temperatura, presión y composición de los fluidos conducidos. Consideraciones sobre las juntas o guarniciones.**

Las empaquetaduras son elementos de cierre que están formados por distintas sustancias (cuero, fibras, amianto, telas en-
gomadas, etc.) y que sirven para evitar la salida al exterior de
gases, vapores o líquidos por las uniones de las cañerías, depósitos
o elementos de máquinas que los contienen. Así, por ejemplo, al
empalmar dos cañerías con bridas, se interpone entre ambas una
empaquetadura plana (llamada también junta o guarnición), que
puede ser de goma, amianto, etc., según sea la naturaleza del fluido que lleva la cañería, así como también su presión y temperatura.

Igualmente, son empaquetaduras las arandelas de fibra o de
cuero que se ponen en el asiento de las canillas comunes para
agua caliente y fría.

En el caso de las máquinas alternativas, por citar otros ejemplos, este componente está formado por una hélice de soga de
amianto grafitado u otras sustancias, que se tratarán oportunamente. Al estar la empaquetadura convenientemente comprimida
dentro de la caja prensaestopa, impide el paso del fluido (líquido,
vapor, etc.) hacia los pistones al hacer el vástago del pistón un
movimiento alternativo. El prensaestopa o caja de estopa es una
cavidad que ya viene fundida en la misma máquina y que sirve
para alojar y poder comprimir la empaquetadura para conseguir
la hermeticidad deseada (fig. 1).

                                           

Existen también empaquetaduras metálicas, que consisten en un cierto número de aros de metal blando o en una hélice de tejido metálico que rodea al vástago del pistón y es oprimida contra éste mediante una tuerca o casquillo prensaestopa, con objeto de realizar, como ya se ha dicho anteriormente, una junta hermética a presión. Las empaquetaduras, entonces, están destinadas como elementos de sello para evitar fugas en vástagos y émbolos alternativos, ejes rotativos o centrífugos y vástagos de válvulas.

Estos materiales deben aplicarse con criterio técnico, seleccionando la naturaleza de su elaboración en función de la temperatura, presión y características del fluido que han de sellar. La falta de conocimiento o de asesoramiento en este sentido es la causa principal de muchos inconvenientes: deficiente rendimiento de las máquinas, reposiciones continuas de las empaquetaduras, etcétera.

Es entonces importantísimo seleccionar la empaquetadura adecuada al servicio a que estará destinada. La mayor erogación o gasto inicial que pueda originar la elección correcta será suficientemente compensado con los gastos de mano de obra y mate-

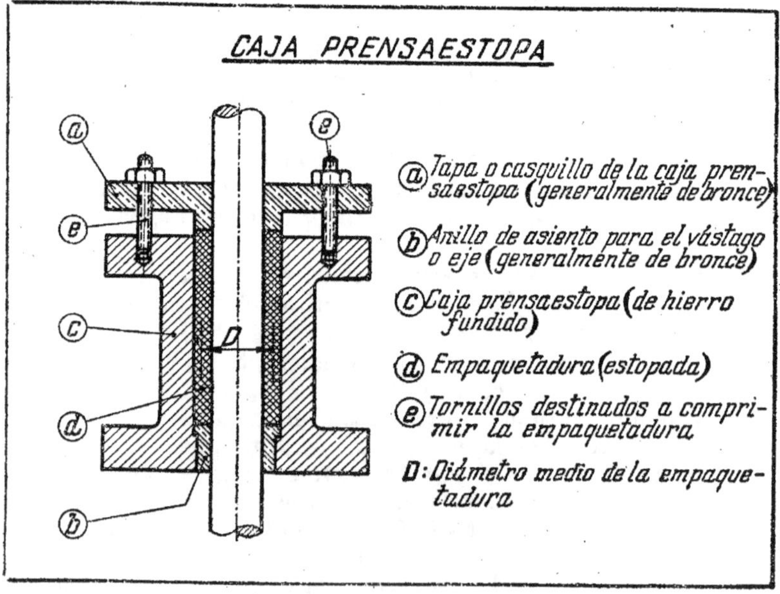


Fig. 1 · VII

riales, evitándose, además, la paralización en la producción que originará un material inadecuado.

Una vez retirado el material inservible de la caja prensaestopa, deben limpiarse los vestigios que hubieren quedado de la misma y repasar cuidadosamente el vástago y la caja.

Seguidamente se inspecciona el vástago o eje a fin de determinar si existen picaduras o zonas gastadas, en cuyo caso deberá procederse a la reparación o reposición que corresponda hacer.

Se mide con exactitud el diámetro del vástago o eje y el de la caja prensaestopa para determinar el diámetro medio (*D*) de la empaquetadura requerida, así como la profundidad de la caja para saber la cantidad y medida exacta de los anillos que se necesitarán.

Se cortan trozos de empaquetadura que correspondan al diámetro medio (*D*) entre el eje y la caja. Las confeccionadas en forma trenzada deben cortarse en forma recta. Las de sección cuadrada o rectangular, elaboradas a base de amianto, cáñamo, algodón, etc., con el aditamento de otras sustancias aglutinantes y lubricantes, se cortan generalmente en diagonal, a 45°.

Estos elementos de cierre no deben presentarse *a tope* en sus extremos, sino dejando una pequeña luz que permita su expansión cuando se haga el ajuste al ponerlos en servicio y estén influidos por las condiciones de trabajo (presión, temperatura, etc.).

Antes de colocar la empaquetadura nueva debe lubricarse el vástago o eje para reducir la fricción inicial, que, al desarrollar un calor excesivo por la falta de lubricante, puede arruinar aquélla y no *sellar* después como es de desear.

Se colocan los anillos preparados en la caja prensaestopa, teniendo especial cuidado de que queden bien presentados entre sí y con respecto a la caja. Para evitar la fuga del lubricante que contienen los mismos (grasa grafitada, etc.) se acostumbra a disponer los extremos girados 90° uno de otro; esto, además, facilita la ubicación en la caja prensaestopa.

Colocada la cantidad necesaria de material, se aplica el casquillo del prensaestopa (tapa de la caja prensaestopa, generalmente de bronce), apretando convenientemente, o sea, en forma pareja y gradual, ambos tornillos (fig. 1), para asegurar el acomodamiento de los anillos de empaquetadura y con ello la hermeticidad y estanqueidad deseables.

Al apretar gradualmente los tornillos se ejerce una presión uniforme que evita desplazamientos laterales del material colocado. Al poner el equipo en funcionamiento conviene tener en cuenta lo siguiente:

1) Si se produce un goteo de poca importancia, no debe ajustarse más el casquillo, pues en el caso de las bombas centrífugas, por ejemplo, el pequeño goteo de agua que se produce sirve de refrigeración para la empaquetadura y para verificar la existencia del cierre hidráulico;

2) Si no existiera esta pérdida, debe aflojarse el casquillo hasta que se produzca;

3) Durante las dos primeras horas de haber puesto la empaquetadura nueva debe observarse la temperatura de la caja, por si aumenta ésta o la pérdida de fluido;

4) Si aumenta la temperatura, debe aflojarse el casquillo para que afloje la empaquetadura, pues el aumento de temperatura denota rozamiento excesivo. Si, por el contrario, aumenta la pérdida del fluido a controlar (agua, vapor, etc.), se debe apretar el casquillo hasta minimizar la pérdida;

5) Pasado el período inicial de observación (más o menos 2 horas) en marcha normal, debe observarse continuamente la pérdida de fluido hasta que tome un régimen de goteo escasamente perceptible.

Se debe tener presente que por el vástago o eje siempre debe filtrar líquido suficiente para lubricar indefinidamente la empaquetadura, no ajustando en forma excesiva el casquillo, con lo cual se limita la vida de aquélla y se origina pérdida de potencia en el eje por la excesiva fricción.

*Naturaleza de las empaquetaduras.*

Los materiales empleados dependen de la naturaleza del fluido (gas, vapor, líquido, aceites, ácidos, álcalis, etc.) y de su presión y temperatura de trabajo.

El amianto, por ejemplo, se presenta comercialmente en muchas formas para los distintos usos industriales; así, lo encontramos en forma de hilo, plancha, soga trenzada, etc. Este material resiste muy bien la temperatura, y su principal aplicación, entonces, es en servicios que deben soportar temperaturas elevadas. El amianto también se destina a la fabricación de hojas o planchas para confeccionar juntas o guarniciones.

El amianto lubricado con grasa grafitada constituye también un modelo de empaquetadura muy generalizado, que comercialmente se presenta en forma de soga trenzada de distintos diámetros y secciones. Sus principales usos están destinados a instalaciones de vapor de baja y media presión, agua caliente, etc., ya sea en máquinas con movimiento alternativo como rotativo o centrífugo.

Las secciones comerciales de estos elementos pueden ser redondas o cuadradas y se indican en pulgadas (1/8", 3/16", 1/4", etcétera).

Los hilos trenzados de amianto suelen impregnarse con lubricantes especiales y grafito, formándose así componentes en forma de soga que se aplican en instalaciones de vapor a elevada temperatura.

Pueden usarse también en soluciones aciduladas o de naturaleza alcalina, solventes, grasas, etc.

Cuando las condiciones de servicio son más severas, se recurre al empleo de hilos metálicos que se combinan con fibras minerales, formándose así disposiciones en forma de soga que resisten temperaturas del orden de los 400° C y más elevadas.

Estos componentes especiales tienen su aplicación en centrales termoeléctricas, donde el vapor se produce a elevadas temperaturas, del orden de 300° C o 400° C. Aquí se omite la lubricación con aceites minerales, empleándose grafito para impregnar los hilos antes de someterlos al trenzado que ha de formar la empaquetadura propiamente dicha.

El amianto es el material de aporte más difundido para empaquetaduras que deben resistir temperaturas más o menos elevadas. Su empleo tiene aplicación en bombas para agua caliente, condensado, etc.

Las juntas o guarniciones se elaboran con material en forma de plancha, que puede ser también amianto, tela engomada, fibras sintéticas, fieltros especiales impregnados con sustancias resistentes a distintas acciones (químicas, térmicas, mecánicas, etc.), que pueden ser de procedencia nacional o extranjera.

Las diferentes calidades que se proveen en los comercios hacen aptas estas planchas para confeccionar cualquier tipo de junta para las distintas condiciones de servicio, previa indicación de la presión y temperatura a que estará sometida la junta y la naturaleza del fluido con el cual estará en contacto (agua, aceite, vapor, ácidos, lejías, etc.).

Cuando se trata de sustancias que no están sometidas a temperatura ni son de naturaleza corrosiva, se confeccionan empaquetaduras de cáñamo y algodón, que comercialmente se disponen de varias maneras (sogas, hilos, etc.), con o sin el aditamento de otras sustancias y materiales, tales como grasas especiales, hilos metálicos, caucho, etc.

Comercialmente, el material para la confección de las juntas o guarniciones viene en forma de hojas de distintos espesores (en milímetros), encontrándose variedades que van desde 0,2 mm a 5 mm de espesor.

Estas hojas o planchas pueden llevar insertadas mallas metálicas especiales para resistir altas presiones y temperaturas.

Estas condiciones de servicio se encuentran, por ejemplo, en los motores de combustión interna, donde están presentes presiones y temperaturas de consideración.

Como en las empaquetaduras en forma de hilo o soga, antes de instalar las juntas o guarniciones nuevas deben limpiarse las superficies de contacto de todo resto que haya quedado de la junta anterior. Se debe tener la seguridad, además, de que las superficies guardan entre sí paralelismo.

Las juntas se colocan siempre en seco, sin ponerlas en contacto con ningún lubricante, pues, al trabajar en forma estática, el agregado de estas sustancias puede favorecer la adherencia a las bridas, dificultándose posteriormente su reposición cuando sea necesario. Las juntas, al igual que sucede con cualquier otro tipo de empaquetadura, son seleccionadas en función de la temperatura y presión de servicio, así como también de la naturaleza del fluido con el cual estarán en contacto.

Se fabrican hojas para confeccionar juntas que pueden resistir presiones (de vapor, por ejemplo), del orden de 150 atm y 550° C de temperatura, y valores superiores a éstos para aplicaciones muy especiales, como en el caso de las centrales termoeléctricas o compuestos químicos especiales.

El material de las juntas tiene generalmente una constitución heterogénea. En su fabricación intervienen conglomerados sintéticos especiales que responden a distintas patentes o marcas de diferente procedencia.

Con cierta profusión se encuentran en los comercios juntas a base de fieltros, fibras, caucho, asbesto, presspan, corcho, etc., dispuestos en hojas o planchas y en los espesores más variados, conforme a lo ya explicado.

# CAPITULO VIII

**Cañerías industriales. Normas. Empalmes en función del diámetro. Materiales de fabricación y de aporte empleados. Empalmes roscados y soldados. Criterios para su elección. Herramientas y complementos empleados en los trabajos. Consideraciones sobre el montaje. Prueba hidráulica. Protección y pinturas según la naturaleza del servicio. Accesorios. Descripción de los distintos tipos. Empleos específicos. Aislaciones térmicas. Materiales, espesores y usos en función de la temperatura, presión y composición de los fluidos. Agua refrigerada, vapor y condensado. Válvulas empleadas en las plantas industriales. Tipos. Esclusas y globo. Consideraciones sobre el empleo de estas válvulas. Reductoras de presión de seguridad, de retención, de pie, de ángulo, de purga, termostáticas, roscadas y con bridas. Finalidad y empleo de estos elementos.**

Se ha considerado conveniente incluir en esta obra algunos conocimientos relacionados con la conducción de fluidos industriales (cañerías). Este capítulo ha de resultar interesante no sólo al estudiante, sino para todo aquel que se inicia en esta materia de tanta aplicación práctica.

En una planta industrial se encuentran cañerías de muy distintas naturalezas, las cuales pueden estar destinadas al servicio de vapor, combustible, aire comprimido, vacío, agua refrigerada o caliente, etc.

Estas instalaciones están individualizadas por un código de colores que obedecen a las normas establecidas a tal fin por los organismos específicos de cada país. En la República Argentina se tiene en cuenta lo establecido por las normas IRAM (Instituto Argentina de Racionalización de Materiales). Este instituto tiene publicada la norma 2 507 referente al *Sistema de seguridad para la identificación de cañerías.*

Para el material ignífugo (matafuegos, lluvias rociadoras, baldes, bocas de incendio, etc.) tiene establecido el color rojo.

Para el vapor de agua, el color naranja.

Para combustibles (líquidos y gaseosos), el color amarillo.

Para el aire comprimido, el color azul.

Para electricidad, el color negro.

Para vacío, el color castaño.

Para el agua fría, el color verde.

Para el agua caliente, el color verde con franjas naranja.

Como en la conducción de líquidos tiene influencia la temperatura, la presión y la naturaleza del fluido conducido, estas variables se indican sobre las cañerías por medio de leyendas. Estas indicarán los datos necesarios sobre presión, temperatura y productos conducidos.

Cuando las cañerías son de mucho diámetro, la norma 2 057 especifica detalladamente el empleo de aros pintados en función del diámetro del caño.

Para las conducciones de vapor, agua refrigerada y caliente se emplean caños de hierro dulce. En general, no es frecuente encontrar cañerías industriales con diámetros inferiores a 1/2" (12,7 mm).

Los empalmes de tramos de caños de hasta 2" o 3" de diámetro se efectúan generalmente con piezas roscadas (uniones dobles) con filetes de rosca izquierda y derecha, cuplas normales, niples largos, entrerroscas y cuplas de unión, etc. Estos elementos se describirán en detalle al tratar los accesorios para cañerías.

Los tramos con más de 3" de diámetro se empalman generalmente con bridas roscadas (fig. 1). Cada brida está soldada o roscada al caño, y la unión entre las dos bridas se efectúa por medio de bulones con tuerca, interponiendo entre ambas un anillo de material especial, llamado *junta* o *guarnición*.

Se llama brida al reborde en forma de disco o platillo con que terminan los caños (también árboles) que han de empalmarse por sus extremos. La figura 1 señala esto con la suficiente claridad.

Antes de efectuar las uniones roscadas en las cañerías, los filetes de las roscas se recubren ligeramente con minio, aceite de lino y una pequeña cantidad de cáñamo peinado. La soldadura autógena puede emplearse para reemplazar las uniones roscadas, efectuándose a tal fin una costura gruesa, compacta, uniforme y prolija, que no se limará ni se rebajará posteriormente.

Las cañerías, tanto verticales como horizontales, para diámetros que no superen la pulgada y media (1½"), van sostenidas por medio de abrazaderas. Estas abrazaderas deben permitir la libre dilatación de los caños y deben, además, ubicarse a una distancia no mayor de 3 m una de otra. Estos elementos, generalmente de fundición maleable, están dotados de tornillos para la sujeción en las estructuras.

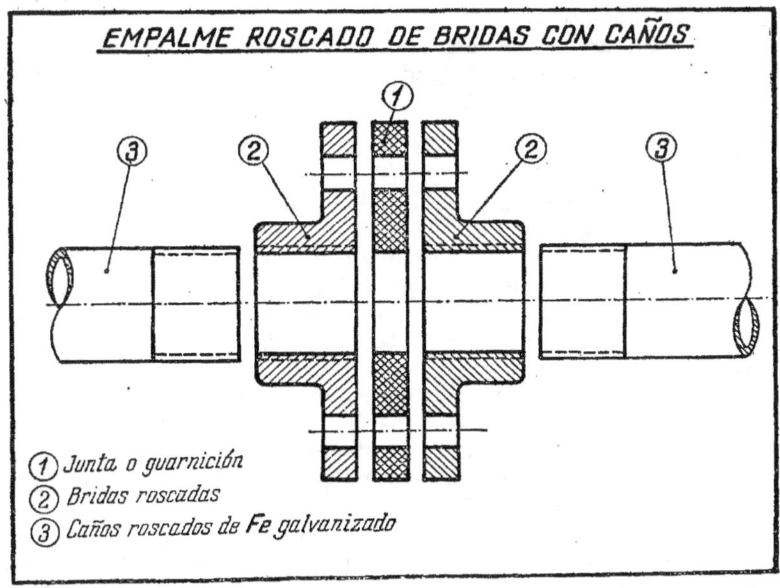



Fig. 1 - VIII

Las cañerías horizontales de más de 1½" de diámetro normalmente van sostenidas por medio de ménsulas colocadas a distancias no mayores de 3 m una de otra. Como se verá más adelante, debe respetarse un declive o pendiente al instalar las cañerías, colocándose válvulas de purga donde se considere necesario, conforme a las condiciones de servicio.

MATERIALES EMPLEADOS EN LA FABRICACIÓN DE CAÑERÍAS.

Se hará referencia a los materiales metálicos por ser éstos los de mayor difusión.

No obstante, merece destacarse la importancia que van adquiriendo las cañerías de material plástico.

Sin embargo, éstas tienen una aplicación más restringida que aquéllas, sobre todo en lo referente a exigencias de presión y temperatura.

*Caños de hierro galvanizado:*

Se fabrican con costura longitudinal soldada o sin ella. Son los más indicados para la conducción de agua, pues al no haber temperatura en el fluido resisten mejor la formación de óxidos e incrustaciones por corrosión.

Se adquieren en el comercio caños de los siguientes diámetros interiores nominales en pulgadas: ⅛, ¼, ⅜, ½, ¾, 1, 1¼, 1½, 2, 2½, 3, 4, 5, 6, 8, 10, 12.

*Caños de hierro negro.*

Al igual que los de hierro galvanizados, se fabrican con costura longitudinal soldada o sin ella, para ser usados conforme a las presiones nominales especificadas por los fabricantes para cada uso. En el empleo de estos caños no preocupa la formación de óxido sea por la temperatura o la naturaleza del fluido transportado (vapor, combustibles, aceites, lubricantes, aire comprimido, etc.).

Como ya se dijo anteriormente, en los empalmes roscados los filetes de las roscas son ligeramente cubiertos de minio, aceite de lino y cáñamo peinado antes de efectuar el empalme. Con estos materiales de aporte se consigue un buen ajuste y se evitan futuras pérdidas en las cañerías.

Hacen excepción los empalmes para gas, en donde los filetes se recubren con una mezcla de litargirio y glicerina. Esta mezcla se deposita siempre sobre los filetes de la rosca macho, asegurándose un buen ajuste al fraguar la composición.

La composición litargirio-glicerina debe prepararse en la cantidad estrictamente necesaria, pues la cantidad que no se usa queda inútil después de haber fraguado. Esta mezcla debe tener una consistencia semifluida para la adherencia y el fraguado correctos.

Para empalmes inferiores a las 3″ de diámetro es común encontrar bridas y codos soldados para el empalme y cambios de dirección en las cañerías. Si el espesor de los materiales es del orden de los 3 milímetros, se prefiere la soldadura autógena a la eléctrica (ver equipos para soldadura).

Las cañerías se maniobran con llaves Stillson porque sus dientes permiten trabajar en redondo, al incrustarse con la debida presión en el material, favoreciendo así su enroscado o desenroscado. Normalmente, la sujeción de los elementos para efectuar los filetes en las roscas se hace con la ayuda de morsas especiales para caños.

Las herramientas para elaborar los filetes se llaman terrajas, y junto con ellas se proveen juegos de peines para efectuar los distintos tipos de roscas.

Mientras se trabaja con los peines conviene refrigerarlos con agua jabonosa o con un pequeño chorro de aceite mineral suministrado por una aceitera común.

Las terrajas, al igual que las llaves Stillson, se proveen con su abertura en pulgadas, en concordancia con los diámetros de las cañerías que han de operar.

La soldadura autógena, en lugar de los empalmes con accesorios roscados, es muy usada para efectuar uniones con elementos sin rosca. El trabajo tiene que confiarse a soldadores expertos, y a causa del gasto de material y de la necesidad de soldadores capacitados, tan sólo en instalaciones de cierta importancia resulta este procedimiento menos costoso que el uso de empalmes con rosca o con bridas.

Con la soldadura se puede obtener economía en el peso, en los aislamientos térmicos y en las reparaciones. También se dificulta más la presencia de fugas o escapes en la conducción de los fluidos.

Donde las condiciones de servicio lo exijan deben instalarse trampas de vapor, filtros, válvulas termostáticas y curvas de dilatación.

*Aislaciones térmicas.*

Los recubrimientos o aislaciones térmicas se emplean para aumentar el rendimiento en la conducción de fluidos que trabajan con temperaturas positivas o negativas (calefacción, refrigeración, agua caliente, etc.).

Los calentadores de agua y colectores de vapor van normalmente aislados con magnesia plástica al 85 %, con un espesor de aproximadamente 2″ cubierto con venda de lienzo de lino y después con la pintura establecida por las normas IRAM, VDE, DIN, etcétera.

Las cañerías para agua caliente y vapor también se aíslan con magnesia plástica al 85 % y lana mineral. Los espesores de los recubrimientos varían según la ubicación de la cañería y su diámetro.

En forma general, en salas de máquinas para cañerías hasta un diámetro de 2½″, el espesor de la aislación de los equipos de aire acondicionado es de 1″. Para diámetros mayores de 2½″, el espesor de la aislación debe ser, como mínimo, de 1½″.

En cañerías de hasta 2½″ de diámetro que corren bajo techo (corredores y cielorrasos interiores), el espesor de la aislación normalmente es de 1½″. Para el mismo diámetro de cañería, pero a la intemperie, el espesor de la aislación debe ser de 2″. También aquí las aislaciones se revisten con venda de lienzo de lino y la pintura indicada por las normas. Se colocan, además, sunchos protectores de latón, que ayudan a sostener la aislación. Estos sunchos van dispuestos, generalmente, cada metro de instalación.

Las cañerías para agua refrigerada también llevan recubrimientos térmicos para aumentar el rendimiento en la conducción. En este caso, la aislación está formada por *medias cañas* de corcho aglomerado de 2″ de espesor, que se recubren posteriormente con venda de lienzo de lino y el color de pintura establecido por las normas.

La fijación de las medias cañas se hace también con la ayuda de sunchos de latón. Cuando las cañerías son instaladas a la intemperie, encima de las medias cañas de corcho se hace una imprimación con sustancia impermeable (pintura asfáltica, asfasol, etcétera).

En cañerías para vapor y condensado, la aislación se hace generalmente con magnesia plástica al 85 % y revestida con venda de lienzo de lino y tejido de alambre. Como la magnesia plástica es material de importación, suele usarse también lana mineral de fibra larga. Para cañerías hasta 1″ de diámetro, la aislación será de 1″ de espesor; para 1¼″ a 3″ de diámetro, la aislación se recomienda con un espesor de 1½″. En cañerías con diámetro superior a las 3″ se considera como satisfactoria una aislación de 2″ de espesor.

Los colectores de vapor y tanques de condensado llevan normalmente una aislación térmica de 2″ de espesor.

*Accesorios para cañerías.*

En las figuras 2 y 2 bis de este capítulo se da una idea general de los accesorios más comúnmente empleados en las plantas industriales.

La finalidad de los accesorios es la de poder realizar las distintas formas de empalme que exigen las condiciones de servicio.

Los elementos más difundidos son:

Codos de 90° con roscas hembra-hembra (roscado interno).

Codos de 90° con roscas macho-hembra (roscado externo e interno).

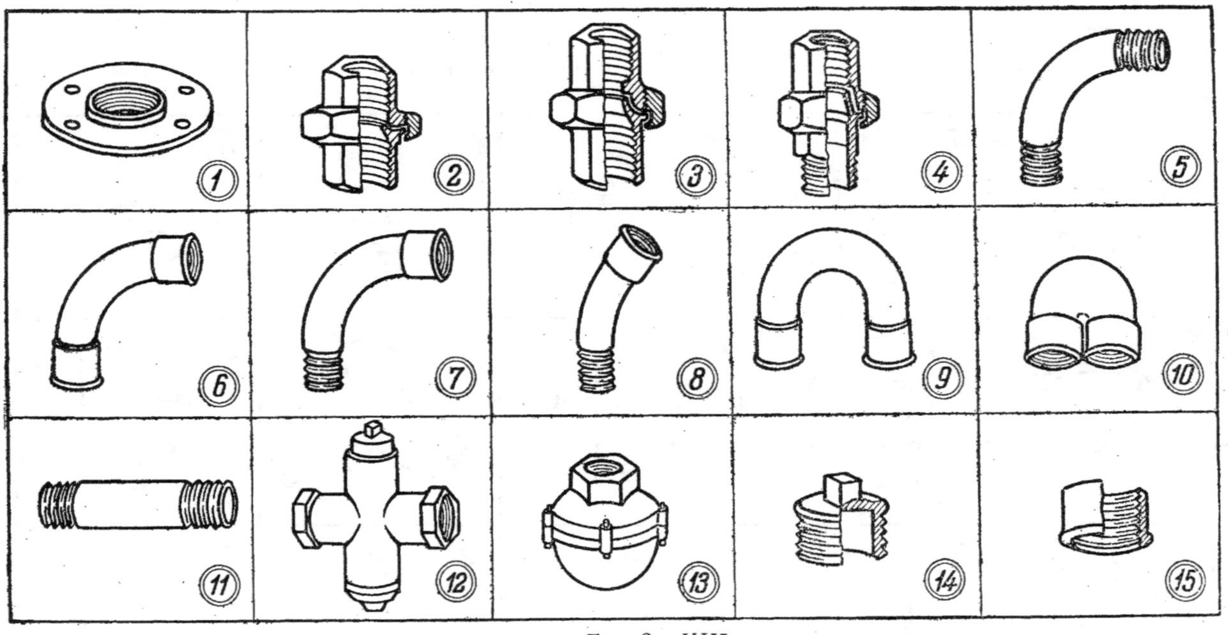

FIG. 2 - VIII

(1) Brida roscada (también sin rosca, para soldar).
(2) Unión doble con asiento plano y rosca interior (hembra-hembra).
(3) Unión doble con asiento cónico y rosca interior (hembra-hembra).
(4) Unión doble con asiento cónico y roscas interior (hembra) y exterior (macho).
(5) Curva de 90° con roscas exteriores (macho-macho).
(6) Curva de 90° con roscas interiores (hembra-hembra).
(7) Curva de 90° con roscas interior (hembra) y exterior (macho).
(8) Curva de 45° con roscas interior (hembra) y exterior (macho).
(9) Curva doble abierta con roscas interiores (hembra-hembra).
(10) Curva doble cerrada con roscas interiores (hembra-hembra).
(11) Niple.
(12) Llave de paso.
(13) Válvula de pie.
(14) Tapón macho.
(15) Tapón hembra.

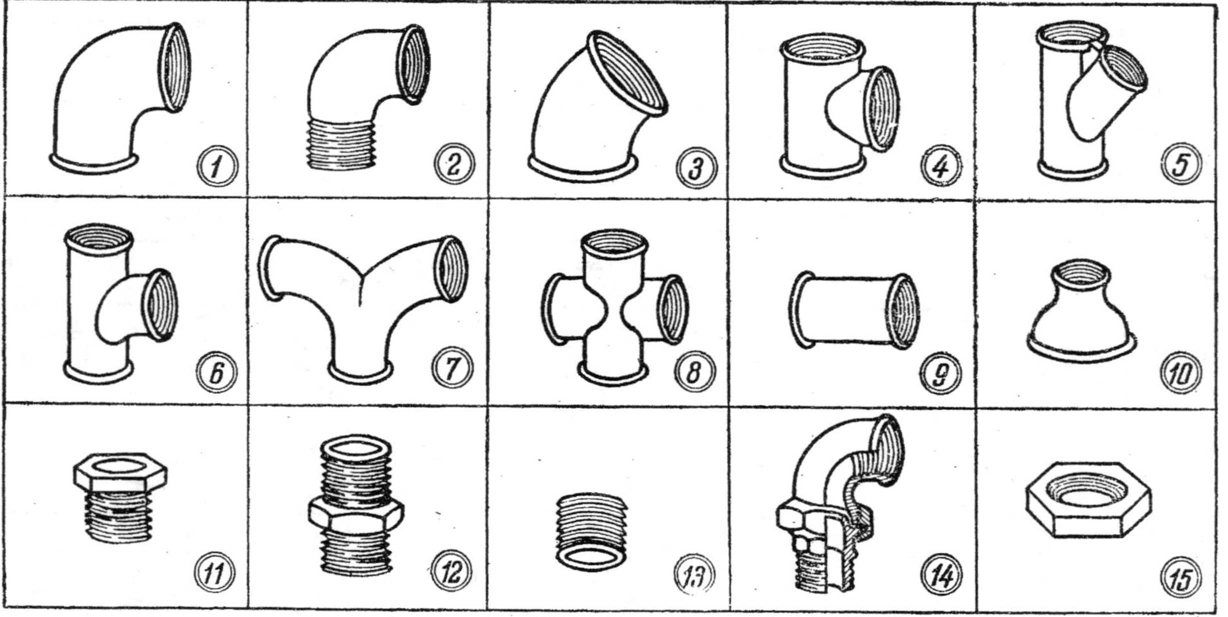

FIG. VIII - 2 (bis)

(1) Codo de 90° con roscas interiores (hembra-hembra).
(2) Codo de 90° con rosca interior (hembra) y exterior (macho).
(3) Codo de 45° con roscas interiores (hembra-hembra).
(4) Te de 90° con roscas interiores (hembra-hembra-hembra).
(5) Te de 45° con roscas interiores (hembra-hembra-hembra).

(6) Te con roscas interiores y un empalme curvo con rosca interior (hembra-hembra-hembra).
(7) Te con rosca interior y dos empalmes curvos con roscas interiores.
(8) Cruz de 90° con roscas interiores.
(9) Cupla con roscas interiores a la derecha (puede ser con roscas a la derecha y a la izquierda).

(10) Cupla de reducción concéntrica con roscas interiores.
(11) Buje de reducción concéntrico con rosca exterior.
(12) Entrerroscas con roscado exterior.
(13) Rosca sencilla.
(14) Codo con roscas interior y exterior.
(15) Tuerca con rosca.

Codos de 45° con roscas hembra-hembra (roscado interno-interno).

Tes de 90° con roscas hembra-hembra (roscado interno-interno).

Tes de 45° con roscas hembra-hembra (roscado interno-interno).

Tes hembra con un empalme curvo.

Tes hembra con dos empalmes curvos.

Cruces de 90° con roscas hembra-hembra.

Cuplas con rosca derecha.

Cuplas con rosca izquierda y derecha.

Cuplas reductoras concéntricas.

Roscas con tuerca (entrerroscas).

Roscas sencillas.

Codos con rosca macho y hembra.

Tuercas con rosca.

Tapones con rosca macho.

Tapones con rosca hembra.

Bridas roscadas y para soldar (sin rosca).

Uniones dobles con asiento plano y roscas hembra.

Uniones dobles con asiento cónico y roscas macho y hembra.

Curvas de 90° con roscas macho-macho.

Curvas de 90° con roscas hembra-hembra.

Curvas de 90° con roscas macho-hembra.

Curvas de 45° con roscas macho-hembra.

Curvas dobles abiertas con roscas hembra.

Curvas dobles cerradas con roscas hembra.

Curvas largas con cupla.

Para los caños de hierro negro (h° n°) y galvanizado (h° g°), los accesorios son del mismo material de los caños. Tratándose de caños de acero inoxidable, los accesorios también son de acero inoxidable.

El roscado de los accesorios puede ser interno, en cuyo caso, en el lenguaje común de los cañistas, la rosca se llama *hembra*. En el caso de que el roscado sea externo, la rosca se llama *macho*.

Los accesorios permiten empalmar las cañerías siguiendo una misma dirección o formando ángulos. Además, permiten agrandar o reducir la sección de la conducción según las necesidades del servicio (cuplas reductoras concéntricas).

Al instalarse estos elementos deben tenerse en cuenta las pérdidas de carga que originan por los cambios bruscos de dirección y por variaciones de sección (pérdidas de la presión dinámica, velocidad, rozamiento, etc.).

Los codos y las curvas tienen su empleo principal para efectuar los cambios de dirección que sean necesarios.

Las *tes* y las *cruces* a 90° para efectuar derivaciones.

Las *cuplas*, con sus distintos tipos de rosca, se emplean para realizar empalmes, pues los tramos de caño se fabrican en longitudes que no exceden los seis metros.

Las válvulas se conectan a las cuplas con la ayuda de *entrerroscas*, llamadas también *roscas con tuerca*. Estos accesorios permiten la separación de las válvulas para su reparación o cambio.

Cuando las condiciones de servicio exigen cambio de válvulas en tiempos muy reducidos, se emplean *válvulas con bridas*, pues si bien es cierto que las *uniones dobles* permiten desconectar rápidamente válvulas y tramos de cañerías u otros elementos, el empleo de bridas es más eficiente, sobre todo cuando se trabaja con temperatura.

Las *cuplas de reducción* sirven para empalmar cañerías de distinto diámetro.

Los *niples* o *roscas dobles largas* son trozos de caño cortados a voluntad por el cañista y cuyos extremos se han roscado con ayuda de una terraja. Los niples son frecuentemente utilizados para conectar manómetros, vacuómetros, termómetros, etc.

Los *tapones con rosca macho* sirven para tapar cañerías o derivaciones de éstas que terminan con una cupla (rosca hembra).

Si la cañería o derivación termina con rosca macho, se empleará para cerrarla una *tapa con rosca hembra*.

*Válvulas.*

En las plantas industriales se encuentra una gran variedad de estos elementos, tanto de procedencia nacional como extranjera.

El empleo de las válvulas está íntimamente relacionado con la naturaleza, presión y temperatura de los fluidos que deben gobernarse.

Las más difundidas son las llamadas *válvulas globo* (fig. 3) y las *esclusa* (*de compuerta* o *espejo*) (fig. 4).

Normalmente, las esclusas se emplean en la conducción de fluidos que no requieren gobierno en la estrangulación (agua fría, caliente, condensado, combustibles, lubricantes, etc.).

Las globo, en cambio, son específicas para el gobierno de fluidos que requieren ser estrangulados, variando su energía cinética o presión dinámica.

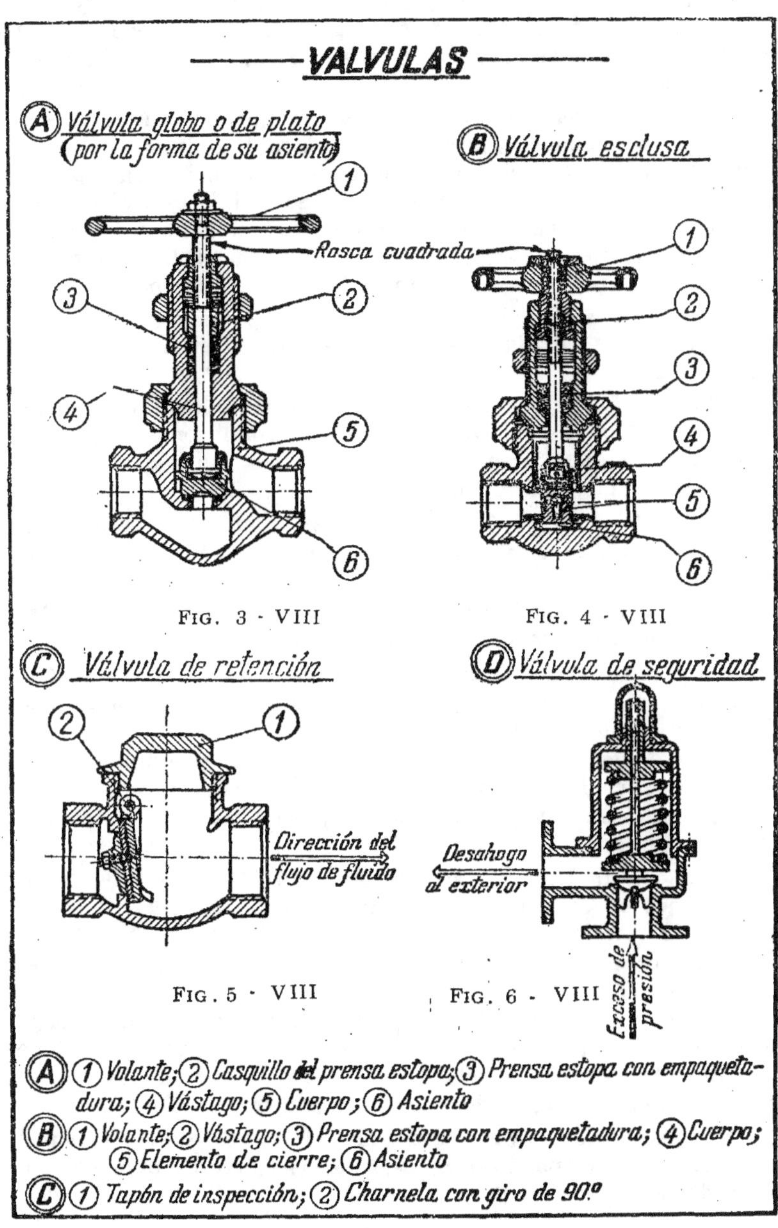



A ① Volante; ② Casquillo del prensa estopa; ③ Prensa estopa con empaquetadura; ④ Vástago; ⑤ Cuerpo; ⑥ Asiento

B ① Volante; ② Vástago; ③ Prensa estopa con empaquetadura; ④ Cuerpo;
⑤ Elemento de cierre; ⑥ Asiento

C ① Tapón de inspección; ② Charnela con giro de 90.º

Ambos tipos se emplean para fluidos con temperatura y presión, pero generalmente, cuando se exigen estas condiciones, tienen prioridad las válvulas globo por la mejor regulación que permiten en el servicio.

Las *válvulas de retención* (fig. 5) se emplean cuando se desea que el líquido circule siempre en el mismo sentido, impidiéndose la posibilidad de que se invierta el sentido de circulación. En la salida de las bombas centrífugas, por ejemplo, se instala una válvula de retención en la cañería vertical de alimentación. En caso de retroceso de la columna de agua, la válvula de retención lo impide, con lo cual se logra proteger a la instalación contra el fenómeno llamado *golpe de ariete*.

Este tipo de válvula puede disponerse tanto en forma vertical como horizontal.

Las *válvulas de seguridad* (fig. 6) operan cuando en el interior de un tanque o caldera se superan las condiciones de presión establecidas. Su acción está destinada a evitar explosiones, permitiendo un desahogo de presión al exterior.

Las *válvulas de pie* [fig. 2 (13)], apoyando en la base de recintos anegados, permiten efectuar el desagote con ayuda de una bomba aspirante.

En las bombas centrífugas va dispuesta una de estas válvulas en el extremo de la cañería de aspiración.

El cambio en la dirección de un fluido, como así también la regulación de su caudal, se puede conseguir con la ayuda de una válvula de ángulo.

Las *válvulas de purga* están destinadas a la eliminación de impurezas en calderas, tanques de aire comprimido, etc., donde la formación de lodos y formaciones impuras debe ser eliminada con periodicidad.

En el caso de las calderas con servicio continuado, esta operación se hace en cada turno. La presencia de lodos e impurezas varias reduce en las calderas sensiblemente el coeficiente de transmisión del calor, aumentándose así el consumo específico de combustible.

Las *válvulas termostáticas* están constituidas por un cuerpo de fundición que encierra un fuelle de cobre. Este fuelle contiene normalmente un líquido volátil que se vaporiza y dilata con el calor del vapor, provocándose así la expansión del fuelle.

Esta expansión, a su vez, acciona el vástago de las válvulas termostáticas, accionando el mecanismo de cierre e impidiendo la salida del vapor.

El vapor, al penetrar en un depósito frío (en este caso, el cuerpo de la válvula), obliga a salir el aire y el agua condensada. En cuanto el fuelle comienza *a ser tocado* por el vapor, comienza la dilatación del mismo. En el ínterin se ha permitido que salga toda el agua condensada y el aire, por tener una temperatura menor que la del vapor. La finalidad de estas válvulas es precisamente eliminar estas impurezas, para evitar que se mezclen con el vapor.

Las *válvulas reductoras o reguladoras de presión* se instalan, como su nombre lo indica, para modificar las condiciones de la presión de servicio en las cañerías.

Generalmente, el vapor de alta presión producido por la caldera no es directamente suministrado al servicio de la planta (calefacción, procesos químicos, etc.).

Las reductoras funcionan por la elevación o descenso de un diafragma que se moviliza cuando cambia el valor de la presión preestablecida en la cañería de baja presión.

Cuando del lado de la baja presión ésta se eleva demasiado, se rompe el equilibrio establecido a través de un tubo comunicante (fig. 7), lo cual provoca el accionamiento del diafragma en sentido ascendente o descendente, según que la presión sea superior o inferior al límite establecido para las condiciones de trabajo.

La acción del diafragma se balancea o regula por el movimiento de un peso desplazable sobre una palanca (fig. 7) o ajustando la tensión de un resorte (fig. 8).

El *tubo equilibrador* es, en general, de ½″ de diámetro nominal, y suele estar conectado a la baja presión de 4 m a 6 m de la válvula. Su finalidad es muy similar a la de los tubos capilares de los equipos de refrigeración, produciendo un equilibrio en las condiciones de presión a mantenerse entre el lado de alta y el de baja.

Las *válvulas con bridas* son generalmente empleadas, como ya se ha dicho, en cañerías de más de 2″ o 3″ de diámetro.

No obstante, lo más definitorio en su empleo son las exigencias en las condiciones del servicio. Los procesos de producción pueden exigir la instalación de válvulas con bridas en aquellos casos en que se justifique un mayor costo inicial frente a la rapidez de cambio en caso de una avería.

Por ejemplo, las válvulas reductoras de presión vienen provistas de bridas para su montaje en las cañerías, y es tanta su importancia que su instalación se complementa con un *by-pass* (fig. 8).

La finalidad de la *derivación o by-pass* es la de no interrumpir el suministro de fluido en caso de tener que retirarse por repa-

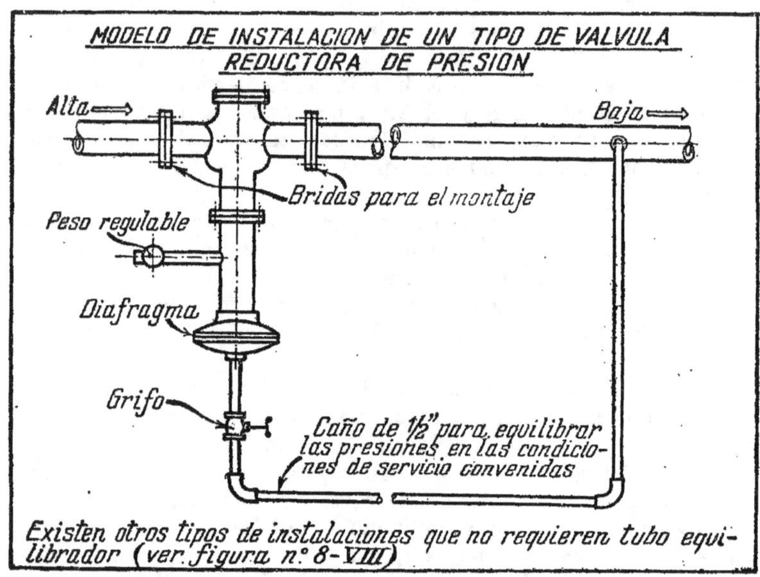



FIG. 7 - VIII

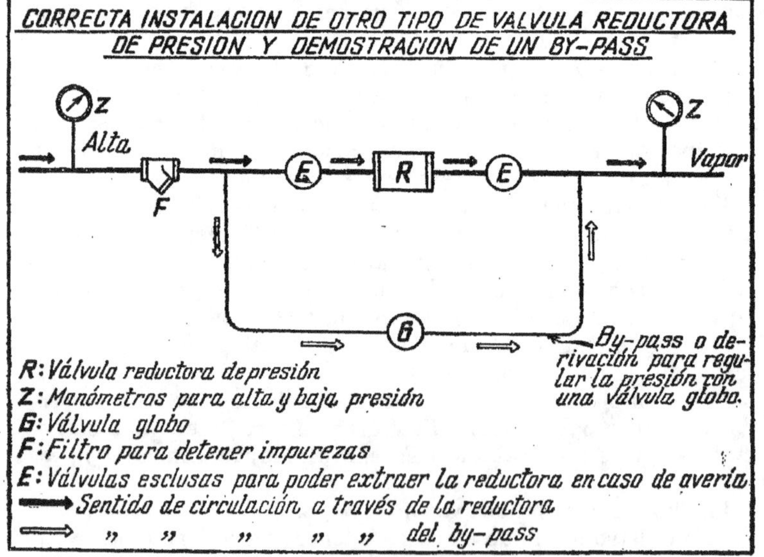



FIG. 8 - VIII

ración la válvula reductora. Durante la emergencia, se prevé en la otra rama del *by-pass* una válvula globo para efectuar la *estrangulación del fluido*, consiguiéndose de esta manera una forma momentánea de regular la presión.

Es esto, entonces, una típica demostración del principio de Bernoulli aplicado al accionamiento de las válvulas.

A diferencia de las esclusas, las globo permiten, por la disposición de su asiento, variar la energía cinética de los fluidos.

Se regula entonces la presión dinámica del fluido ($h_d = v^2/2\,g$) en una forma más eficaz de lo que puede lograrse con una esclusa.

La capacidad de estrangulación de las válvulas globo se pone en evidencia al comprobar que el coeficiente de resistencia que ofrecen éstas es del orden de 50 veces mayor que el que ofrecen las válvulas esclusas.

Si al lector le interesan más detalles sobre este tema, puede consultar algún texto sobre mecánica de los fluidos. No se tiene la intención de entrar en demostraciones matemáticas que escapan a la naturaleza práctica de esta obra.

En lo referente al mantenimiento de las válvulas, las mismas serán desarmadas cuando la inspección lo aconseje. Hecha la revisión y la limpieza correspondientes, se observará detenidamente si el asiento está en perfecto estado o presenta alguna anormalidad.

Las válvulas usadas deben esmerilarse en su asiento con pasta esmeril del tipo más fino y empleando sólo la cantidad necesaria, con lo cual se bruñe el asiento, consiguiendo así un ajuste perfecto. Esto reviste especial importancia en el caso de las válvulas globo. En caso de encontrarse resecada la empaquetadura, se procederá a su reposición.

Las empaquetaduras destinadas al asiento de la válvula tienen una vida útil que está directamente relacionada con las condiciones de uso y estado del mismo asiento.

Cuando la cantidad de válvulas instaladas en la planta es de cierta consideración, quizá resulte económico la compra de una máquina específica para el esmerilado de los asientos de distintos diámetros.

Las trampas de vapor son elementos que sirven para evacuar impurezas de las conducciones de vapor a baja presión, especialmente en el vapor destinado a la calefacción de edificios. Se llaman trampas porque permiten la fuga de las impurezas, pero no del vapor.

El agua condensada y el aire (y otros gases causantes de la oxidación) deben tener salida fácil por las purgas (trampas) y válvulas termostáticas entre todos los lugares de la cañería donde puedan acumularse y entorpecer la circulación del vapor.

La resistencia causada por los codos en ángulo recto se debe evitar en lo posible por la caída de presión dinámica que originan los cambios bruscos de dirección en la conducción de fluidos.

Las cañerías deben tener, como mínimo, una pendiente del orden del 1/100 por metro de instalación.

Se instalan *curvas de dilatación*, que consisten en tubos curvados a imagen de la letra griega omega mayúscula ($\Omega$), que se intercalan en la cañería para que la dilatación de esta curva neutralice la dilatación provocada por los cambios de temperatura.

Cuando no es posible instalar curvas de dilatación, se reemplazan por *juntas de dilatación*, que están formadas por fuelles o mangas de cobre con libertad para dilatarse y contraerse conforme a las variaciones de temperatura que se produzcan.

La instalación de cañerías deberá efectuarse de modo que no exista dificultad alguna para su desmontaje posterior. Por esta razón, los elementos no deben ser arrimados con exceso a las paredes, de las cuales deben quedar suficientemente separados para poder trabajar con las herramientas al hacer las reparaciones necesarias. La misma precaución debe tomarse al instalar cañerías que corran en forma paralela.

Para la limpieza y vaciado de las cañerías es aconsejable dejar en el punto más bajo de las mismas una *te* con un *tapón roscado* con cáñamo peinado y grasa, o bien una válvula esclusa o globo.

Como ya se ha dicho, debe respetarse una pendiente del orden del 1/100, pues esto reviste singular importancia, sobre todo en cañerías de vacío y aire comprimido, por la acumulación de agua de condensación e impurezas varias (óxido, lodos, etc.).

Asimismo, debe respetarse la precaución de que todos los depósitos estén provistos de sus reglamentarias válvulas de purga. No debe descuidarse la limpieza interior de los caños antes de ser éstos instalados. Aquellos que hayan sido doblados en caliente deberán ser golpeados para que desprendan las partículas de óxido que se forman en su interior.

Los caños utilizados para aire comprimido, vacío, combustible y lubricantes deberán ser lavados cuidadosamente con una solución de soda cáustica y soplados con aire comprimido, previo lavado con agua.

Siempre se deberá tener la seguridad de que en el interior no quedan partículas ni escorias.

Para efectuar las pruebas hidráulicas deberán seguirse las indicaciones de las normas. En general, el agua para la prueba debe entrar en la cañería progresivamente, para que vaya saliendo el aire. Normalmente, la presión de prueba suele ser de una vez y media la presión de trabajo.

*Prueba hidráulica de cañerías.*

Esta prueba se realiza por tramos. Se efectuará (si la cañería aún no está instalada) sobre soportes, de modo que durante la operación puedan inspeccionarse todas las uniones soldadas. Se comenzará por hacer pasar por la línea la cantidad de agua necesaria para su limpieza, y una vez tenida la seguridad que la cañería se encuentra limpia, se iniciará la prueba hidráulica.

El agua se irá introduciendo en forma gradual, a fin de ir desalojando la máxima cantidad de aire, pues de no tomarse esta precaución, se puede originar el llamado *golpe de ariete* por la entrada impulsiva del agua, lo cual puede llegar a romper la cañería. La presión de prueba será una vez y media la presión de trabajo de la cañería. La presión se irá elevando gradualmente al máximo de su valor.

La cañería no debe acusar pérdida alguna, por lo menos durante 30 minutos, luego de haberse inspeccionado cuidadosamente cada uno de los empalmes o uniones soldadas en toda su longitud.

*Protección y pintura para cañerías.*

Las cañerías que deban instalarse sobre soportes (a mediana altura o sobre estructuras) irán protegidas contra la corrosión originada por agentes atmosféricos. En estos casos se procederá como sigue:

*a)* Se limpiarán bien los caños con un cepillo de alambre en forma manual o mecánica;

*b)* Se darán dos manos de pintura anticorrosiva (antióxido) de color a elección, aplicándose el mismo tratamiento a los soportes metálicos de las cañerías.

Cuando las cañerías estén apoyadas sobre el suelo, se las protegerá de la corrosión en la forma que a continuación se detalla:

*a)* Limpieza con cepillo de alambre en forma manual o mecánica;

*b)* Una mano de pintura imprimadora, aplicada en forma uniforme y dejando secar bien (por ejemplo, cromato de zinc);

c) Una capa de asfasol (brea líquida) de espesor suficiente (3 mm o 4 mm), aplicada en caliente y distribuida uniformemente;

d) Se protegerá finalmente con tiras de fieltro asfáltico (ruberoid), que se irán disponiendo en forma de espiral sobre el asfasol caliente.

Cuando las cañerías deban instalarse bajo tierra, puede reemplazarse el fieltro asfáltico por una envoltura de fibra de vidrio, que en el comercio se encuentra en forma de planchas (velo o lana de vidrio hilada), con las cuales se pueden confeccionar tiras que se pegarán sobre la cañería con ayuda de emulsiones, que pueden aplicarse tanto en frío como en caliente (pegamentos). Previamente a su forrado, se dará a la cañería la mano de pintura imprimadora que hemos comentado anteriormente.

Antes de aplicar la pintura imprimadora, deberá eliminarse de los caños y de cualquier superficie metálica a proteger, todo vestigio de óxido, suciedad, grasitud, etc., dejándola lo más pulida posible.

A este fin se suelen usar algunas soluciones que, aplicadas a pincel o máquina, eliminan la suciedad y la grasitud de los caños: alcohol etílico, 30 %; ácido fosfórico, 15 %; agua, 55 %. Esta solución acostumbra dejarse actuar durante unos 15 minutos, procediendo luego al lavado con agua y secado final.

La envoltura de lana de vidrio o fibra de vidrio será aplicada en forma helicoidal y simultáneamente con la emulsión asfáltica (en frío o en caliente, como más convenga), de manera tal que las tiras de fibra de vidrio se impregnen de emulsión en toda su superficie.

Los bordes de las tiras deben superponerse no menos de 1 cm ni más de 3 cm, cuidando que no se formen arrugas.

Igual procedimiento de aplicación se respetará si se utilizan tiras de fieltro asfáltico, practicando siempre la envoltura con presión manual suficiente como para que la emulsión fluya parcialmente, sellando los bordes sin que el escurrimiento sea excesivo. Las pinturas imprimadoras y las emulsiones asfálticas (asfasol, brea, etc.), deben tener un punto de inflamación superior a los 250° C.

Por considerarlo muy importante, se considera una planilla o tarjeta referente a datos técnicos sobre tanques industriales. En el caso, por ejemplo, de un tanque con palas agitadoras, puede justificarse también el empleo de una tarjeta principal destinada al tanque propiamente dicho, una tarjeta secundaria 3 para el motor eléctrico y otra tarjeta secundaria 4 para los datos técnicos del reductor de velocidad.

Esto se comenta como otro ejemplo de aplicación de la tarjeta principal 2 y de las secundarias 3 y 4 para componente o sistema eléctrico o mecánico, respectivamente, tratadas en el capítulo III.

## TANQUE

Destino .................................................................. Ubicación ..................................................................

Fabricante ........................... Modelo ........................... Tipo ..................... Serie .....................

Material ..................................................................................................................................

Capacidad ................... Diámetro en mm ..................... Alto en mm ...................

Espesor de la pared en mm ..................... Espesor de la tapa en mm ...................

Espesor del fondo en mm ..................... Tapa fija: Sí - No ...................

Entrada de hombre: Sí - No ...................

Horizontal: Sí - No ..................... Vertical: Sí - No ...................

Formato ..................................................................................................................................

¿Tiene camisa? Sí - No ..................... Medidas de la camisa en mm ...................

Espesor de la camisa en mm ..................................................................................................

¿Tiene conexiones? Sí - No ..............................................................................................

A brida ..................................................... ¿Cuántas? .....................

A rosca ..................................................... ¿Cuántas? .....................

¿De qué medida en pulgadas? ..................................................................................................

Presión de prueba (kg/cm²) ..................................................................................................

Presión de trabajo (kg/cm²) ..................................................................................................

Presión de prueba camisa (kg/cm²) ..................................................................................

Presión de trabajo camisa (kg/cm²) ..................................................................................

mm de col. de $H_2O$ de vacío que soporta el tanque ...................................................

mm de col. de $H_2O$ de vacío que soporta la camisa ...................................................

*¿Está fijo?* Sí - No ..................... *¿Tiene patas?* Sí - No ...................

*¿Tiene ruedas?* Sí - No ..................... *¿Tiene conexiones?* Sí - No ...................

*A brida:* Sí - No ..................... *A rosca:* Sí - No ...................

Medidas en mm y cantidad ..................................................................................................

.................................................................................................................................................

*Observaciones:* ..................................................................................................................

.................................................................................................................................................

.................................................................................................................................................

.................................................................................................................................................

.................................................................................................................................................

.................................................................................................................................................

# TABLA DE CAPACIDAD POR METRO DE CAÑERIA

| CAÑO | DIAMETRO EN m.m. | SUPERFICIE EN m.m²/m | GAL. INGLES· POR METRO | LITROS POR METRO |
|---|---|---|---|---|
| 12" | 304.8 | 72966.0 | 16.050 | 72.966 |
| 10" | 254.0 | 50670.7 | 11.145 | 50.671 |
| 9" | 228.6 | 41043.4 | 9.027 | 41.043 |
| 8" | 203.2 | 32429.4 | 7.133 | 32.429 |
| 6" | 152.4 | 18241.5 | 4.012 | 18.242 |
| 5" | 127.0 | 12667.7 | 2.786 | 12.668 |
| 4" | 101.6 | 8107.3 | 1.783 | 8.107 |
| 3" | 76.2 | 4560.4 | 1.003 | 4.560 |
| 2½" | 63.5 | 3166.9 | 0.697 | 3.167 |
| 2" | 50.8 | 2026.8 | 0.446 | 2.027 |
| 1½" | 38.1 | 1140.1 | 0.251 | 1.140 |
| 1" | 25.4 | 506.7 | 0.112 | 0.507 |

## Nº 1-REDUCCION DE PULGADAS A DECIMALES DE PULGADA Y A MILIMETROS

| PULGADAS | DECIMALES | mm. | PULGADAS | DECIMALES | mm. | PULGADAS | DECIMALES | mm. | PULGADAS | DECIMALES | mm. |
|---|---|---|---|---|---|---|---|---|---|---|---|
| 1/64 | 0.015 | 0.396 | 17/64 | 0.266 | 6.746 | 33/64 | 0.516 | 13.096 | 49/64 | 0.766 | 19.446 |
| 1/32 | 0.031 | 0.793 | 9/32 | 0.281 | 7.143 | 17/32 | 0.531 | 13.492 | 25/32 | 0.781 | 19.842 |
| 3/64 | 0.047 | 1.190 | 19/64 | 0.297 | 7.540 | 55/64 | 0.547 | 13.890 | 51/64 | 0.797 | 20.239 |
| 1/16 | 0.063 | 1.587 | 5/16 | 0.313 | 7.937 | 9/16 | 0.563 | 14.287 | 13/16 | 0.813 | 20.637 |
| 5/64 | 0.078 | 1.984 | 21/64 | 0.328 | 8.334 | 37/64 | 0.578 | 14.683 | 53/64 | 0.828 | 21.033 |
| 3/32 | 0.094 | 2.381 | 11/32 | 0.344 | 8.730 | 19/32 | 0.594 | 15.080 | 27/32 | 0.844 | 21.429 |
| 7/64 | 0.109 | 2.778 | 23/64 | 0.359 | 9.127 | 39/64 | 0.609 | 15.477 | 55/64 | 0.859 | 21.827 |
| 1/8 | 0.125 | 3.175 | 3/8 | 0.375 | 9.525 | 5/8 | 0.625 | 15.875 | 7/8 | 0.875 | 22.225 |
| 9/64 | 0.141 | 3.571 | 25/64 | 0.391 | 9.921 | 41/64 | 0.641 | 16.271 | 57/64 | 0.891 | 22.621 |
| 5/32 | 0.156 | 3.968 | 13/32 | 0.406 | 10.318 | 21/32 | 0.656 | 16.667 | 29/32 | 0.906 | 23.017 |
| 11/64 | 0.172 | 4.365 | 27/64 | 0.422 | 10.715 | 43/64 | 0.672 | 17.064 | 59/64 | 0.922 | 23.414 |
| 3/16 | 0.188 | 4.762 | 7/16 | 0.438 | 11.112 | 11/16 | 0.688 | 17.462 | 15/16 | 0.938 | 23.812 |
| 13/64 | 0.203 | 5.159 | 29/64 | 0.453 | 11.508 | 45/64 | 0.703 | 17.858 | 61/64 | 0.953 | 24.208 |
| 7/32 | 0.219 | 5.556 | 15/32 | 0.469 | 11.905 | 23/32 | 0.719 | 18.255 | 31/32 | 0.969 | 24.604 |
| 15/64 | 0.234 | 5.952 | 31/64 | 0.484 | 12.302 | 47/64 | 0.734 | 18.652 | 63/64 | 0.984 | 25.002 |
| 1/4 | 0.25 | 6.350 | 1/2 | 0.5 | 12.7 | 3/4 | 0.75 | 19.05 | 1 | 1 | 25.4 |

## Nº 2     REDUCCION DE PULGADAS A MILIMETROS

| " | 0 | 1/16 | 1/8 | 3/16 | 1/4 | 5/16 | 3/8 | 7/16 | 1/2 | 9/16 | 5/8 | 11/16 | 3/4 | 13/16 | 7/8 | 15/16 | " |
|---|---|---|---|---|---|---|---|---|---|---|---|---|---|---|---|---|---|
| 0 | 0.0 | 1.6 | 3.2 | 4.8 | 6.4 | 7.9 | 9.5 | 11.1 | 12.7 | 14.3 | 15.9 | 17.5 | 19.1 | 20.6 | 22.2 | 23.8 | 0 |
| 1 | 25.4 | 27.0 | 28.6 | 30.2 | 31.8 | 33.3 | 34.9 | 36.5 | 38.1 | 39.7 | 41.3 | 42.9 | 44.4 | 46.0 | 47.6 | 49.2 | 1 |
| 2 | 50.8 | 52.4 | 54.0 | 55.6 | 57.1 | 58.7 | 60.3 | 61.9 | 63.5 | 65.1 | 66.7 | 68.3 | 69.8 | 71.4 | 73.0 | 74.6 | 2 |
| 3 | 76.2 | 77.8 | 79.4 | 81.0 | 82.6 | 84.1 | 85.7 | 87.3 | 88.9 | 90.5 | 92.1 | 93.7 | 95.2 | 96.8 | 98.4 | 100.0 | 3 |
| 4 | 101.6 | 103.2 | 104.8 | 106.4 | 108.0 | 109.5 | 111.1 | 112.7 | 114.3 | 115.9 | 117.5 | 119.1 | 120.7 | 122.2 | 123.8 | 125.4 | 4 |
| 5 | 127.0 | 128.6 | 130.2 | 131.8 | 133.4 | 134.9 | 136.5 | 138.1 | 139.7 | 141.3 | 142.9 | 144.5 | 146.1 | 147.6 | 149.2 | 150.8 | 5 |
| 6 | 152.4 | 154.0 | 155.6 | 157.2 | 158.8 | 160.3 | 161.9 | 163.5 | 165.1 | 166.7 | 168.3 | 169.9 | 171.5 | 173.0 | 174.6 | 176.2 | 6 |
| 7 | 177.8 | 179.4 | 181.0 | 182.6 | 184.2 | 185.7 | 187.3 | 188.9 | 190.5 | 192.1 | 193.7 | 195.3 | 196.9 | 198.4 | 200.0 | 201.6 | 7 |
| 8 | 203.2 | 204.8 | 206.4 | 208.0 | 209.6 | 211.1 | 212.7 | 214.3 | 215.9 | 217.5 | 219.1 | 220.7 | 222.3 | 223.8 | 225.4 | 227.0 | 8 |
| 9 | 228.6 | 230.2 | 231.8 | 233.4 | 235.0 | 236.5 | 238.1 | 239.7 | 241.3 | 242.9 | 244.5 | 246.1 | 247.7 | 249.2 | 250.8 | 252.4 | 9 |
| 10 | 254.0 | 255.6 | 257.2 | 258.8 | 260.4 | 261.9 | 263.5 | 265.1 | 266.7 | 268.3 | 269.9 | 271.5 | 273.1 | 274.6 | 276.2 | 277.8 | 10 |
| 11 | 279.4 | 281.0 | 282.6 | 284.2 | 285.7 | 287.3 | 288.9 | 290.5 | 292.1 | 293.7 | 295.3 | 296.9 | 298.4 | 300.0 | 301.6 | 303.2 | 11 |
| 12 | 304.8 | 306.4 | 308.0 | 309.6 | 311.1 | 312.7 | 314.3 | 315.9 | 317.5 | 319.1 | 320.7 | 322.3 | 323.8 | 325.4 | 327.0 | 328.6 | 12 |
| 13 | 330.2 | 331.8 | 333.4 | 335.0 | 336.5 | 338.1 | 339.7 | 341.3 | 342.9 | 344.5 | 346.1 | 347.7 | 349.2 | 350.8 | 352.4 | 354.0 | 13 |
| 14 | 355.6 | 357.2 | 358.8 | 360.4 | 361.9 | 363.5 | 365.1 | 366.7 | 368.3 | 369.9 | 371.5 | 373.1 | 374.6 | 376.2 | 377.8 | 379.4 | 14 |
| 15 | 381.0 | 382.6 | 384.2 | 385.8 | 387.3 | 388.9 | 390.5 | 392.1 | 393.7 | 395.3 | 396.9 | 398.5 | 400.0 | 401.6 | 403.2 | 404.8 | 15 |
| 16 | 406.4 | 408.0 | 409.6 | 411.2 | 412.7 | 414.3 | 415.9 | 417.5 | 419.1 | 420.7 | 422.3 | 423.9 | 425.4 | 427.0 | 428.6 | 430.2 | 16 |
| 17 | 431.8 | 433.4 | 435.0 | 436.6 | 438.1 | 439.7 | 441.3 | 442.9 | 444.5 | 446.1 | 447.7 | 449.3 | 450.8 | 452.4 | 454.0 | 455.6 | 17 |
| 18 | 457.2 | 458.8 | 460.4 | 462.0 | 463.5 | 465.1 | 466.7 | 468.3 | 469.9 | 471.5 | 473.1 | 474.7 | 476.2 | 477.8 | 479.4 | 481.0 | 18 |
| 19 | 482.6 | 484.2 | 485.8 | 487.4 | 488.9 | 490.5 | 492.1 | 493.7 | 495.3 | 496.9 | 498.5 | 500.1 | 501.6 | 503.2 | 504.8 | 506.4 | 19 |
| 20 | 508.0 | 509.6 | 511.2 | 512.8 | 514.3 | 515.9 | 517.5 | 519.1 | 520.7 | 522.3 | 523.9 | 525.5 | 527.0 | 528.6 | 530.2 | 531.8 | 20 |
| 21 | 533.4 | 535.0 | 536.6 | 538.2 | 539.7 | 541.3 | 542.9 | 544.5 | 546.1 | 547.7 | 549.3 | 550.9 | 552.4 | 554.0 | 555.6 | 557.2 | 21 |
| 22 | 558.8 | 560.4 | 562.0 | 563.6 | 565.1 | 566.7 | 568.3 | 569.9 | 571.5 | 573.1 | 574.7 | 576.3 | 577.8 | 579.4 | 581.0 | 582.6 | 22 |
| 23 | 584.2 | 585.8 | 587.4 | 589.0 | 590.5 | 592.1 | 593.7 | 595.3 | 596.9 | 598.5 | 600.1 | 601.7 | 603.2 | 604.8 | 606.4 | 608.0 | 23 |
| 24 | 609.6 | 611.2 | 612.8 | 614.4 | 615.9 | 617.5 | 619.1 | 620.7 | 622.3 | 623.9 | 625.5 | 627.1 | 628.6 | 630.2 | 631.8 | 633.4 | 24 |

*Componentes de cañerías industriales*

Es sumamente importante conocer la diferencia entre caños y tubos. En general, se entiende que los caños se especifican por sus diámetros nominales interiores en pulgadas, mientras que sus diámetros exteriores son siempre mayores (mayor espesor que los tubos) normalizados para poder roscar y para que combinen con los accesorios.

El verdadero diámetro interno depende, entonces, del espesor de la pared y es el diámetro nominal o útil en pulgadas. Por ejemplo, se llama caño de 2" aquel que tiene un diámetro exterior de 60 mm. El espesor de la pared es normalmente de 3,75 mm, por lo tanto el diámetro interior es de 52,5 mm. El mismo caño, pero reforzado, tiene pared de 5 mm y por lo tanto el diámetro interno es de 50 mm.

En cambio, hay caños cuya denominación en diámetro coincide con su tamaño, éstos se denominan tubos. Por ejemplo, un tubo de 3/8" tiene exactamente 3/8" de diámetro exterior, dependiendo su diámetro interior del espesor de la pared. Los tubos de las calderas, por ejemplo, tienen un diámetro exterior de 102 mm cuando se denominan de 102 mm. No ocurre así con los caños de 102 mm (o sea los de 4") porque su diámetro exterior es de 114 mm.

Comúnmente hay confusión en estas denominaciones. Como ocurre también, por ejemplo, con la denominación "de acero", ya que las normas denominan acero a todo material anteriormente conocido por hierro. La causa de la denominación se funda en motivos científicos (% de C, etc.) pero la denominación más correcta es "de hierro".

Se distinguen también los caños "con costura" y "sin costura". Los con costura se sueldan a máquina. Los sin costura se fabrican según el proceso *manesmann*.

Tanto en los caños como en sus accesorios se utiliza la denominación "negro" para distinguirlos de los galvanizados (recubiertos de zinc).

*Válvulas*

Para regular el paso de líquidos o gases en las cañerías se emplean válvulas de muy variada construcción, de acuerdo con el uso que se les dé.

Las válvulas pueden ser rectas o angulares. Existe la variedad llamada globo, que viene con roscas (dos roscas hembra interior) o roscas macho (exterior) y roscas hembra o con bridas.

También las hay especiales para soldar. Con respecto al material, las válvulas de 1/8" hasta 3" se construyen preferentemente de bronce. Es común que a partir de las 3" se las haga de hierro fundido y solamente el caño y el vástago de bronce.

Conviene que los asientos sean intercambiables).

Para usos especiales (salmuera, álcalis, etc.) se emplean válvulas íntegramente de hierro fundido.

Otro tipo de válvulas son las esclusas o de compuerta, que también se construyen rectas y con roscas o con bridas. Los tamaños pequeños 1/4" hasta 2" se hacen de bronce y los tamaños mayores de hierro fundido.

En general las esclusas ocupan más espacio y son más caras que los globos. Si bien en vapor pueden usarse tanto los globos como las esclusas, para tamaños de hasta 4" se prefiere siempre la válvula globo, porque regula mejor el vapor y su reacondicionamiento es mucho más fácil.

Al empaquetar, debe extraerse toda la empaquetadura vieja y colocar la nueva en forma de anillo suelto y nunca en una sola tira en forma de espiral, lo cual es muy mala práctica, los anillos se cortan en chanfles y los cortes de los mismos se van disponiendo a 90° uno con respecto al otro, para evitar fugas.

Las válvulas de retención son para uso horizontal o vertical. El órgano móvil se llama clapeta o mariposa, vienen con roscas o bridas, de bronce o de hierro.

Las válvulas reductoras de presión sirven para mantener constante la presión baja del vapor.

Las válvulas de seguridad pueden ser a resorte o contrapeso. Hay una gran variedad de válvulas automáticas y motorizadas, con aire comprimido (neumáticas) para controlar el flujo de cualquier gas o líquido, manteniendo la presión o caudal o permitiendo cierto caudal.

Las que regulan la temperatura se llaman termorreguladoras y las que regulan la presión presostáticas.

Otros sistemas de activar válvulas es mediante solenoides o sea por electroimanes. En algunas válvulas el movimiento se hace mediante un motorcito eléctrico. Todas las válvulas mencionadas requieren mantenimiento (limpieza, lubricación, ajuste). Para esto es necesario sacarlas de servicio sin interrumpir éste.

Los *by-pass* o derivaciones con controles manuales de naturaleza auxiliar sirven para sacar de servicio una válvula motorizada y su filtro. Se mantiene el servicio con una regulación manual que se consigue con una válvula globo.

Es conveniente tener la válvula de control manual (globo) debajo de la automática para mejor accesibilidad.

Las trampas son accesorios que sirven para evitar que el vapor vuelva a la caldera antes de haber cedido su calor latente de condensación.

Los tipos más comunes de uniones de caños son las conexiones roscadas, adecuadas para presiones bajas y moderadas. Las uniones entre tubos se hacen, en cambio, por soldadura. Se emplea la soldadura de plata en tubos de bronce y cobre, de amplia difusión en instalaciones termomecánicas. Complementariamente a lo indicado en el capitulo VIII sobre cañerías industriales y pese a que las normas en nuestro país especifican las dimensiones en el sistema métrico, el uso ha impuesto que los fabricantes, comerciantes y usuarios, sigan empleando la vieja nomenclatura inglesa en pulgadas.

Para caños y accesorios se utilizan las especificaciones establecidas por la American Standard Association.

Las medidas de los caños se clasifican sobre la base del denominado "diámetro nominal". Lo que se presta a confusión, por lo curioso, es que las medidas que se dan en pulgadas para indicar el diámetro nominal (1/4", 1/2", 2", etc.) coinciden en algunas medidas con el diámetro interior, lo cual sería lo más razonable, pero en otros coincide con el diámetro exterior y en muchos casos ni con uno ni con otro. Lo correcto es que cuando solicitamos un caño de 2", esta medida corresponda al diámetro interno o útil para el pasaje de fluido.

En el caso de los tubos, las uniones soldadas tienen la ventaja no sólo de ser más resistentes y de mayor duración, sino la de ocupar menos espacio y ser de menor peso. Además, interiormente presentan una superficie lisa para el fluido que circula, evitando los remolinos que provocan las uniones roscadas, las que crean resistencias locales al paso de los fluidos, causando pérdidas de energía. Cuando es necesario trabajar a altas presiones, se utilizan tubos sin costura con uniones soldadas.

Válvula es todo órgano interpuesto en una canalización por la que circula un elemento cualquiera (sólido, líquido, gaseoso, etc.) destinado a modificar el paso del mismo, interrumpiéndolo o restringiéndolo o bien influyendo en alguna de sus propiedades.

Se denominan en especial VALVULAS MECANICAS a los dispositivos empleados en las canalizaciones de líquidos y gases.

Las válvulas mecánicas se pueden clasificar en automáticas y en no automáticas.

### Mantenimiento de válvulas industriales

Las válvulas tienen una importancia enorme en toda fábrica. Ésta es exactamente la razón por la cual el Departamento de Mantenimiento debe estar siempre al tanto de ellas.

Como es natural, todo Departamento de Mantenimiento que cumple su misión como es debido, se asegura de tener válvulas de repuesto a mano, para el caso de alguna falla en una línea indispensable.

Todos sabemos el enorme costo que supone la paralización de un equipo vital.

Igualmente importante, y tal vez más provechoso en lo que a utilidades se refiere, es la seguridad del sistema mediante el mantenimiento preventivo de las válvulas.

He aquí ocho maneras de ahorrar dinero en válvulas:

1) *Instale la válvula adecuada para el trabajo.*

Aquí es donde comienza el mantenimiento preventivo. En la actualidad hay ocho tipos de válvulas básicos: de compuerta, globo y angular, de retención, bola, de mariposa, de diafragma y obturadora.

*Las válvulas de compuerta*, el tipo de uso más común, deben emplearse solamente para servicio completamente abierto o cerrado, y nunca para reducción de la sección de paso. Esto último puede hacer que la válvula traquetee y se inutilice en poco tiempo.

*Las válvulas globo y angulares* están diseñadas para usarse en la reducción de la sección de paso o regulación, o donde se precisa una válvula para manipuleo frecuente.

Las válvulas angulares son esencialmente válvulas globo en las que el vástago hace un giro de 90°. Puesto que el flujo incide alrededor de todo el disco, las válvulas globo y angulares se desgastan uniformemente. El desgaste puede repararse fácilmente. Existe una diversidad de materiales para discos de válvulas globo y angulares, dependiendo del fluido que ha de canalizarse, su presión, temperatura, etc.

*Las válvulas de retención* se emplean para impedir circulación en contracorriente del fluido gobernado.

*Las válvulas esféricas* son de peso liviano y fáciles de manipu-

lar. Para abrirlas por completo, o cerrarlas, sólo se requiere un
cuarto de vuelta. El empleo de válvulas esféricas, provistas de asientos plásticos y juntas tóricas, está regido por las temperaturas del
medio que ha de canalizarse.

*Las válvulas mariposa*, disponibles comercialmente en tamaño
de hasta 24", también ofrecen un ahorro de peso importante sobre
las válvulas convencionales. Sus aplicaciones deben determinarse
por las presiones y temperaturas que afectan a los elastómeros
empleados como asientos y sellos.

*Las válvulas a diafragma* están diseñadas para controlar compuestos tales como lodos abrasivos, sólidos en suspensión, líquidos
corrosivos o tóxicos y gases, incluyendo aire comprimido. Su diseño es a prueba de fugas alrededor del vástago.
Al igual que las válvulas globo y de mariposa, las de diafragma
se adaptan fácilmente para automatización (motorizadas).

*Las válvulas obturadoras* también ofrecen características de las
de globo y de mariposa: un cuarto de vuelta para abrirlas o cerrarlas y ciertas aplicaciones para reducción de la sección de paso del
fluido.
Los metales corrientes para válvulas son: bronce, hierro (en su
mayor parte hierro fundido) acero fundido y acero forjado. Las
empaquetaduras de válvulas, vástagos, discos y otras partes pueden
obtenerse en una variedad de aleaciones a prueba de corrosión y
temperatura.

## 2) *Instale la válvula correctamente*

Uno de los puntos más importantes que debe acentuarse en ese
sentido es su instalación para facilidad de mantenimiento. Ante
todo debe haber espacio suficiente entre paredes, techos y otras
cañerías, a fin de que el mecánico pueda llegar fácilmente a la
válvula para prestarle atención. La inspección periódica es un factor
vital para prolongar la duración de la válvula y el fácil acceso a la
misma es esencial.
Use válvulas motorizadas cuando haya que instalar válvulas de
accionamiento manual en sitios donde no es fácil llegar. Cada día
es más evidente que el costo de estas válvulas para tales instalaciones es menor que el costo hora-hombre en operación manual.
Hay que cerciorarse, además, que los extremos de bridas estén
debidamente alineados (caños).

Instale las válvulas verticalmente, con el vástago hacia arriba cada vez que sea posible. Cuando una válvula se instala con el vástago en sentido horizontal, o debajo del cuerpo de aquélla, es posible que actúe como un colector de materias extrañas. Las válvulas de retención deben instalarse de acuerdo con su finalidad; en otras palabras, las válvulas de retención horizontales deben usarse en una aplicación horizontal.

En caso de cañerías y válvulas roscadas, es necesario cerciorarse de que la rosca tenga una longitud normal. Una rosca excesivamente larga puede dañar el resalto de una válvula esclusa a las lumbreras en válvula globo y angulares.

Use grasa especial para roscas en el caño, pero no en la rosca de la válvula. Esto impide que la grasa se pegue a la válvula donde puede recoger cuerpos extraños. Todavía mejor, emplee cinta de teflón.

### 3) *Inspeccione todas las válvulas periódicamente*

La frecuencia con que debe hacerse la inspección de válvulas es algo que debe determinarse sobre la base de la experiencia de la fábrica, temperaturas del medio y presiones en cuestión.

Ciertos trabajos exigen una inspección más frecuente que otros. Por ejemplo, las salas de calderas y compresores son esenciales para toda la operación y exigen una vigilancia especial (aire acondicionado, etc.).

### 4) *Las fugas en válvulas deben atenderse inmediatamente*

Las fugas se deben a uno o más de los componentes siguientes: asientos y/o empaquetaduras defectuosos. Si el apretamiento del casquillo de la empaquetadura no impide la fuga en el vástago, dicha empaquetadura requiere reemplazarse (resecamiento, envejecimiento, etc.).

Si éste es el caso, es conveniente reemplazarlo con el tipo que se usó originalmente.

Las fugas en líneas puede que se deban a defectos de asentamiento. Las válvulas con asiento renovable han sido creadas para simplificar problemas de asentamiento. Reemplace dicho asiento, o rectifíquelo a la primera señal de fuga del asiento. Cerciórese de emplear el compuesto adecuado, que indica el manual del fabricante.

### 5) *Lubrique ciertos tipos*

Periódicamente lubrique las empaquetaduras del vástago. Esta sencilla operación puede prolongar la duración de la válvula.

### 6) *Conserve las válvulas limpias*

Para comenzar, instale las válvulas limpias. Antes de llevar a cabo la instalación quite toda la suciedad y virutas del caño. Asimismo, compruebe las válvulas. Todo puede suceder a una válvula en tránsito del fabricante al distribuidor y a sus depósitos de mantenimiento.

### 7) *Impida que el personal las dañe*

Las válvulas pueden dañarse irreparablemente por un obrero descuidado, o falto de experiencia, cuando las desmonta de la línea. Los siguientes puntos deben ser del conocimiento del personal de mantinimiento:

Use una llave inglesa en los cuerpos de válvulas, y no una llave para tubos que comprime a medida que se aplica torsión, lo que tiende a aplastar o agrietar una unión doble (cañerías de menos de 2" de $\phi$).

Si no puede llegar al interior de un punto angosto con una llave convencional, use una llave de cadena.

No apriete la válvula a la fuerza cuando tiene fugas. Es mejor abrir la válvula un poco, para que la presión en la tubería expulse el sedimento que tal vez impida el asentamiento correcto de la válvula.

No haga girar el volante de válvula globo más allá de la etapa de apertura completa, ya que ello puede dañar el vástago o el disco.

Al instalar una válvula, hágalo estando ésta cerrada. Esto contribuye a que no sufra deformación alguna.

### 8) *Cuándo es provechosa la reparación de la válvula*

La reparación de la válvula o el reemplazo de la misma es algo que se debe decidir sobre la base del costo. Evidentemente, cuando más costosa es la válvula, más apremiante es saber el costo de su reparación.

Por ejemplo, si una válvula de bronce cuyo costo asciende a poco monto, y exige dos horas de mano de obra para desmontarla, repararla y volverla a instalar, resultará quizá más ventajoso reemplazarla, que perder tiempo en su reparación.

No obstante, la reparación de válvulas más grandes y más costosas especialmente de acero, puede ser una decisión ventajosa. El fabricante de válvulas puede orientarlo en cuanto a los elementos que puedan repararse. La reparación de válvulas es un punto que debe analizarse. En general, en primer lugar, el taller más capacitado para reparar una válvula es el que la fabricó. Por ejemplo, un fabricante de válvulas tiene el conocimiento y los medios para restaurar un asiento de válvula y devolver ésta en condiciones similares a una nueva y a un costo menor.

---

**Mantenimiento de los edificios. Consideraciones sobre la necesidad de inspeccionar periódicamente los edificios. Análisis de las partes fundamentales sujetas a la inspección. Mantenimiento de techos y naturaleza de sus componentes. Mantenimiento de muros. Influencia de las fundaciones o cimientos y de la pintura en el mantenimiento de los muros. Aberturas de los edificios y consideraciones sobre su mantenimiento (puertas, ventanas, claraboyas, etc.). Frecuencias de inspección recomendadas para los distintos elementos de los edificios. Planilla para realizar las inspecciones preventivas. Mantenimiento del hierro, del acero y las maderas. Consideraciones sobre las protecciones que se practican en estos materiales. Causas que acortan la vida útil de las maderas. Normas para la inspección de las maderas. Sustancias y métodos más frecuentemente empleados en la imprimación y preservación contra los agentes orgánicos y atmosféricos.**

En una planta industrial no debe dejarse de lado el mantenimiento de los edificios. Al hablar de edificios no sólo debe pensarse en la superficie cubierta, sino también en las instalaciones complementarias. Estas instalaciones complementarias son, entre otras, los cercos, patios, caminos, espacios para publicidad exterior, tanques y/o torres de agua, lugares de expansión y deporte, etc.

En general, las inspecciones en los edificios y sus instalaciones complementarias tendrán como consecuencia la realización de trabajos menores o reparaciones programadas.

Este temperamento está encaminado a evitar males mayores y averías costosas.

La práctica de las inspecciones preventivas se llevará a cabo con el empleo de la planilla específica que se adjunta en este capítulo. Bastará con escribir un tilde (∨) al lado de los componentes que se encuentren en buen estado y una cruz (†) para aquellas partes que tengan necesidad de una reparación.

Normalmente, será conveniente que la frecuencia de inspección sea *semestral*, pero en la generalidad de los casos es más económico y aconsejable hacerlo *una vez por año*. En este aspecto será decisivo el criterio y experiencias del jefe de mantenimiento.

En todos los casos, las condiciones y la modalidad del servicio en la planta irán indicando la frecuencia más racional y económica para las inspecciones.

Se puede hacer una primera clasificación general de las partes de un edificio considerando todo lo que está por encima del nivel del terreno y lo que está por debajo del mismo.

Lo que interesa por debajo del nivel del terreno es el estado de subsuelos y fundaciones.

En lo referente a las partes del edificio que están por encima del nivel del terreno, las partes principales son los techos, muros, aberturas y pisos.

Las partes complementarias están representadas por las persianas, celosías, tabiques divisorios, revestimientos decorativos, cornisas, molduras, etc.

Las cubiertas de los techos de edificios industriales pueden estar formadas por chapas de zinc, aluminio, fibrocemento, etc.

Estas cubiertas apoyan sobre cabriadas, vigas, columnas, etc. Como complemento fundamental de los techos, se consideran los desagües, que están constituidos por canaletas, embudos, caños de bajada y desagües cloacales. En zonas ventosas, los techos deben limpiarse de tierra y residuos por lo menos *mensualmente*. También debe verificarse que los desagües no estén obstruidos por hojas, papeles y otros cuerpos extraños.

Estas observaciones están preferentemente dirigidas hacia la inspección de techos formados por fieltros asfálticos (ruberoid), muy difundidos entre las plantas industriales.

Los fieltros asfálticos deben estar correctamente adheridos a la *carga* de los techos. Para esto, se practican las llamadas *babetas*, que no son más que una concavidad hecha sobre la carga con el objeto que al golpear el agua de lluvia tenga un rápido desplazamiento hacia el desagüe. De no ser así, se producirá la filtración del agua por la unión de la carga con el techo.

Debe haber, por ello, una fijación correcta del fieltro asfáltico y deben inspeccionarse pequeños desprendimientos que facilitarán que el agua, unida a la acción del viento, vaya penetrando paulatinamente.

Como es fácil comprender, esto originará averías cada vez más difíciles y costosas de realizar.

Conviene reparar rápidamente los agrietamientos que se observen con composición asfáltica de buena calidad (puede ser en frío o en caliente) y recubrir con arena.

Se están usando actualmente planchas de fibras sintéticas (lana de vidrio en planchas), que reemplazan eficazmente a los fieltros asfálticos. Estas fibras sintéticas tienen la particularidad de ser más resistentes a la acción del tiempo, y más livianas y fáciles de trabajar que el ruberoid. Su aplicación también se efectúa con emulsión asfáltica como *pegamento*, aplicado generalmente en frío.

El techado con ruberoid, por la acción del calor, tiene tendencia a producir *ampollas*. En estos casos debe practicarse un corte en el fieltro y sustituir la parte afectada por material nuevo, convenientemente ligado con asfalto en caliente y recubierto con arena gruesa.

Los techados de zinc son afectados por la acción del tiempo, y puede comenzar en ellos una oxidación gradual que termina por perforar la chapa.

En estos casos no cabe una reparación, porque resultará más costosa que la sustitución por una chapa nueva.

Por ello, son más recomendables las chapas de *aluminio* y de *fibrocemento* de buena calidad.

En este tipo de techados será suficiente practicar una inspección *anual*. Los desagües y las canaletas será suficiente inspeccionarlos *semestralmente*.

*Muros.*

El mantenimiento de los muros se circunscribe principalmente a una inspección de los revoques y pinturas que los recubren.

La humedad y la formación de hongos, como es de conocimiento general, son los principales enemigos de los revoques y pinturas, tanto interiores como exteriores.

En los techados asfálticos se debe cuidar el estado de las babetas, para evitar filtraciones originadas por la acción combinada del agua de lluvia y los vientos.

El no prestar la debida atención a la *dilatación* de las *losetas*, que están armadas con redondos de hierro, es otro causal de filtraciones de humedad.

Las fisuras producidas por asentamientos en las fundaciones son causantes de serias filtraciones. Esto se origina en construcciones con cimientos mal compactados o de naturaleza arcillosa.

La capacidad portante del terreno para las fundaciones destinadas a paredes de edificios se da como satisfactoria cuando alcanza un valor de 2 kg/cm². Este valor es un resultado del ensayo practicado en el terreno después de haber compactado el suelo.

El peso definitivo de los techos tiene una influencia decisiva en la presencia de estas anormalidades. En este aspecto son más convenientes los techados de tejas o chapas, pues, al ser los terrenos de naturaleza arcillosa, convendrá optar por el tipo de techo más liviano.

Independientemente de estos vicios de construcción, la superficie de unión a nivel del terreno debe estar desprovista de toda vegetación, por ser causa de la retención de humedad, que irán absorbiendo los cimientos del edificio. Las aislaciones hidrófugas se protegerán precisamente con la eliminación periódica de hierbas y arbustos, que eviten la evaporación de la humedad.

Especial atención debe prestarse al correcto funcionamiento de los desagües pluviales. Con esto se conseguirá que los cimientos no se transformen en sumideros no descubiertos por la presencia de roturas u obstáculos ocultos.

Estas anormalidades tienen una influencia decisiva en el *ampollamiento* y *desprendimiento* progresivo de las pinturas de los muros, como así también en la formación de hongos.

La elección de la pintura tiene que guardar relación con las condiciones ambientales a que estará destinada. Así, por ejemplo, en climas húmedos no son aconsejables las pinturas aceitosas, porque su naturaleza impide la *respiración* de las paredes.

En este sentido son más indicadas las llamadas *pinturas a la cal*.

*Aberturas.*

En la mayoría de las plantas modernas, las puertas, ventanas, y aberturas destinadas a ventilación e iluminación son de naturaleza metálica.

Estos elementos deben estar correctamente pintados para protegerlos de los agentes atmosféricos causantes de la corrosión y deterioro en las estructuras metálicas. A su vez, debe prestarse atención a la estanqueidad y hermeticidad con que las aberturas cumplen su trabajo específico. A los constructores se les exige que todos los elementos de herrería deben tener dos manos de imprimación antióxida antes del pintado definitivo con el color elegido.

Los herrajes de accionamiento deben ser objeto de cuidado periódico en lo que respecta a su lubricación.

Descuidar este aspecto es motivo de oxidación y desgastes, que se traducen en accionamientos forzados que terminan por torcer y destruir estos elementos.

Una inspección *semestral* detenida puede considerarse como satisfactoria en edificios sometidos a condiciones normales de humedad y temperatura. En ambientes húmedos, corrosivos, polvorientos y con temperaturas superiores a la normal, conviene que la frecuencia de inspección sea *mensual*. En cada caso, la experiencia y criterio del jefe de mantenimiento establecerán la inspección definitiva teniendo en cuenta los factores señalados anteriormente.

Las frecuencias de inspección que se citan a continuación son orientativas y sujetas a la adaptación que las condiciones de servicio aconsejen.

*Semestralmente.* Comprobar el estado de las cargas de los techos, babetas, cornisas, molduras, persianas, celosías, revestimientos, etc.

Limpiar los respiraderos, bocas de luz, chimeneas, bocas de incendio, claraboyas, etc.

Verificar que los desagües pluviales estén limpios, ajustados y con la inclinación correspondiente (canaletas, embudos, etc.).

Revisar el estado de los recubrimientos de los techos, así como también sus cubiertas (baldosas, tejas, chapas, fieltros, etc.).

Comprobar la estanqueidad y hermeticidad de puertas, ventanas, persianas y celosías.

Verificar el estado de los revoques, pinturas y recubrimientos varios.

Inspeccionar el estado de los zócalos, veredas, caminos y escaleras fijas y manuales.

Verificar el estado de cercos varios y pisos exteriores.

Inspeccionar el estado de lugares y espacios destinados a publicidad (limpieza, seguridad, iluminación).

Verificar el estado y limpieza de conductos para calefacción y ventilación.

Comprobar el estado general de vestuarios y armarios.

Verificar el estado acústico de auditorios, salas de conferencias y escenarios.

Comprobar el estado general de cortinados, divisores de ambientes, rieles, sogas y colgaduras en general.

Se tendrá particularmente en cuenta el estado de limpieza, condiciones de seguridad y aspecto general.

*Anualmente.* Se efectuará la limpieza y desinfección de los tanques de agua potable (con blanqueo a la cal en caso de ser ello necesario).

Se desincrustarán de vegetaciones las piletas de las torres de enfriamiento y otros depósitos de agua.

Como norma, conviene realizar *diariamente* una inspección ocular general, a manera de *mantenimiento rutinario,* en los siguientes lugares: sanitarios visibles (toilettes, lavatorios, mingitorios, inodoros, vestuarios, bebederos, piletas, equipos de aseo, etc.).

Verificación del estado de canillas varias, duchas, depósitos, descargadores, lámparas eléctricas y fusibles.

Inspección del estado de lugares de recreo, parques y plantaciones.

Comprobación del estado de escritorios, mesas, sillas, sillones y muebles en general.

*Mantenimiento del hierro y el acero.*

La protección del hierro y el acero es particularmente interesante por ser éstos los metales más difundidos en las plantas industriales. El tratamiento es esencialmente superficial, con aporte de espesor suficiente y satisfactoria adherencia.

Los recubrimientos más generalizados son el *galvanizado* y el *empavonado.* Lo primero es destinado preferentemente a caños, chapas, depósitos, etc.

Para aplicaciones más específicas existen otros recubrimientos, tales como el *cromado, niquelado, estañado,* etc.

El galvanizado es un procedimiento de inmersión que se efectúa con el aporte de zinc. Este método de trabajo se ha ido sustituyendo por la *metalización* o *metalizado,* en el cual se hace uso de una pistola neumática para efectuar el aporte correspondiente.

El metalizado resulta más económico que el galvanizado, especialmente en piezas que no precisan pulimento posterior.

En el procedimiento de metalizado por pulverización, una pistola de aire comprimido recibe el metal de recubrimiento (zinc, aluminio, etc.), el cual es fundido por medio de un soplete de oxígeno o por un arco voltaico. Posteriormente, con la ayuda de aire comprimido, es lanzado sobre el cuerpo que se ha de recubrir, en el cual las distintas gotas se solidifican, formando una capa compacta.

En las superficies galvanizadas, al estar en contacto con el aire, se forma *carbonato de zinc,* que es el elemento protector del hierro propiamente dicho.

De la misma forma, la película de óxido de aluminio, que se deposita sobre este metal al ponerse en contacto con el medio ambiente, constituye su protección.

El empavonado consiste en una modificación química de la superficie metálica, practicada dentro de retortas cerradas.

Se produce una delgada capa de óxido de hierro, de coloración azulada, con el concurso de una temperatura del orden de los 900° C durante 20 minutos.

Las pinturas antióxidas (anticorrosivas) están muy difundidas por su efectividad como elementos necesarios de base antes de aplicar las pinturas al aceite.

Son necesarias en todas las estructuras metálicas sometidas a la acción de los agentes atmosféricos y contra la oxidación en especial.

Las pinturas asfálticas están preferentemente destinadas a elementos de hierro o acero que deban instalarse debajo del terreno. En el capítulo referente a válvulas y cañerías se dan más referencias sobre el empleo de estas protecciones.

Por vía electrolítica y mecánica también se obtienen protecciones duraderas contra la corrosión y oxidación. Entre estos métodos merece citarse el *cadmiado*, destinado a elementos de hierro sometidos a la intemperie. En este caso, el recubrimiento es el cadmio.

*Mantenimiento de la madera.*

La alteración de la madera tiene, fundamentalmente, origen biológico: bacterias, hongos e insectos que se nutren de ella.

Los hongos, los coleópteros y las termitas varían con los diferentes climas, y los productos de impregnación, que dan resultado excelente en un país frío, pueden ser inoperantes en un país tropical.

Los métodos para impregnar son muy variados; los hay muy sencillos y rudimentarios, y los hay también que exigen instalaciones específicas muy importantes.

El problema de la protección tiene un carácter regional, pues depende del clima y, por ende, de los agentes que intervienen en la destrucción de la madera.

La inspección puede efectuarse en formas distintas y sencillas. El sentido de la vista basta para descubrir en las superficies ciertos indicios de destrucción, como el ataque de insectos.

Por el sonido se puede apreciar también el estado de la madera, efectuando golpes con un martillo.

Preferentemente, deberán observarse con más atención los elementos expuestos a la acción de los agentes atmosféricos y corrosivos. Para el caso de postes y cercos, la inspección debe referirse a la base, que es la parte más sensible a los efectos de la humedad del suelo, por favorecer la formación de hongos.

Para efectuar la inspección se cava alrededor del poste hasta una profundidad de 20 cm o 30 cm y se examina la base pinchándola con un punzón bien aguzado.

La impregnación y la imprimación prolongan considerablemente la vida útil de la madera, hasta el punto de reducir en forma increíble los gastos de reposición y conservación.

La vida útil no depende únicamente del tratamiento, sino también de la calidad de la madera. Debe elegirse, entonces, un material sano y bien estacionado como complementos indispensables de la calidad.

La impregnación no sólo está destinada a resultar eficaz y duradera contra los hongos y los insectos, sino que debe resultar difícilmente soluble en el agua, a fin de que no desaparezcan sus efectos a la intemperie por la acción de los agentes atmosféricos.

Los productos de impregnación suelen ser de efectos nocivos también para el hombre. Por esto, deben tomarse medidas de precaución y seguridad en su manipuleo.

Existen en el comercio sustancias muy eficaces para la imprimación (compuestos clorofenolados), que dan larga vida al material, protegiéndolo del ataque de insectos y hongos, así como también de la acción de la intemperie.

En lo referente a la impregnación, los productos pueden clasificarse en tres grupos:

1)   Líquidos oleosos del tipo de la creosota;

2)   Compuestos orgánicos en disolución, tales como los clorofenoles y los naftanatos;

3)   Soluciones acuosas de sales metálicas.

La creosota es un preservante eficaz por ser muy tóxico para los hongos e insectos. Es un compuesto muy estable, fácil de aplicar y que no produce corrosión en los metales.

Es, además, una sustancia muy abundante y de precio relativamente económico, proveniente de la destilación de alquitranes.

No obstante, deben tomarse precauciones, pues con el calor se derrite y ensucia.

Se emplean también distintos productos orgánicos, que no son creosotas, en solución con disolventes orgánicos (por ejemplo, petróleo). El disolvente, con la acción del tiempo, se evapora. La sustancia retenida en la madera es poco soluble en el agua y queda suficientemente adherida para asegurar la toxicidad requerida contra los organismos atacantes.

Un producto muy generalizado es el *pentaclorofenol*, de la familia de los compuestos clorofenolados.

Es un preservante muy eficaz; además, es económico y de fácil aplicación por ser líquido.

Su imprimación es recomendable en superficies que posteriormente se han de barnizar o pintar (por ejemplo, techados interiores). No obstante, deben tomarse precauciones por ser un líquido tóxico.

En el grupo 3, de soluciones acuosas de sales metálicas, pueden citarse a manera de ejemplo las sales de mercurio (bicloruro de mercurio). Esta solución, aunque muy eficaz, es cara y corroe los metales, por lo cual se la utiliza para maderas difíciles de tratar (abeto y otras coníferas).

Tiene aplicación en el procedimiento Kyan, que consiste en sumergir en la solución, durante unos diez días, la madera en frío.

De esta manera, las sales de mercurio penetran unos milímetros, lo suficiente para ser eficaces por la protección superficial que aportan. Existen otras sales para efectuar tratamientos protectores, pero algunas de ellas tienen el inconveniente de tener baja toxicidad para los insectos y hongos, y son fácilmente desprendidas por las lluvias.

No puede dejar de citarse como preservante eficaz, práctico y económico la imprimación con pinturas asfálticas, que pueden aplicarse tanto en frío como en caliente.

Entre las variedades se encuentra la brea y el asfasol, productos de la destilación de alquitranes. Estas imprimaciones resisten muy bien la acción corrosiva y de los agentes atmosféricos (humedad, lluvias, calor, etc.).


## Mantenimiento de edificios

Se comprende bajo la denominación de "edificio" todo ambiente cerrado, o por lo menos cubierto, que se compone esencialmente de las siguientes partes:

a) Techos.

b) Muros.

c) Aberturas.

d) Pisos.

El techo en un edificio está compuesto por:

*La cubierta* (Chapas onduladas de hierro galvanizado, tejas, baldosas, chapas de zinc, de fibrocemento, etc.)

*La estructura de sostén* (armaduras, vigas, columnas y losas de hormigón armado, bovedillas, etc.)

*Los desagües* (canaletas, embudos y caños de bajada).

La conservación de los techos se obtiene, principalmente, por medio de limpiezas mensuales, para librarlos de tierra y elementos que entorpezcan el libre escurrimiento del agua.

En las zonas en que existe mucho salitre, la conservación adquiere gran importancia, pues debido a este elemento las cubiertas de zinc y de hierro galvanizado son destruidas muy rápidamente.

### Conservación de cubiertas de hierro galvanizado y de zinc

Cuando es necesario tapar un orificio en una cubierta, antes de soldar el pedazo de chapa de hierro o de zinc, se procederá a limpiar bien, con cepillo de acero, las partes a soldar y después recién ejecutar la soldadura prevista.

Si las picaduras ocuparan una extensión grande en comparación con la chapa, se procederá al cambio de ésta.

Estas indicaciones son aplicables a las canaletas y caños de bajada. Cuando las oxidaciones son superficiales, se limpia con cepilla de alambre la parte atacada, aplicándose inmediatamente pintura antióxida y después se cubre con pintura especial para techo.

Cuando las picaduras y deterioros se produzcan en correspondencia con los recubrimientos o superposiciones de chapas, convendrá levantar las mismas y verificar el estado en que se encuentran, proceder a limpiar con cepillo de alambre, aplicarles pintura antióxida y volver a colocarlas.

Las canaletas que estén hundidas, ya sea por desprendimiento de los elementos de sostén u otros factores, deberán fijarse nuevamente y nivelarse, a fin de evitar el desborde de las aguas de lluvia.

### Reparación de techado de tejas

Este tipo de techos debe revisarse periódicamente, para verificar si existen tejas rotas o flojas; procediendo de inmediato al cambio de las primeras y al ajuste de las segundas, al enmaderado de la estructura.

En las tejas fijadas con mezcla, cuando haya aflojamiento de éstas, o desprendimiento de material, se procederá a la renovación con nuevo mortero, coloreando la parte revocada a la vista en forma similar a la existente.

Para la reparación de tejas que van clavadas y atadas, se emplearán clavos de ho. go. y alambre de cobre para su fijación.

### Preparación de cubiertas de fibrocemento

En este caso, los deterioros que se produjeran pueden ser reparados, siempre y cuando estos no sean muy grandes.

La reparación puede efectuarse de la siguiente forma:

Se limpiará a cada lado de la fisura una franja de aproximadamente 3 cm, se pinta este ancho con bitumen asfáltico, se aplica una capa de material tipo vidrasfalto, sobre éste nuevamente el bitumen asfáltico y se espolvorea arena fina y seca.

En caso de notarse insuficiente esta aplicación, puede repetirse el proceso descripto.

### Reparación de techado de baldosas

Como los deterioros en las baldosas no pueden subsanarse, se procederá al cambio de las mismas, cuidando de no dañar las adyacentes al extraer las deterioradas.

Cuando las roturas se verifiquen en las juntas de unión de las baldosas, la reparación se efectuará de la siguiente manera:

Se procederá a aumentar la fisura y rellenarla nuevamente con la mezcla adecuada.

Deberá tenerse especial cuidado de que las juntas de dilatación se mantengan en perfecto estado; cuando el mastic asfáltico esté desprendido o faltare, se repondrá nuevamente previo retiro del material flojo y perfecta limpieza de la junta.

### Reparación de cubiertas de fieltros saturados (Tipo Ruberoid)

En estas cubiertas la reparación se efectúa superponiendo sobre las partes deterioradas nuevas capas de fieltro asentadas con mastic asfáltico caliente. Se repararán los recubrimientos que se hayan desprendido, volviéndose a pegar las partes mal adheridas con el mastic mencionado (ver mantenimiento y reparación de techados asfálticos).

Las reparaciones de cubiertas de techos, cualquiera que sea su material, deberán realizarse exclusivamente con personal competente.

### Conservación de estructuras de sostén

Las estructuras de sostén de cubiertas son por lo general de madera, hierro y hormigón armado. Los factores más comunes de deterioro de las maderas son la humedad y los insectos que las pudren y las carcomen. Solo puede lograrse su conservación eliminando las causas de su humedecimiento y evitando la propagación de insectos.

Las partes que se noten deterioradas deben ser reemplazadas de inmediato para limitar estos males y evitar consecuencias graves, como ser el hundimiento del techo, teniendo especial cuidado de no ejecutar uniones en elementos vitales, como por ejemplo en los tirantes principales de sostén del techo, y las que se hagan, lo sean con todas las reglas de la buena ejecución.

Deberá vigilarse especialmente el estado de la madera en correspondencia con los apoyos de las tiranterías o cabriadas en los muros, los que en caso de ser accesibles, serán pintados periódicamente con alquitrán.

En las estructuras metálicas, la causa principal del deterioro es la oxidación. La pintura antióxida es la que las protege, evitando que el metal entre en contacto con el aire. La falta de pintura en un punto cualquiera, es causa de que se inicie la oxidación, la que luego se propaga, pudiendo llegar a producir un desprendimiento general de la pintura y la corrosión progresiva de las barras.

En cuanto se note un principio de oxidación, debe limpiarse con cepillo de acero la parte atacada, si esto no diera resultado, con golpes de hachuela, después se la cubrirá con pintura antióxida, aplicando luego la pintura final del color correspondiente.

### Conservación y limpieza de los desagües

Los desagües deben ser inspeccionados una vez por mes para comprobar su estado y al mismo tiempo observar si las rejillas de los embudos y de las bocas de los caños están limpias y en orden.

La limpieza y buen funcionamiento de las redes de desagües es lo primordial para la conservación de cubiertas y estructuras de techos.

### Muros

La conservación de los muros exige el mantenimiento de los revoques y pintura en perfectas condiciones.

Las grietas producidas en los muros son consecuencia de la

dilatación, de la distribución de las cargas o de asentamiento de los cimientos motivados por filtraciones producidas por pérdidas en las canalizaciones de obras sanitarias, de desagüe pluvial o por falta de escurrimiento de las aguas de lluvia.

Deberá constatarse si existen pérdidas por filtración y procederse de inmediato al reparo de las cañerías que lo producen y proteger los cimientos de las aguas que puedan acumularse al pie de los mismos.

La reparación de las grietas consistirá en picar, hasta los ladrillos, el revoque a cada lado de los bordes, dependiendo el ancho a picar de la importancia de la grieta; se limpiará bien la misma, teniendo cuidado de quitar el polvo y humedecer abundantemente antes de colocar la mezcla de relleno o revoque grueso; después se reconstruye el revoque fino.

Deben repararse preferentemente las grietas sobre las cargas, parapetos y cornisas que provocan manchas de humedad en los muros.

En caso de agrietamientos importantes deberán colocarse llaves de hierro.

Las mismas se dispondrán perpendicularmente a la grieta, debiendo introducirse en el muro de 5 a 7 cm con relleno de mortero de cemento y arena (1:3), terminándose con revoque similar al existente.

Se considera que la pintura necesita ser renovada cuando presente ampolladuras, manchas, etc., que afean su aspecto.

Al hacerse la limpieza de los locales, se tendrá mucho cuidado de no mojar las paredes.

Las manchas de humedad en las paredes son producidas generalmente por filtraciones de los techos o pérdidas de las cañerías que van embutidas en ellas. En cualquier caso deben determinarse y suprimirse de inmediato las causas.

### Aberturas

Estos elementos deben satisfacer las condiciones de ventilación, iluminación y seguridad de los locales y se componen en general de tres partes:

El bastidor.

Los vidrios.

Los herrajes.

Como estos elementos se hallan sometidos a un trabajo constante, se hace necesario que su funcionamiento sea perfecto, de lo contrario se deterioran con mucha facilidad.

La conservación de las aberturas exige, mantener en buenas condiciones su pintura y el correcto funcionamiento de los herrajes.

La falla más común en las aberturas es el cierre dificultoso, antes de forzarlas debe averiguarse la causa y subsanarla.

Los defectos más comunes y la forma de subsanarlos son los que se indican a continuación:

Cuando la puerta, ventana, etc., al abrir o cerrar toca en su parte inferior, es debido, además de a la humedad, al desgaste de las arandelas de las bisagras, a deformación del marco o al movimiento del piso.

Si las arandelas están gastadas, habrá que reemplazarlas y observar si con esto desaparecen las fallas; si así no ocurriera, habría que retirar el elemento y cepillar la parte que roza.

Antes de cepillar una abertura hinchada por la humedad, debe tenerse en cuenta la contracción que debe sufrir en tiempos secos.

Los vidrios tienen por objeto dar luz natural a los locales, evitando la entrada de polvo y aire; en consecuencia su rotura obliga al inmediato reemplazo.

Las puertas y ventanas, cuando se encuentren abiertas, deben asegurarse para evitar deterioros, por golpes bruscos contra los muros o marcos.

Los herrajes deben funcionar suavemente, cuando se note que éstos requieren esfuerzo, deben limpiarse y lubricarse.

Es importante mantener limpios y en perfecto estado de funcionamiento las puertas, ventanas y herrajes.

*Pisos exteriores*

El cuidado y conservación de los pisos requieren su permanente limpieza y reparación a las primeras manifestaciones de deterioro.

Tratándose de superficies lisas, la falta, rotura o hundimiento en alguna parte, produce el aflojamiento de partes contiguas y en consecuencia el avance del desperfecto. Es por esta razón que las fallas deben subsanarse de inmediato.

Debe impedirse que los pisos sean deteriorados por el arrastre de elementos pesados o tránsito de vehículos para los que no han sido proyectados.

*Pisos interiores*

La reparación de los pisos de mosaico granítico, baldosas calcáreas o cerámicas y mármol, exige el reemplazo de la pieza o baldosa rota, con otra de características similares, a fin de que el arreglo no desentone con el conjunto.

Al procederse al retiro de las piezas deterioradas, debe tenerse mucho cuidado en no dañar las adyacentes.

Cuando se produzcan desniveles en estos pisos, motivados por hundimientos del suelo sobre el que se apoyan, deberá procederse al retiro de las piezas, arreglo del contrapiso y colocación nuevamente de éstas en forma correcta.

Los pisos de madera deben ser conservados evitando que permanezcan húmedos, además se realizará con premura el arreglo de las partes dañadas.

En caso de existir espacio libre, para ventilación de los pisos debajo de la tirantería, deberá verificarse que el mismo se encuentre bien aireado; para ello es necesario que las rejillas no estén obstruidas y la circulación del aire sea efectiva.

*Mantenimiento y reparación*
*de techados asfálticos*

*Mantenimiento.* A los efectos de mantener o conservar los techados asfálticos se procederá una vez por año a:

1) Limpiar o barrer convenientemente la piedra partida o granza que se encuentre suelta sobre la superficie a conservar.

2) Aplicar una mano de asfalto disuelto o emulsionado de gran penetración, comúnmente llamado pintura primaria, sobre la superficie limpia de granza y completamente seca.

3) Extender una capa de granza a los efectos de protegerla de la intemperie.

*Observación.* Es conveniente no usar cubiertas de ladrillos, baldosas, lajas u otros elementos similares, como protectores de techados asfálticos; pues en el supuesto caso de producirse una filtración, ésta pondría en descomposición a las capas sucesivas del techado, haciéndoles perder sus condiciones de impermeabilización.

La piedra o granza, por su gran capacidad de absorción debido a su porosidad, hace las veces de secante, impidiendo de esa manera el estancamiento de las aguas de lluvia y de la humedad ambiente, sobre el techado asfáltico.

*Reparación.* Para reparar los bubones que se producen en los techados asfálticos se procederá a:

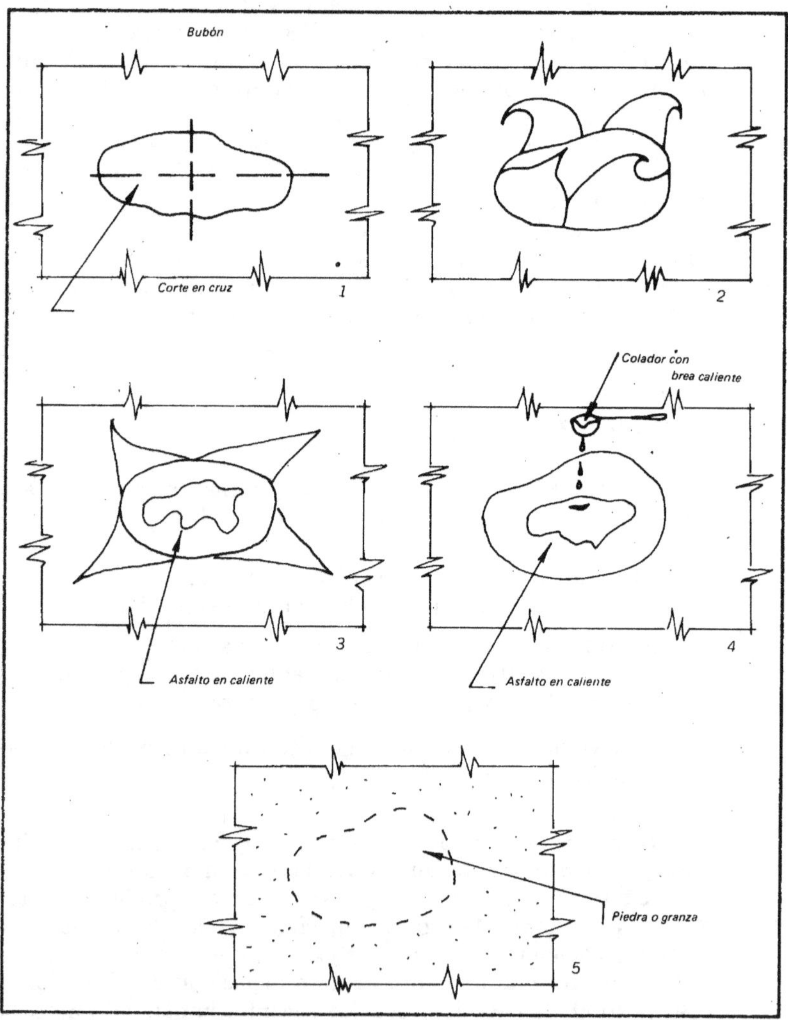


Fig. 1-IX. Reparación de bubones que se producen en los techos asfálticos.

1) Limpiar convenientemente la superficie a reparar de toda piedra o granza que se encuentre suelta.

2) Cortar en cruz (fig. 1) el "bulbón" y doblar las partes hacia afuera (fig. 2).

3) Aplicar en el espacio que queda al descubierto una capa de asfalto en caliente y volver las partes dobladas a su posición inicial.

4) Cubrir esta última con una capa de asfalto también en caliente.

5) Extender, estando aún caliente el asfalto, un recubrimiento de piedra partida fina o granza de jardín.

6) Cuando haya desprendimiento en las babetas de terminación de muros o del fieltro de techado, deberán fijarse nuevamente con asfalto en caliente.


*Especificaciones técnicas en techados actuales*

1º) Arranque de la impermeabilización existente y su retiro de la obra. Se ejecutarán remiendos del manto de asiento si se produjeran roturas.

2º) Corte de canaletas perimetrales de 20 cm de alto y 8 cm de profundidad, las que se enchaparán con un mortero de cemento y arena (1:3) con la incorporación de un hidrófugo inorgánico, terminado en cuarta caña en su encuentro con el plano horizontal.

3º) *Nueva impermeabilización*: que comprenderá las siguientes capas:

Una mano de pintura primaria.
Una capa de asfalto en caliente.
Un velo de lana de vidrio "Vidrasfalt".
Una capa de asfalto en caliente.
Una lámina de aluminio de 100 microns de temple blando.
Una capa de asfalto en caliente.
Una lámina de aluminio de 100 microns de temple blando.
Una capa de asfalto en caliente.
Una capa de techado Nº 2 "Coritex".
Una capa de asfalto en caliente.

*Tipo de asfalto*:

Se utilizará el de Y.P.F llamado "ASFALTO PLÁSTICO N° 1", aplicando 1 ½ kg/m² y por capa.

4º) *Babetas*: Las capas indicadas se prolongarán 10 cm en las canaletas perimetrales, ejecutándose en forma independiente babetas con cada una de las capas de lana de vidrio, lámina de aluminio y techado en anchos de 30, 40 y 50 cm, respectivamente con las correspondientes capas de asfalto.

Las tiras de aluminio se solaparán 5 cm longitudinalmente y 15 cm transversalmente, no debiendo su largo exceder los 7 metros.

5º) Una vez terminada la impermeabilización y previo picado del asfalto que pueda quedar adherido al borde superior de la canaleta perimetral se cerrará ésta con mortero de concreto con la incorporación de cascotes y un fino de material similar al existente.

6º) Sobre toda la superficie se ejecutará un contrapiso de 10 cm de espesor con un hormigón de arcillas expandidas "LECA" empastadas en cemento (1 m³ : 200 kg). Sobre este contrapiso se ejecutará un manto de mortero de cemento-arena (1:4) terminado al fratás, espesor 3 cm. Este manto de mortero tendrá juntas de dilatación en todo el perímetro del techo e intermedias en sentido longitudinal y transversal, formando paños no mayores de 10 m².

Las juntas se rellenarán con masillas tipo "SIKA", previa imprimación con pintura asfáltica.

7º) *Revoques de cargas*: Se picarán totalmente los revoques de la parte horizontal de las paredes de carga y los verticales interiores que se encuentren deteriorados, rehaciéndose con material a la cal reforzada. Un techado de esta naturaleza no exige mantenimiento por muchos años, salvo una limpieza periódica para recolección de papeles y otros desperdicios derivados de la acción de los vientos y tormentas.

*(En páginas 314-315 ofrecemos una PLANILLA PARA INSPECCION DE EDIFICIOS).*

---

Mantenimiento de ascensores y montacargas. Plan de mantenimiento preventivo mensual. Tablero de control para motor de
dos velocidades. Cuarto de máquinas. Selector de pisos. Hueco
del ascensor.

*Mantenimiento de ascensores y montacargas*

Se ha dado a entender repetidas veces que el MANTENI-
MIENTO PREVENTIVO es un estado de ánimo que, como tal,
puede tenerse o no para efectuar tareas preventivas. En caso afir-
mativo, tanto para máquinas como para equipos e instalaciones en
general pueden presentarse dos variantes:

a) Iniciar una programación preventiva a partir de instalaciones
   inaugurales.
b) Iniciar este trabajo en instalaciones que ya tienen cierto
   tiempo de uso y en donde nunca se ha practicado ninguna
   experiencia preventiva.

En el caso b) es probable que la inspección previa a una
programación aconseje hacer reparaciones, mantenimiento correctivo, dar de baja máquinas y/o equipos, instalar otras nuevas en su
reemplazo y así siguiendo hasta lograr un estado aceptable, y una
probabilidad satisfactoria de uso como para pensar en una implan-
tación seria y aceptable de un plan de mantenimiento preventivo.

En el caso de ascensores y montacargas el camino general a
seguir sería entonces el siguiente:

1— Verificar el funcionamiento del ascensor o montacargas,
   observando su arranque y parada, funcionamiento de
   puertas y controlando la existencia de ruidos no usuales.
2— Inspección detenida en el cuarto de máquinas donde están los tableros de control, prestando especial atención a
   los contactos y conecciones eléctricas.

3— Disponer una limpieza, ajuste y lubricación de todas la máquinas y equipos alojados en el cuarto de máquinas.

4— Limpieza del foso, pasadizo y cabina.

5— Verificar que se cumplen condiciones aceptables de seguridad personal.

Antes de iniciar la programación integral del plan de mantenimiento se debería dar satisfacción a la siguiente inspección:

| *Componentes* | *Comprobaciones* |
|---|---|
| Máquina, Selector de piso, Tablero de Control, y elementos ubicados en la parte superior de la construcción electromecánica. | Inspección detenida de la máquina, poleas, eje sinfín y engranaje, motor y freno. Vaciar el recipiente de aceite de la máquina y reponer aceite nuevo. Observar el funcionamiento del freno, verificar el estado de las cintas de freno y realizar los ajustes necesarios. Limpiar el colector, controlar desgastes, verificar conexiones eléctricas y estado y apoyo de las escobillas. Lubricar los cojinetes, eliminar grasa de poleas y rodamientos. Examen del regulador de velocidad efectuando limpieza y lubricación. Circuito de señalización. |
| Coche o cabina | Examinar la cabina de compensación que une la plataforma de la cabina con el contrapeso. Controlar el desgaste de los guiadores y estado del contrapeso de la cabina. Examinar los interruptores de puerta. Limpiar y lubricar los cojinetes del coche o cabina. |
| Pasadizo o hueco | Observar la limpieza y lubricación de las guías, como así también de la polea del regulador y cinta propulsora. |
| Puertas exteriores | Inspeccionar el cableado eléctrico de los interruptores de puerta. Inspeccionar rieles, guiadores, umbrales, roldanas y excéntricas. En puerta, tipo guillotina, inspeccionar las correas para accionar las puertas guillotina. |

**PLAN DE MANTENIMIENTO PREVENTIVO PARA ASCENSORES Y MONTACARGAS MENSUALMENTE**

| *Componentes* | *Comprobaciones* |
|---|---|
| Puertas de cabina y puertas exteriores | Limpieza y lubricación. Verificar interruptores de puertas, funcionamiento del cierre y apertura y tornillos de fijación. Limpiar y lubricar rieles y rodamientos. Verificar parantes, umbrales y cabezales. |

| *Componentes* | *Comprobaciones* |
|---|---|
| Misceláneas | Observar el funcionamiento del indicador luminoso. Limpieza del foso y verificación de los resortes. Verificar acoplamientos, chaveteros y ejes. |

*Trimestralmente*

| | |
|---|---|
| Tablero eléctrico de fuerza motriz | Verificar calentamientos en los fusibles de la línea de alimentación. |
| Nivelación de la cabina | Verificar si se hace en forma correcta, examinando las llaves de nivelación. |
| Máquina | Obsérvese desgastes, principalmente en cojinetes y engranajes. Verifique el estado del aceite (agua, limaduras, etc.). |
| Motores | Limpieza de colectores, remover y asentar las escobillas verificando la tensión de sus resortes y desgastes. |
| Cintas | Limpieza de cintas. |
| Cables metálicos que sostienen la cabina | Examinar las gargantas de las poleas tractoras para verificar el estado de los cables. Rotar los cables de tracción 1/4 de vuelta para uniformar el desgaste. Verificar amarres, tensores, fijación de los cables. Igualar tensiones para repartir el peso de la cabina y lubricar. |
| Cabina | Verificar el sistema de campanilla de alarma. Limpiar artefactos de luz. Reponer lámparas quemadas en los indicadores (si las hubiere). Verificar el dispositivo de patín móvil, cadenas, amarras, etc. Verificar llave de emergencia. Verificar las partes de seguridad del paracaídas. Verificar los guiadores del coche o cabina, suspensión de la cabina, estado de los parantes y soportes. Limpieza del techo de la cabina. Lubricar las guías y poleas de las puertas de la cabina, como así también guías y rieles. Verificar desgastes y disponer reemplazos de elementos de puertas. |

*Semestralmente*

| | |
|---|---|
| Puertas (de piso y de cabina). Puertas a guillotina, telescópicas, a tijera, etc. | Limpiar cadenas, guías y poleas. Lubricar. Verificar contactos (interruptores) de puerta. Alineación de puertas. Funcionamiento de rodillos y patines. |
| Foso o Pozo | Verificar amarres del marco tensor del regulador de velocidad y de la cinta propulsora del selector. |

| *Componentes* | *Comprobaciones* |
|---|---|
| Cables metálicos | Verificar igualdad de tensiones y el estado de los amarres. |
| Cabina | Limpiar los parantes visibles desde el interior de la cabina. Verificar que los parantes no estén doblados o rotos. Suspensión del coche, patines y soportes. |
| Caja de panel de comando | Verificar contactos y llave interruptoras y hacer lubricación y limpieza. |
| Máquina | Verificar pérdida de aceite y estado de las juntas. |
| Tablero de control y sus instalaciones electromecánicas complementarias | Limpiar por sopleteado (preferentemente con nitrógeno por no poseer humedad) los contactores. Lubricar pernos de articulaciones. Examinar resistencias eléctricas y limpiarlas. Rectificador. Relés. Puede efectuarse la limpieza por aspirado. Verificar ajustes y lubricación complementariamente con la limpieza. |
| Guiadores a Rodillos | Para cabinas de alta velocidad verificar la lubricación de los pivotes de los guiadores a rodillo. |

*Anualmente*

| | |
|---|---|
| Máquinas | Sacar, limpiar y lubricar los núcleos de frenos accionados por corrientes continua. Limpieza de cintas y forros. Verificar desgastes. |
| Motores y generadores | Limpieza de armaduras y motores por sopleteado y/o aspirado (para sopletear se prefiere el nitrógeno, pues el aire comprimido contiene humedad). La presión del sopleteado no debe exceder los $2 \ kg/cm^2$. Verificar los entrehierros entre las armaduras y los rotores. Verificar el ajuste y estado de las conexiones eléctricas. Cambiar aceite a los cojinetes. |
| Guiadores | Lubricar los vástagos de los guiadores. Verificar el desgaste de los guiadores de la cabina (coche). |
| Tablero de control y sus instalaciones eléctromecánicas complementarias | Limpiar rectificador con sopleteado de nitrógeno o por aspiración. El polvo y la humedad son los elementos que acortan la vida útil del rectificador. Limpiar y verificar fusibles y porta fusibles. Verificar el estado de condensadores, relés, contactores y sus órganos en mo- |

|  | vimiento, efectuando ajustes, lubricación y limpieza. |
|---|---|
| Poleas | Verificar que las poleas no tengan juego en los ejes y verificar si hay rajaduras en los nervios y pestañas, golpeando con un martillo. Tablero de entrada eléctrica. |
| Tablero de entrada eléctrica | Verificar, limpiar, ajustar, lubricar contactos de botoneras, resortes y conexionados. |
| Pasadizo | Limpiar y lubricar las guías, patines y amarres, como así también en contrapeso. Inspeccionar el estado de los interruptores, límites de las cabinas (superior e inferior) y lubricar pernos y rodillos. |
| Cableado eléctrico de comando de cabina (coche) | Verificar desgastes, aislación, montaje y estado de las conexiones en las cajas de conexiones. |

## *Mantenimiento de Grúas, Puente Grúas y Aparejos eléctricos*

Generalmente el método más caro y menos satisfactorio para el cuidado de grúas y Puente Grúas, en particular si la producción de otro equipo se ve afectada por sus fallas, en considerar el mantenimiento como simple reparación o sustitución de piezas estropeadas, una vez que han quedado inservibles.

El mantenimiento preventivo puede hacerse de forma tan efectiva que asegure prácticamente un funcionamiento seguro e interrumpido del dispositivo elevador. Para ello hace falta una cuidadosa rutina, una lubricación periódica y completa, y una inspección a intervalos regulares de todos los ajustes y piezas vitales, así como reacondicionar o sustituir los componentes antes de que por razones de seguridad no puedan utilizarse más. Aunque se requiere una cuidadosa rutina, no tiene por ello que ser necesariamente costosa; los ajustes y comprobaciones breves y periódicos cuestan menos que las interrupciones y sustituciones debidas a fallas que pueden prevenirse y minimizan los riesgos que supone el funcionamiento del equipo.

La lubricación de grúas y puentes tiene una importancia tan vital como en el caso de otros tipos de equipos. Los lubricantes necesarios deben aplicarse cuando corresponda, manteniendo los niveles adecuados en las cavidades para aceite, que podrían indicar la necesidad de sustituir los obturadores de los ejes o las juntas de las cajas de engranajes.

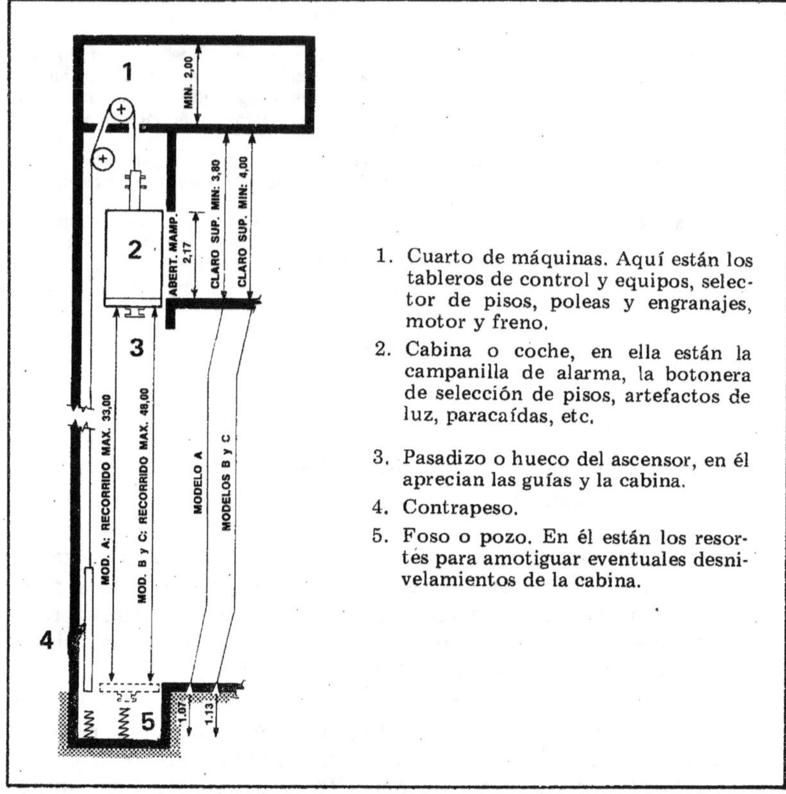


Fig. 1-X. Esquema general de la instalación de un ascensor.

Una pequeña cantidad de lubricante aumentará en gran medida la duración de una cadena de carga, por lo que nunca se permitirá que la misma funcione en seco, se la limpiará con un disolvente y luego se le aplicará una ligera capa de aceite penetrante y grafito. En condiciones normales, será suficiente con que la operación se haga una vez a la semana, pero en ambiente de alta temperatura o de suciedad será necesario limpiar la cadena por lo menos una vez al día y lubricarla varias veces entre dos limpiezas consecutivas. Para esa clase de trabajo se podrá establecer un plan regular después de observar las condiciones durante unos pocos días.

Los motores equipados con cojinetes antifricción rellenos de grasa en fábrica necesitarán, por lo general, una atención periódica poco frecuente.

No obstante, si su lubricación es con aceite, necesitarán un cuidado regular más frecuente.

Existe una cantidad de componentes excepcionalmente importantes, a los que se debe conceder una prioridad extraordinaria en cualquier caso de inspección de una grúa. Los cables son esenciales.

Ver si tienen hilos rotos. Si un cable se parte y cae la carga, puede suponer una enorme pérdida económica o incluso la pérdida de alguna vida.

Un cable debe reemplazarse cuando tenga hilos sueltos (espigamientos), cuando se haya ensortijado, esté muy aplastado o presente efectos de corrosión. Una vez formado un ensortijamiento, se debilitan sin posible reparación los hilos del cable en el punto correspondiente y el volverlo a enderezar no restablece su resistencia. Un cable bien lubricado, libre de materiales abrasivos, que corran sobre poleas lisas y debidamente acanaladas y que se enrolle debidamente en todo momento en los surcos del tambor, durará mucho más que otro dañado por negligencia o abuso. Un cable puede destruirse en pocas horas, por lo cual es recomendable su inspección diaria.

Por la misma razón, los frenos de un motor para izar tienen prioridad máxima para su inspección. Asegurarse de que el freno de sujeción trabaja bien.

Otros componentes vitales son los interruptores inversores de carrera. Deberán estar montados con seguridad y en los de tipo abierto, los contactos y los resortes de lámina deben estar en buenas condiciones. En los de tipo cerrado los contactos terminales deben ser seguros.

Después de inspeccionar las piezas mencionadas, hay que prestar atención al aparato elevador propiamente dicho. La tabla de inspección indica las partes críticas que deben inspeccionarse. Después de que la grúa haya estado en funcionamiento durante algún tiempo, se comprobará semestralmente si las poleas están desgastadas, lo cual se aprecia por una o ambas de las siguientes condiciones: una profundización y estrechamiento de la garganta que producen opresión y abrasión intensa del cable; estrías en espiral en el fondo de la garganta que causan desprendimientos de cable (espigamiento).

Esto puede corregirse volviendo a tornear las roldanas hasta que desaparezcan las estrías. El tambor puede presentar entre los surcos rebabas o bordes afilados causados por tracción angular de las cargas. Estos bordes deben ser alisados y redondeados para evitar daños al cable.

Los frenos mecánicos deben comprobarse cuidadosamente por si presentan desgaste del forro o de los discos de fricción, lo cual requiere el ajuste correspondiente o la sustitución del material de fricción.

Las eslingas de cadena y los ganchos están sometidos a un servicio intenso y debe observarse si presentan señales de posibles fallas. Cuando un gancho se empiece a abrir (generalmente se debe a que la carga se aplica en la punta en lugar de en el asiento) hay que reemplazarlo. También se comprobará si los ganchos pivotean libremente y si presentan muescas o ranuras. Se inspeccionará el adaptador de suspensión asegurándose de que asienta perfectamente en su sitio y de que los tornillos de casquetes están apretados. La cadena se examinará eslabón por eslabón, por si éstos estuvieran doblados o alargados o presentaran muescas o estrías. También se comprobará la lungitud de la cadena, por si se hubiera alargado.

La responsabilidad de las eslingas deberá encomendarse a personal experimentado, de ser posible a una sola persona.

Los motores para izar las grúas portátiles necesitan un alto par de arranque y por lo tanto son del tipo de devanado en serie de c.c. o de anillo colector de c.a. Por esta razón, hay que prestar la acostumbrada atención muy cuidadosa a los inversores de carrera, escobillas, portaescobillas y anillos colectores.

Entre los componentes eléctricos que necesitan especial inspección están los colectores de corriente, los contactos deslizantes, los contactos de interruptores inversores de carrera, los solenoides y sus entrehierros y los interruptores de límites de carrera (superior e inferior) de la grúa.

Los circuitos abiertos de las bobinas de los componentes eléctricos pueden detectarse aislándolos y comprobando su continuidad con el óhmetro o con un circuito en serie de luz o de timbre. Las espiras en corto se aprecian por una intensidad de corriente bastante superior a la normal (conectar el amperímetro en serie con el elemento en cuestión) o por una resistencia bastante inferior a la normal. El método de medir corriente se recomienda para bobinas con una resistencia muy baja.

La intensidad de corriente en el estator debe medirse con el rotor en reposo y marchando. La corriente de solenoides de frenos y contactores debe medirse con el núcleo en posición de funcionamiento.

Las grúas eléctricas con cable de acero para cargas pequeñas (aparejos eléctricos) presentan aproximadamente los problemas de mantenimiento de las unidades antes comentadas, ya que tienen los mismos cables, poleas, engranajes y componentes eléctricos.

Las grúas de cadena son de funcionamiento manual o mecánico. Los modelos eléctricos exigen los mismos procedimientos que los de cable de acero, excepto por lo que respecta a la cadena.

Ésta debe limpiarse con solvente. Antes de volverla a poner en servicio, debe frotarse con aceite penetrante y grafito. Eliminar el exceso de aceite. Si la nueva cadena de carga es más larga que la vieja, hay que comprobar el inversor de límite de carrera, para tener la seguridad de que sirve para la nueva longitud de izada.

Para evitar interrupciones del funcionamiento, se deberá tener una reserva adecuada de piezas de repuesto y, en caso de unidades pequeñas, se dispondrá de una de repuesto para sustituir temporalmente a cualquier unidad averiada que tuviera que llevarse al taller para su reparación.

*Frecuencias para Inspección de Grúas*

*Puente Grúas, y Aparejos Eléctricos*

| | |
|---|---|
| Limpieza | M |
| Lubricación, niveles de aceite | S |
| Conjunto de ruedas de trole | M |
| Engranajes de impulsión del trole y ejes | Sn |
| Mástil del trole y soporte | S |
| Contactos deslizantes | S |
| Ajuste de pernos | M |

*En el puente*

| | |
|---|---|
| Juego de ruedas | Sn |
| Conjunto del motor | T |
| Engranajes del eje transversal, cojinetes | T |
| Conjunto del freno mecánico | M |
| Topes | Sn |
| Conjunto del mástil del trole | S |
| Contactos eléctricos deslizantes | S |

*Aparejo Elevador*

| | |
|---|---|
| Engranajes, ejes, cojinetes | Sn |
| Poleas, cojinetes | T |
| Cables | S |

Juego de frenos  ..............................................  M
Ganchos, eslingas, adaptadores de suspensión  ..............  M

*Componentes eléctricos*
*Motores:*

Commutadores ..............................................  S
Conjunto de escobillas  ....................................  S
Cojinetes ...................................................  M
Devanados ..................................................  T

*Inversores*

Contactos  ..................................................  S
Conjuntos de escobillas  ...................................  S
Resorte  ....................................................  T
Solenoides de freno  .......................................  M
Cableado eléctrico  ........................................  M
Cables de trole  ...........................................  M
Interruptores inversores y contactores  ...................  T
Interruptores de límite de carrera  .......................  S

S= Semanal; M= Mensual; T= Trimestral;
Sm= Semestral.

**Tablero de control para motor de
2 velocidades (vista frontal)**

*(Referencia a la figura 2-X)*

Se muestran en esta figura los componentes de un tablero de control
para un ascensor con un motor asincrónico de dos (2) velocidades.
Desde el punto de vista del mantenimiento, los componentes del tablero son contactores y relés.
Así, nos encontramos con contactores que gobiernan la velocidad alta
y baja del motor asincrónico, la subida y la bajada de la cabina y el
contactor llamado "Potencial", donde ingresa la tensión de 380 V
para todas las maniobras.
El rectificador, que está en la parte superior del bastidor, tiene la
función de proporcionar una corriente continua para alimentar las
bobinas de los contactores y relés, con lo cual se consigue un accionamiento más estable y silencioso que empleando corriente alternada.

Contactor de velocidad baja (1).

Contactor acelerador de baja velocidad (primera etapa) (2).

Contactor acelerador de baja velocidad (segunda etapa) (3)

Contactor de alta velocidad (4).

Conexión al motor para baja velocidad (5).

Conexión al motor para alta velocidad (6).

Contactor de alta velocidad (7).

Contactor para subida de la cabina (8).

Contactor para bajada de la cabina (9).

Contactor de potencial (10).

Alimentación: 380 V al tablero y motor (11).

**Tablero de control para motor de
2 velocidades (vista de atrás)**

*(Referencia a la figura 3-X)*

Se muestra la parte de atrás del mismo tablero. Lo más sobresaliente es el conjunto de resistencias que tienen la finalidad de un reóstato. o sea hacer gradual la caída y la elevación de tensión para la velocidad adecuada del motor.

6 resistencias para graduar la baja velocidad (1).

Contactor de bajada (2).

Contactor de potencial (3).

Contactor acelerador de alta velocidad (4).

6 resistencias para graduar la alta velocidad (5).

Contactor acelerador de alta velocidad (6).

Contactor acelerador de baja velocidad (7).

Fig. 2-X. Tablero de control para motor de dos velocidades. (Vista frontal).

Fig. 3-X. Tablero de control para motor de dos velocidades. (Vista de atrás).

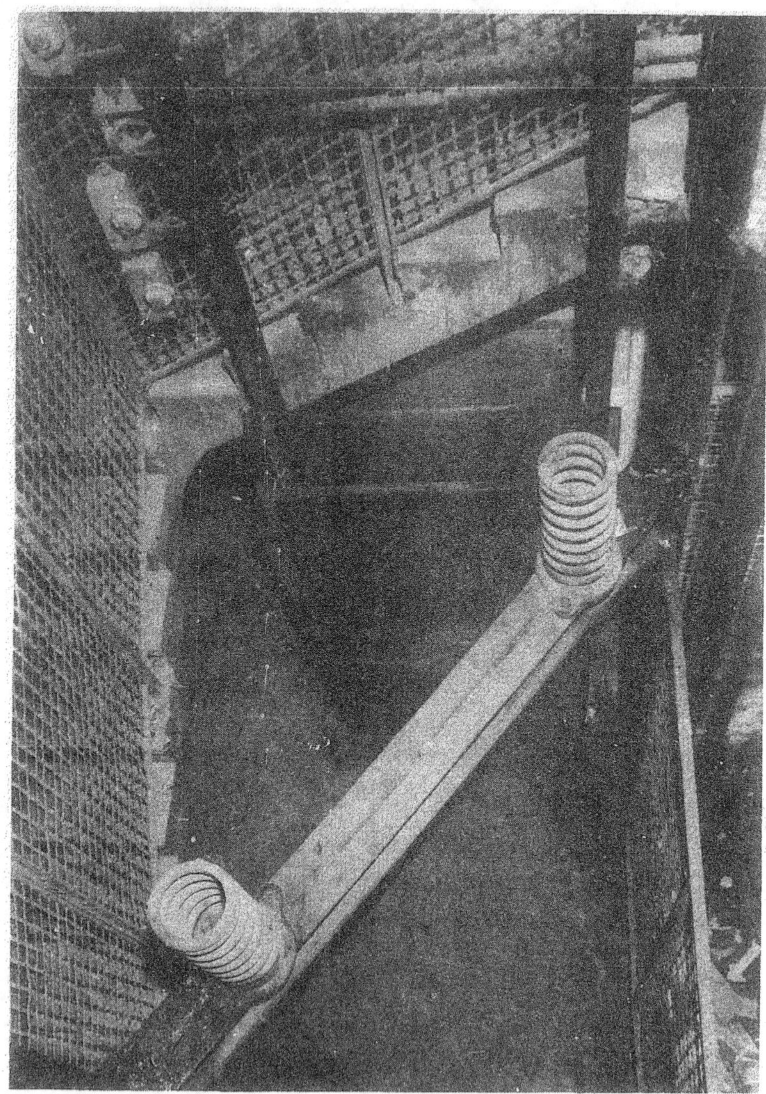

Fig. 4-X. Vista del foso o pozo con dos resortes, en espiral para amortiguar eventuales desnivelaciones de la cabina en su carrera de descenso.

## Línea de alimentación en 380 V de C.A.

*(Referencias a la figura 5-X)*

Protectores térmicos de los motores asincrónicos (1).

Llaves principales de entrada, 380 V con sus respectivos fusibles (2).

Fig. 5-X. Línea de alimentación de 380 voltios, C. A.

                                                    

## Vista general del cuarto de máquinas .

*(Referencias a la figura 6-X)*

Selector de pisos (1); Polea tractora (2); Freno (3); Tablero de control (4); Motor asincrónico de 2 velocidades (5); Polea del selector (6); Cojinete de empuje del sinfín (7); Caja reductora de velocidad con sinfín y corona (8).

Fig. 6-X. Vista general del cuarto de máquinas.

## Selector de pisos

*(Referencias a la figura 7-X)*

Cable del contrapeso del selector (1); Cable del selector de cabina (2).

Fig. 7-X. Selector de pisos.

Fig. 8-X. Pasadizo o hueco del ascensor. Pueden apreciarse las guías y la cabina en la parte superior.

# CAPITULO XI

**Bombas industriales centrífugas y a engranajes. Descripción de las partes críticas de estas máquinas con la finalidad de analizar su mantenimiento preventivo. Datos técnicos que deben considerarse para el registro de las máquinas. Análisis de la frecuencia de inspecciones. Repuestos críticos.**

*a)  Bombas centrífugas.*

Estas bombas están destinadas a impulsar fluidos de distinta naturaleza en trabajo continuo o no, cuya temperatura depende de las condiciones de trabajo impuestas.

El cuerpo de las bombas, así como el soporte de los cojinetes, generalmente es de hierro fundido, de grano fino homogéneo, y en lo que interesa al mantenimiento, debe tenerse en cuenta que el material esté exento de soldaduras y fallas.

Los rotores generalmente son de bronce fosforoso, con sus superficies perfectamente pulidas y su masa correctamente balanceada. Los cojinetes de las bombas conviene que estén diseñados no sólo para absorber esfuerzos radiales, sino también axiales, o sea, en la dirección del eje.

Los ejes deben ser de muy buena calidad para asegurar un servicio continuo, evitándose en lo posible el desgaste y la corrosión; de ahí que el empleo de acero inoxidable esté tan generalizado. La caja prensaestopa deberá estar bien lubricada y refrigerada la empaquetadura por una derivación de agua de la impulsión de la bomba.

Muchas bombas, y esto es muy conveniente, están provistas de manómetros para registrar la presión de aspiración y de impulsión. Los cojinetes sobre los cuales gira el eje son generalmente a bolillas. Estos cojinetes trabajan dentro de una caja o cámara que contiene una cantidad adecuada de aceite lubricante. Al trabajar la bomba, en esta caja se elevan la presión y la temperatura, elementos éstos que tienden a desalojar el aceite lubricante hacia el exterior. Los elementos de cierre, llamados empaquetaduras (juntas), son los que impiden la fuga del aceite lubricante. Además, las juntas protegen a la caja contra el ingreso de polvo y humedad. Conviene que el jefe de mantenimiento tenga disponibles las curvas características de funcionamiento de la bomba. Las más importantes de estas curvas son:

1) Curva de la altura de impulsión en función del caudal, $H = f\,(Q)$;

2) Curva del rendimiento en función del caudal, $R = f\,(Q)$;

3) Curva de la potencia en el eje en función del caudal, $P = f\,(Q)$.

Las bombas son, por lo general, accionadas directamente, o sea, por *acoplamientos con manchón*, a través de un motor eléctrico monofásico o trifásico con rotor en corto circuito (jaula de ardilla). Conviene también que el motor tenga una potencia 10 % o 15 % superior a la requerida por la bomba.

El motor eléctrico es normalmente accionado por botonera (a distancia), colocada en una caja de maniobra que contiene el correspondiente contactor con protección térmica.

Los repuestos más críticos de las bombas son los *cojinetes* y, eventualmente, el *eje*. Un stock razonable de repuestos sería, entonces, un juego de cojinetes. Si se practica una inspección adecuada a los cojinetes, se puede evitar el tener un eje de repuesto, pues con la inspección se advertirá a tiempo si el aro interior del cojinete gira, desgastando el eje, efecto que también puede producir una empaquetadura reseca o excesivamente apretada.

Los principales datos sobre las bombas que debe registrar el jefe de mantenimiento son, entre otros, los siguientes:

1) Marca y fabricante;

2) Modelo y/o tipo;

3) Caudal al régimen previsto, en m³/hora;

4) Rendimiento total con el régimen de caudal previsto, en porciento;

5) Rendimiento total con el régimen de caudal máximo, en porciento;

6) Altura manométrica con el caudal de régimen previsto.

Para bombas a *engranajes* y *helicoidales* interesa siempre conocer la presión efectiva que se obtiene con el régimen de caudal deseado:

1) Velocidad de rotación para el régimen previsto, en rpm;

2) Potencia mecánica o eléctrica requerida en el eje de la bomba;

3) Sistema de arranque del motor eléctrico;

4) Sistema de acoplamiento entre motor eléctrico y bomba;

5) Materiales de que está compuesto el rotor, la carcasa, el eje de accionamiento, cojinetes y el lubricante sugerido por el fabricante;

6) Dimensiones principales de la bomba, en mm;

7) Detalle de los accesorios complementarios (válvulas, manómetros, amperímetros, etc.).

*b)* *Bombas a engranajes.*

Estas bombas están destinadas a *trasegar* fluidos o sustancias con una viscosidad superior a la del agua, tales como combustibles, aceites, miel, melaza, etc., donde la presión y la temperatura dependen de las condiciones del proceso. De estas condiciones, a su vez, dependen las dimensiones de la bomba, con el conocimiento del caudal y la viscosidad.

El cuerpo de estas bombas es normalmente de hierro fundido, y los engranajes, del tipo helicoidal doble o en V, construidos en aceros especiales, templados y rectificados.

Los rodamientos pueden ser a bolillas o de bronce antifricción (bujes), y la lubricación está efectuada por el mismo fluido trasegado por la bomba.

Los fabricantes cuidan que la caja prensaestopa esté dispuesta en forma accesible para facilitar el cambio de las empaquetaduras. El acoplamiento al motor eléctrico es normalmente directo, o sea, efectuado con manchón. El motor y el accionamiento son similares a los de las bombas centrífugas.

Por lo menos una vez al año conviene verificar el desgaste de los engranajes en relación con las tolerancias indicadas por el fabricante. En general, este tipo de bomba requiere un mantenimiento mínimo si se respetan las condiciones de trabajo para las cuales se ha instalado la bomba (presión, temperatura, caudal, viscosidad, etc.). Para este tipo de bomba no tiene objeto hablar de repuestos, pues generalmente es reemplazada por una nueva cuando sus engranajes han sufrido excesivo desgaste por el uso específico que han tenido.

Para el caso de las bombas centrífugas se ha visto la conveniencia de disponer de un juego de repuesto de todos aquellos elementos sujetos a mayor desgaste, como ser los cojinetes y, eventualmente, un eje. Para el caso de las bombas a engranajes, el jefe de mantenimiento decidirá, conforme a las condiciones del servicio, si se justifican o no los cojinetes de repuesto.

En lo referente a los repuestos críticos de cada máquina, existe una relación directa con las exigencias de trabajo a las cuales está sometida (horas de funcionamiento, temperatura y presión de trabajo, polvo, humedad, corrosión exterior, fluido trasegado, etcétera).

Las bombas centrífugas requieren muy poco mantenimiento. Aun así, se puede considerar que, desde el punto de vista de la conservación, las partes más vulnerables son:

*a)*   Los cojinetes;

*b)*   El eje;

*c)*   El manchón de acoplamiento;

*d)*   La empaquetadura;

*e)*   Eventualmente, el reductor de velocidad, ya que no todas las bombas lo disponen.

La frecuencia de inspección está íntimamente relacionada con las condiciones de servicio (medio ambiente, temperatura, polvo, humedad, horas de funcionamiento, etc.).

Sobre la base de 8 horas de funcionamiento, *anualmente* deberían efectuarse las siguientes operaciones:

1)   Limpiar el depósito de aceite de los cojinetes (con nafta o querosene) y reponer aceite nuevo. De ser posible, se usará tetracloruro de carbono por no ser inflamable;

2)   Verificar el estado de los cojinetes;

3)   Verificar el estado de la empaquetadura y su acción sobre el eje, pues las empaquetaduras resecas rayan el eje, en cuyo caso deberá ser metalizado o cambiado. Igual observación vale para el aro interior de los cojinetes en caso de verificar que el aro gira sobre el eje de la bomba.

Cuando las boquillas de engrase tengan juntas de fieltro para el ajuste de las respectivas tapas, conviene reponerlas, pues al cabo de un año se han resecado y endurecido.

*Por considerarlo de interés para el operario de mantenimiento, reproducimos un "Cuestionario para bombas", sugerido por una prestigiosa firma de plaza, dedicada a la fabricación de éstas.*

## Cuestionario para bombas

Rogamos facilitar datos exactos, contestando las preguntas siguientes y refiriéndose a los esquemas al dorso.

Téngase en cuenta que ninguna bomba aspira más de 6 m con seguridad.

La bomba centrífuga varía mucho en su rendimiento con la variación de la altura. Por eso es importante saber en qué condiciones ha de trabajar.

Los orificios de entrada y salida de una bomba no son determinantes para las cañerías a colocar, especialmente cuando se trata de trayectos largos.

Sírvase especificar siempre las unidades de las medidas usadas (mil litros por hora, m, pulg., $kg/cm^2$ etc.).

| *Preguntas* | *Respuestas* |
|---|---|
| 1) *¿Qué servicio debe cumplir la bomba?* <br> (Abastecimiento, desagüe o desagote, riego, alimentación de caldera, instalación contra incendio, trasvaso, refrigeración). | |
| 2) *¿Clase de líquido?* <br> (Agua fría, limpia, caliente, de qué temperatura máxima, agua sucia, arenosa o cloacal, vino, vinagre, alcohol, petróleo, aceite o ácidos, de qué composición). | |
| 3) *¿Caudal por hora, minuto o segundo?* <br> (Para alimentación indíquese el consumo máximo de la caldera). | |
| 4) *¿Altura manométrica total?* <br> (Altura de aspiración, más altura de elevación, más pérdidas por rozamiento en las cañerías). En caso de no poder facilitar esto, sírvanse contestar las siguientes preguntas: | |
| a) *¿Altura de aspiración en metros?* <br> Indíquese para pozos: nivel de reposo y nivel de bombeo (depresión) al sacar el caudal deseado; para ríos y cisternas el nivel mínimo. Véase esquemas 1, 2 y 3. | |
| b) *Altura de afluencia* <br> Véase esquemas 4 y 5. | |
| c) *¿Distancia horizontal de la cañería de aspiración?* <br> Trayecto horizontal desde la toma hasta la bomba. Indíquese igualmente para el caso de afluir. | |

| Preguntas | Respuestas |
|---|---|
| d) *¿Altura de elevación?* <br> Distancia vertical desde la bomba hasta el punto más alto de la descarga. Presión de la caldera. Presión necesaria o deseada en la cañería de riego por presión o de incendio. | |
| e) *¿Longitud total de la cañería de impulsión?* <br> (vertical y horizontal). | |
| f) *¿Existen ya estas cañerías?* <br> Indíquese el diámetro y la cantidad de curvas y válvulas. | |
| 5) *¿Modo de accionamiento?* <br> Motor eléctrico: tipo corr. (corriente alterna trifásica o continua). <br> Tensión de servicio y frecuencia. <br> Motor a explosión. Nafta o Diesel. <br> Directo o a correa. <br> Por correa V o plana (polea fija y loca). <br> Velocidad de la máquina de accionamiento o transmisión y diámetro de la polea de la misma. | |
| 6) *¿Existe el motor?* <br> Indíquese potencia, velocidad y diámetro de la polea. | |

## Mantenimiento de bombas centrífugas

El prestar atención a muchos detalles pequeños, algunos de los cuales con frecuencia se pasan por alto, constituye el requisito básico para que las bombas centrífugas funcionen satisfactoriamente durante su vida útil.

He aquí algunos aspectos que deben ser parte de todo programa de mantenimiento.

## Condición de funcionamiento

No pretender que una bomba haga más (o menos) que lo que su capacidad permite. Una bomba ha sido específicamente seleccionada o concebida para satisfacer ciertas condiciones de servicio. En ningún momento nadie debe desviarse radicalmente de esas condiciones, y sí observar atentamente los factores siguientes:

1) *Caudal excesivo.* La mayoría de las bombas, especialmente las unidades de baja velocidad específica, requieren mayor potencia al aumentarse las capacidades. Su funcionamiento

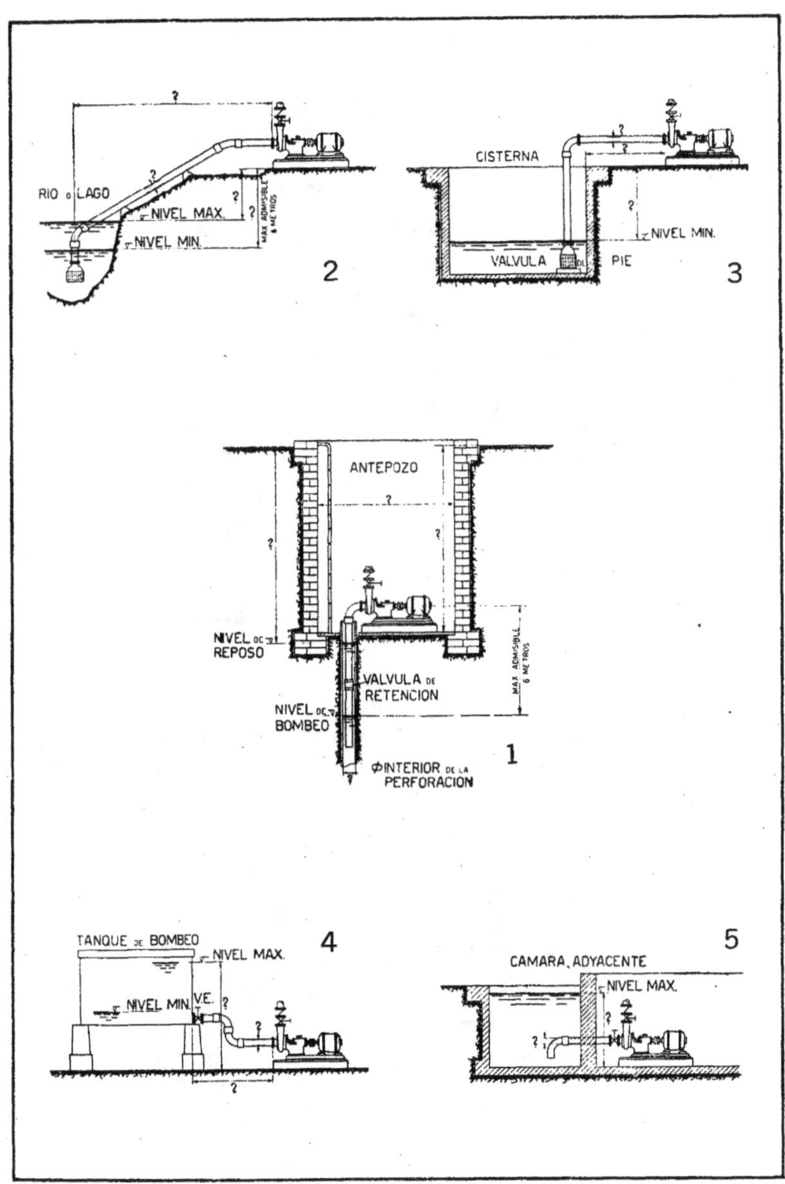


Fig. 1-XI. Aspiración. Referente al cuestionario para bombas.

 

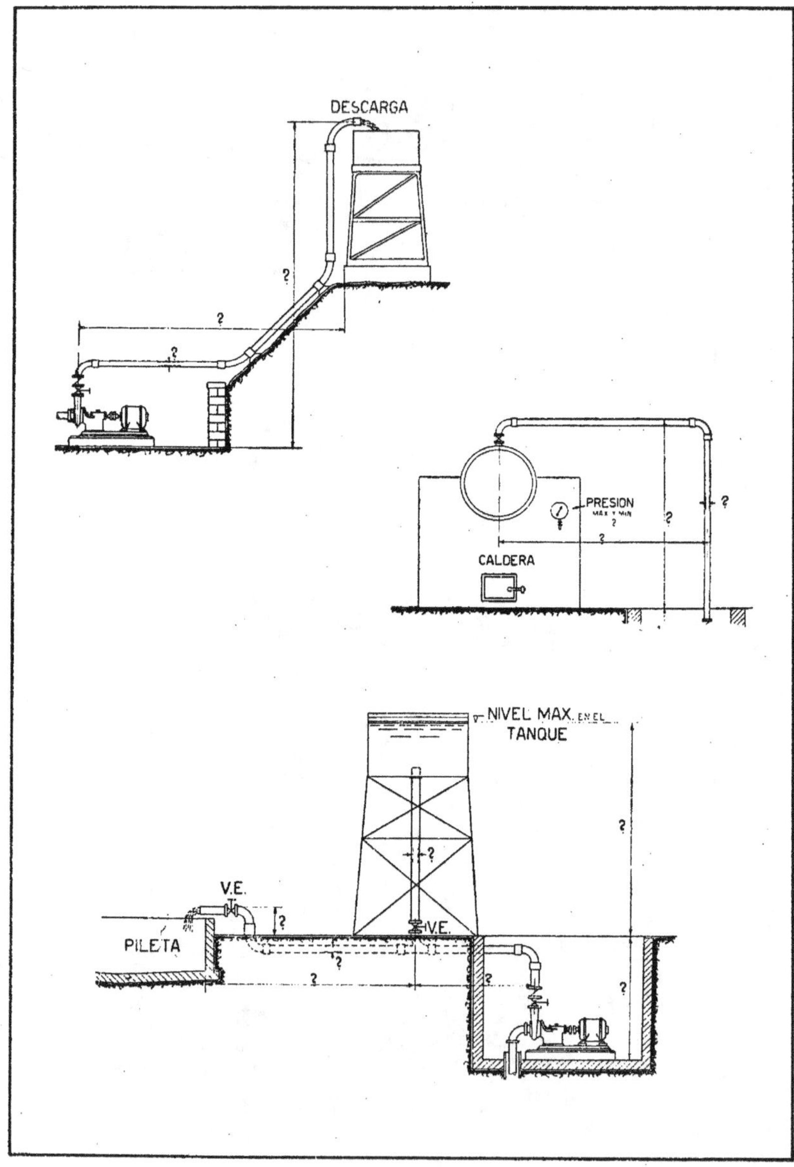


Fig. 2-XI. Impulsión. Referente al Cuestionario para bombas.

a capacidades considerablemente mayores que las que el diseño permite, por lo general sobrecargan el mecanismo impulsor y también puede que impongan esfuerzos de torsión excesivos en el eje.

2) *Altura de elevación excesiva.* Si la presión de impulsión de la bomba es considerablemente más alta que la específica originalmente, es muy posible que la unidad no suministre líquido alguno. El resultado de esto puede que sean fuerzas radiales excesivas en el eje, con la consiguiente sobrecarga en los cojinetes. Además, aunque la mayoría de las bombas se hallan diseñadas para estar equilibradas en la dirección axial, su funcionamiento con caudal demasiado bajo puede crear un desequilibrio axial. Su operación sin suministro líquido alguno hace que toda la energía que el impulsor transmite a la bomba se convierta en calor (debido a la fricción viscosa del líquido). Si se permite que esto ocurra pasado un período de tiempo sumamente breve, el líquido en el interior de la bomba alcanzará una temperatura superior a su punto de ebullición, convirtiéndose en vapor, lo cual causará daños graves a la bomba.

3) *Velocidad excesiva.* En cualquier mecanismo impulsor de velocidad variable (turbina, motor de c.c., etc.), la velocidad nominal de la bomba jamás debe superarse. Además el exceso de potencia y tensiones exageradas en el eje, las presiones que se desarrollan en el interior de la bomba puede que sobrepasen a la resistencia del material de la carcasa.

4) *Presión de aspiración insuficiente.* Ésta es una de las causas más comunes de problemas.
En el supuesto que la bomba en principio funcionaba perfectamente, la presión de succión insuficiente podría deberse a filtros obstruidos en la línea de aspiración a temperaturas más elevadas o a materias extrañas que obtruyeran parcialmente el conducto de aspiración. Si la presión de succión no llega a la que requiere la bomba, se producirá cavitación.
Esto dará por resultado ruido, vibración, una capacidad de suministro insuficiente y también daños a las paletas del impulsor.

5) *Cambio en el líquido que se bombea.* Los materiales de una bomba han sido seleccionados para el líquido especificado

originalmente. No cambiar el líquido que se bombea sin considerar los efectos nocivos posibles en el interior de la bomba. En caso de duda, consultar con el fabricante de la bomba antes de cambiar el líquido que ha de bombearse.

*Mantenimiento de cojinetes*

Los cojinetes de la bomba, ya sean de tipo de antifricción o a bolillas, no pueden funcionar como es debido sin la lubricación adecuada.

Los cojinetes de bolillas lubricados con aceite, por lo general tienen una grasera de nivel constante en sus carcasas. El nivel de aceite requerido en la carcasa se especifica o bien con una marca roja en esta última, o en las instrucciones del fabricante. Inspeccionar para mantener ese nivel, ya que un nivel de aceite demasiado alto es tan perjudicial como uno demasiado bajo. Si el depósito de aceite se conserva lleno, con aceite del grado adecuado (por lo general aceite SAE 20 ó 30), los cojinetes estarán completamente lubricados.

La mayoría de las cubiertas de cojinetes de bolillas tienen una ventilación en la parte superior. Esta ventilación debe conservarse limpia para impedir la posible acumulación de presión en la caja del cojinete. No obstante, debe contar con cierto tipo de protección para impedir la entrada de materias extrañas en los cojinetes que impidan el desahogo a la caja.

Los cojinetes lubricados con grasa deben rellenarse con una grasa de buena calidad. Así también, un exceso de grasa es tan perjudicial como demasiado poca. Esta grasa debe cambiarse por completo cada seis meses aproximadamente, y, ocasionalmente, debe introducirse grasa adicional en los cojinetes, dándole dos o tres vueltas a la tapa de la grasera.

Las temperaturas de los cojinetes varían de acuerdo con las condiciones de funcionamiento. Por lo general, el aceite lubricante debe conservarse a una temperatura entre 45 y 60 °C, constantemente caliente, no indica necesariamente que existe un problema, pero un alza súbita en la temperatura, por lo general es señal de mal funcionamiento.

Por lo tanto, las temperaturas de los cojinetes deben vigilarse a intervalos frecuentes (por lo menos dos veces al día) y cualquier aumento súbito de las mismas debe controlarse. Resulta mucho menos costoso reemplazar un cojinete que reemplazar un eje, un impulsor o una bomba completa, todo lo cual podría ser el resultado de la falla de un cojinete.

Si las cajas de los cojinetes están enfriadas por agua, cerciorarse de ajustar el flujo del agua de enfriamiento a fin de proporcionar las temperaturas correctas del aceite. Una temperatura del aceite demasiado baja puede producir condensación de vapor de agua y la acumulación de agua en el aceite, como resultado de ello, dañará los cojinetes pasado cierto tiempo.

Si los cojinetes se cambian, hay que tener cuidado de hacer el reemplazo correctamente. Estos repuestos deben ser exactamente del mismo tipo y tamaño que los que tenía la bomba originalmente, aun cuando sean de un fabricante diferente.

Los cojinetes antifricción nunca deben martillarse para colocarse en el eje.

El mejor método para montar cojinetes consiste en sumergirlos en un baño de aceite soluble y agua, del 10 al 15 %, a una temperatura de 80 a 90 °C. Una vez calientes, los cojinetes pueden deslizarse sobre el eje (para ello, usar guantes de amianto). Asegurarse de que el cojinete queda a tope, a escuadra, contra el resalto del eje.

## Mantenimiento de prensaestopas y empaquetaduras

Los prensaestopas pueden dotarse con empaquetaduras o un sello mecánico. Si la bomba tiene sello mecánico, no se requiere otro mantenimiento que tener la seguridad de que el líquido que se suministra a las conexiones al ras se hace en la cantidad y la temperatura adecuadas. Los sellos, a menos que estén diseñados específicamente para funcionamiento a alta temperatura, deben mantenerse a menos de 60 °C. Si la temperatura del líquido que se bombea excede de 60 °C, es necesario enfriar el sello, ya sea mediante un suministro independiente de líquido o enfriando parte del líquido que bombea. Si el líquido que se bombea contiene abrasivos, arenillas, etc., las caras de los sellos deben conservarse libres de esas materias sólidas, y, por lo tanto, el líquido de baldeo se usa para mantener líquido puro en la cámara de sello.

La mayoría de las bombas están equipadas para usar empaquetadura en el prensaestopas.

El tipo exacto de empaquetadura que debe usarse depende de las condiciones de servicio, por ejemplo, líquido que se bombea, presión en el prensaestopas, y velocidad. Para condiciones normales, en que se ha de bombear agua fría, la empaquetadura de amianto trenzado y grafitado es la que rinde el mejor servicio.

No importan las clases de empaquetaduras que se usen, éstas requieren lubricación para que brinde los resultados debidos. Esto se logra haciendo que el líquido pase entre la empaquetadura y el manguito del eje, en todo momento. Un goteo constante de aproximadamente una gota por segundo es el método preferido. Si se observa que el prensaestopa se calienta durante el funcionamiento de la bomba, el goteo puede aumentarse ligeramente.

El líquido que gotea fuera del prensaestopas por lo general se acumula en el soporte del cojinete y desagua a través de un drenaje en dicho soporte. Asegúrese de que este drenaje no se halla obstruido, pues de lo contrario el líquido en el soporte puede subir a un nivel en que entre en la cubierta del cojinete y contamine el aceite.

La empaquetadura debe cambiarse periódicamente. Cerciórese de que la nueva empaquetadura es del tipo y tamaño correctos. Si la empaquetadura se corta de rollo largo, debe cortarse de un largo ligeramente menor que las circunferencias del prensaestopas. Esto impide que los extremos sobresalgan y se encorven.

El corte de los extremos debe ser a escuadra, sin fibras que se extiendan por el frente. Se debe introducir cada anillo separadamente, empujándolo lo más posible dentro del prensaestopa y asentándolo firmemente. Alternar los anillos, a fin de que las juntas estén a 90 ó 180 ° de separación.

Una vez introducido el número requerido de anillos de empaquetadura, instalar el casquillo del prensaestopa y apretar sus tuercas a mano. Acto seguido, aflojar las tuercas hasta que el casquillo quede suelto. El apretamiento de las tuercas del casquillo debe hacerse uniformemente, para que el anillo no quede inclinado y para someter la empaquetadura a una presión uniforme.

La nueva empaquetadura debe tener el asentamiento debido.

Una buena práctica consiste en poner en marcha la bomba con el casquillo del prensaestopas bastante flojo. Después que la bomba ha estado funcionando de 10 a 15 minutos, aproximadamente, apretar gradualmente el casquillo del prensaestopas hasta que la fuga se reduzca a un goteo constante. La empaquetadura que está demasiado apretada en el prensaestopa será causa de una fricción indebida, dando lugar a una temperatura elevada que hará que aquélla se endurezca y hasta pueda rayar los manguitos del eje. La empaquetadura debe permanecer blanda y flexible.

*Precaución.* Tal vez sea imposible agregar el último anillo de la empaquetadura en el prensaestopa y sin embargo introducir el casquillo. Cuando este caso se presente, omita el último anillo de la empaquetadura y apriete el casquillo. Continúe apretando el casquillo a intervalos periódicos (diariamente), permitiendo el goteo apropiado, hasta que la empaquetadura se haya asentado por sí misma lo suficiente para permitir la introducción del anillo final.

*Mantenimiento general.* Debe conservarse un registro del funcionamiento de la bomba. Aunque esto no es absolutamente necesario, el registro puede resultar muy valioso para el diagnóstico de fallas. El registro debe incluir, además de las horas de funcionamiento, los ajustes y cambios de empaquetadura, cambios de aceite y adiciones, otros cambios de mantenimiento importantes, etc. Asimismo, debe incluir lecturas periódicas de succión de la bomba y presión de descargas, flujo de potencia de entrada, temperatura del líquido, niveles de vibración y ruido, así como mayor número de datos posibles.

Cualquier cambio significativo de estas lecturas, de los valores iniciales, son indicaciones de posibles fallas. Si la presión de succión desciende (sin que exista reducción en el nivel del pozo de aspiración), ello será indicación de una posible obstrucción en el filtro de succión o en las líneas de succión. Si la presión de descarga desciende a la misma presión de succión y flujo, esto será indicación de que el huelgo (luz) de los anillos desgastables es excesivo. Esto exige el reemplazo del anillo o anillos.

Muchas bombas tienen anillos reemplazables tanto en el rotor como en la carcasa.

Por regla general los huelgos de servicio deben ser de 0,003". No obstante, los anillos hechos de materiales especiales puede que tengan huelgos diferentes a los mencionados, por lo que debe consultarse con el fabricante en cuanto al huelgo apropiado.

Si la bomba también tiene anillos reemplazables en el rotor, la próxima reparación puede realizarse rectificando los anillos de la caja a una diámetro ligeramente mayor introduciendo anillos de rotor desgastables, de sobretamaño. Al renovar alternativamente o armonizar los juegos de anillos, cada anillo puede usarse dos o más veces.

Si la potencia requerida excede de los valores iniciales, mientras las presiones y capacidades siguen las mismas, es posible que el aumento se deba a un problema de fricción. Este defecto puede que radique en el prensaestopas, si la empaquetadura está demasiado apretada, o es posible que los rotores rocen contra la caja.

Un aumento en la temperatura del cojinete es una indicación definitiva de falla incipiente en el mismo. Lo primero que debe comprobarse es si la lubricación del cojinete es adecuada; y si la caja está enfriada por agua es necesario verificar si se suministra suficiente agua de enfriamiento al cojinete. A continuación, comprobar que los cojinetes no tienen una carga anormal. Esto podría ocurrir, como se ha indicado anteriormente, si el trabajo de la bomba se aparta considerablemente de lo que su diseño permite. En bombas de etapas múltiples, la carga excesiva en los cojinetes puede también ser el resultado de un aumento en los despegos de alguna junta, ya que la mayoría de las bombas de etapas múltiples se equilibran mediante fuerzas antagonistas generadas entre las diversas etapas. Si, debido a despegos excesivos, una etapa desarrolla menos altura de elevación que su contraria, el resultado de esto será una fuerza resultante que recargue el cojinete.

El exceso de vibración o de ruido siempre debe investigarse. La causa más común de estos males es que la bomba y el impulsor se han desalineado, debido a tensiones en la tubería o a otras razones. Otra causa corriente de vibración es la cavitación.

Si ambas cosas no sobrepasan los límites aceptables, es aconsejable que se abra la bomba y se compruebe si hay un eje doblado, paletas del impulsor rotas, etc. Observar, sin embargo, que cierto ruido y vibración es innato en toda bomba, dependiendo la magnitud de la velocidad, tamaño y servicio de la misma. Cuando las bombas se usan solamente en servicio intermitente o de emergencia, es una buena práctica poner la bomba en marcha unos minutos todos los días. De no ser posible, el rotor debe hacerse girar a mano varias veces, por lo menos un día a la semana.

Puesto que los diseños de las bombas son bastante diversos, es aconsejable comunicarse con el fabricante, a fin de pedir su ayuda en cualquier reparación general.

# CAPITULO XII

**Rectificadores industriales. Descripción de las partes críticas de estos elementos con el objeto de analizar su mantenimiento preventivo. Datos técnicos que deben considerarse para el registro de máquinas. Análisis de la frecuencia de inspecciones.**

Fundamentalmente, se hará referencia a los rectificadores a óxido de selenio, cuyo principal destino es la alimentación de baterías de acumuladores y que son los más difundidos en plantas industriales.

No se entra a analizar los principios de funcionamiento de los rectificadores, sino a estudiar las características de estos elementos y el estudio de los puntos críticos de mantenimiento.

Los rectificadores son elementos auxiliares de la planta que sirven para el servicio de iluminación o fuerza motriz de emergencia, señalización, comando de enclavamientos de aparatos eléctricos, etc. Las unidades *rectificadoras a selenio* vienen provistas de aletas de aluminio para facilitar el enfriamiento por libre circulación del aire o por ventiladores para circulaciones de aire más eficaces. La alimentación de corriente alternada a la unidad rectificadora puede estar formada por un transformador de capacidad adecuada, o directamente de la red de alimentación de corriente alternada de la compañía de electricidad, o de la central eléctrica particular de la planta. La corriente, convenientemente rectificada, alimenta la batería de acumuladores que da el amperaje y tensión requeridos por el servicio para el cual se han instalado las baterías.

La principal información que interesa conocer para el registro de máquinas es la que se pasa a detallar:

1)  Fabricante y marca de la batería de acumuladores y rectificador;

2)   Modelo y/o tipo (a selenio, vapor de mercurio, diodo, etcétera) ;

3)   Tensión de servicio, en voltios;

4)   Capacidad nominal de descarga continua de la batería. Por ejemplo, 270 Ah (amperios-hora) durante una autonomía (lapso de tiempo) de 10 horas;

5)   Intensidad normal de carga, en amperios;

6)   Número de elementos de la batería;

7)   Peso de cada elemento, en kg;

8)   Dimensiones principales de cada elemento, en mm;

9)   Dimensiones generales de la batería colocada sobre el soporte correspondiente, en mm;

10)   Electrolito empleado en la batería;

11)   Tensión y amperaje (carga) normales a la salida del rectificador;

12)   Tensión y amperaje (carga) máximos a la salida del rectificador;

13)   Dimensiones principales del rectificador, en mm;

14)   Rendimiento total del rectificador, en %. .

Los rectificadores deben tener una potencia adecuada a la batería de acumuladores que deben servir. La corriente de carga que brinda el rectificador se regula generalmente con la ayuda de una llave selectora con distintos puntos de ajuste. La capacidad, en amperios, de la llave selectora, es igual a la intensidad que ofrece el rectificador, pues de lo contrario se quemaría o sufriría recalentamientos que acortarían la vida útil de esta llave selectora e impediría el servicio continuado que se requiere del equipo.

La conexión eléctrica entre el rectificador y la batería de acumuladores está provista de un interruptor-conmutador para sacar fuera de servicio y conectar cuando ello sea necesario, o sea, para pasar del servicio de corriente continua al de corriente alternada.

Los acumuladores pueden ser del tipo de plomo en recipientes de vidrio montados sobre aisladores de porcelana sobre estantería de madera dura impregnada para estos usos (ver mantenimiento de maderas en el capítulo correspondiente de esta obra), aislada del suelo con tacos de vidrio. Todas las conexiones eléctricas efectuadas dentro del local destinado al rectificador y a la batería de acumuladores deben estar convenientemente protegidas contra la acción del ácido del electrolito. Para ello, las barras de cobre se recubren con barnices antiácidos o encintados aislantes especiales, que en el comercio, incluso, se venden en colores para diferenciar las fases conforme a los colores normalizados para ambas clases de corriente.

La capacidad de la batería viene determinada, como es elemental comprenderlo, en función de la carga máxima y continua que demandará cada uso (iluminación de la planta, por ejemplo) frente a un desperfecto de la central eléctrica.

Puede suponerse, por ejemplo, que la finalidad de la batería en la planta sea exclusivamente para servir 2 000 wats de focos de iluminación en 110 voltios de corriente continua que da la batería, o sea, 2 000/100 = 18 amperios, aproximadamente; prácticamente, 20 amperios servidos en corriente continua a 110 voltios. Será del todo suficiente una batería que brinde 100 Ah, o sea, de una capacidad de 100 Ah para una autonomía de iluminación de 5 horas o de 200 Ah para una autonomía de iluminación de 10 horas, es decir, durante toda la noche. Cabe señalar que las baterías, en general, son para una autonomía mínima de 10 horas. La capacidad de la batería será mayor en caso de necesitarse, además del servicio de iluminación, el accionamiento del comando de interruptores, señalización, etc.

Se debe en todo momento tener en cuenta la ventilación *del local* y *del propio rectificador*, la que a veces suele estar servida por ventiladores (uno o más) adosados al equipo rectificador-batería, cuya finalidad, entre otras, es la de brindar la refrigeración necesaria para evitar que el ácido hierva cuando está dando su carga máxima. En general, en instalaciones bien dimensionadas no es dable observar que el ácido hierva.

Conviene disponer de una señalización que indique cuándo el rectificador está en funcionamiento. Esto puede efectivizarse, por ejemplo, con una simple lamparita o alarma acústica.

El conmutador automático tiene la finalidad de conectar los circuitos de emergencia (de corriente continua), cuando falta la tensión de alimentación en corriente alternada, a los circuitos de iluminación de emergencia de la planta.

Las consideraciones que se terminan de hacer ya dan una idea de cuáles son los puntos críticos de estas instalaciones. La frecuencia de inspecciones, como siempre, está relacionada con las condiciones de trabajo de la unidad rectificadora.

Como en toda batería, en los acumuladores se verificará por lo menos *mensualmente* la densidad del electrolito.

*Mensualmente* se limpiará el conmutador y se verificará el estado general de la instalación.

Se comprobará también la lubricación, limpieza y ajuste de los ventiladores y aletas de ventilación de los rectificadores. *Anualmente* será suficiente lubricar los ventiladores y efectuar su limpieza general. Debe verificarse, al hacer la instalación de los ventiladores, el sentido de rotación de las paletas, pues girando en sentido contrario al indicado por el fabricante trabajará como extractor en lugar de hacerlo como impulsor.

Otro punto crítico de los ventiladores es su propia instalación eléctrica, la cual debe verificarse por lo menos *anualmente*, y en este caso comprobar que no hay ataques de corrosión.

Debe verificarse también la limpieza, estado y ajuste del interruptor horario o relé que temporiza el funcionamiento automático de los ventiladores, ya que no siempre éstos funcionan las 24 horas del día, sino sólo el tiempo de funcionamiento del rectificador.

Se verificará también *anualmente* en los ventiladores la fijación (ya que pueden estar empotrados en la pared de la sala de rectificadores) no sólo del bastidor que los sostiene, sino también de las paletas.

El estado de impregnación protectora contra el ácido del electrolito que tiene el estante de madera debe verificarse periódicamente y por lo menos *una vez por año*, al igual que la aislación antiácida de las barras conectoras de cobre.

*Semestralmente* conviene operar el rectificador para localizar *preventivamente* cualquier posible anormalidad. Para condiciones de servicio exigente, esta operación debe hacerse *mensualmente*.

Se revisará el estado de las placas de los acumuladores. Las cubas o vasos suelen tener un tapón para ventilación, el cual debe limpiarse, cuando ello sea necesario, para evitar la acumulación de polvo, pelusa, etc., que puede afectar la instalación, originando incendios. En los extinguidores de fuego debe renovarse la carga *anualmente*, como medida de seguridad.

La llave selectora debe lubricarse y limpiarse, verificando el correcto contacto en todas las posiciones. Esta operación debe hacerse *mensualmente*.

*Mensualmente* se verificará también que no haya aisladores rotos o con rajaduras, y se limpiarán prolijamente con trapos secos y limpios.

*Mensualmente* debe controlarse el correcto contacto de las placas de selenio, pues este buen contacto tiene una incidencia decisiva en el rendimiento del rectificador (densidad de la corriente que circula por las placas).

Las placas de óxido de selenio están complementadas y protegidas por cubiertas metálicas en íntimo contacto, para la recolección y conducción de la corriente continua que se transmite por las capas de selenio. El responsable de mantenimiento debe verificar el ajuste y correcto contacto entre placas, examinando las partes que conducen la corriente de placa a placa, sin recalentamientos originados por falta de limpieza o ajuste, o por la presencia de chisporroteo originado por una presión inadecuada entre el contacto y la placa, que terminará por destruirla.

Las unidades rectificadoras son muy susceptibles de ser atacadas por agentes atmosféricos tales como humedad y variaciones climáticas. También son susceptibles a las corrosiones electrolíticas. Esto exige el cuidado de la pintura en las placas, pintura que debe ser adecuada para la protección contra los agentes que se están comentando.

Conviene usar pinturas de secado rápido y efectuar el pintado en forma homogénea, evitando siempre escurrimientos y asegurando una eficiente protección contra la humedad y los agentes corrosivos.

Estos cuidados son fundamentales en unidades rectificadoras que tienen uso intermitente y/o espaciado, pues al enfriarse las placas se condensa sobre ellas la humedad del ambiente.

Algunos fabricantes de rectificadores aconsejan dar primero una mano de barniz aislante de secado rápido en contacto con el aire (como el utilizado para aislar los bobinados de los transformadores). Cuando este barniz ha secado convenientemente, debe darse una mano de pintura de buena calidad y de secado rápido, y finalmente una tercera mano de pintura de menos tiempo de secado aún que la segunda mano, es decir, una pintura que seque completamente en un lapso no mayor de un cuarto de hora.

# CAPITULO XIII

**Equipos para soldar. Consideraciones sobre la técnica de la soldadura. Análisis de la soldadura eléctrica y autógena, y sus empleos específicos. El factor humano en la soldadura. Tipos de máquinas para soldar. Análisis de la frecuencia de inspecciones. Repuestos críticos.**

Antes de comenzar a estudiar el mantenimiento de los equipos para soldar, se analizarán algunos conceptos sobre las soldaduras. En toda planta se practican comúnmente dos tipos de soldadura: la eléctrica y la autógena. El elemento de aporte para ambas se da a través de los electrodos.

Conforme al electrodo a utilizarse, deberá observarse, en el caso de la soldadura eléctrica, un amperaje y polaridad específicos.

Las juntas de los elementos a soldar deben estar en perfecto contacto durante la operación de soldadura, para reducir al mínimo las deformaciones en las superficies de las chapas cuando el trabajo haya quedado terminado. La distribución uniforme del calor tiene una importancia extraordinaria por la incidencia que tiene en la no formación de tensiones internas que se traducen en grietas y deformaciones. Las piezas o soldar, así como los electrodos a utilizar, deberán estar completamente secos en el momento de la soldadura. Los lugares destinados a soldar deben protegerse del viento y de la lluvia.

El jefe de mantenimiento, antes de tomar un operario soldador, debe tomarle un examen de suficiencia, pues sus futuros trabajos tendrán incidencia en los resultados de mantenimiento. Se prestará especial atención a la prolijidad y criterio que ponga en evidencia el postulante, como así también los cuidados y precauciones elementales que aconseja el buen sentido aplicado a estos trabajos.

Generalmente, se estiman como aceptables sobreelevaciones que no sean inferiores a 1/32″ ni superiores a 1/16″. El ancho de la costura se considera satisfactorio cuando, aproximadamente, es 1/8″ mayor que el ancho de la ranura entre dos chapas o soldar.

Un modelo de examen puede consistir en hacer soldar tres probetas de acero; si de esta prueba resultaran dos probetas defectuosas, el postulante debe ser eliminado; si sólo una probeta resultara con algún defecto (rotura, fisura, sopladura, etc.), se le harán soldar otras tres probetas, y si de esta nueva prueba una o más de ellas volviera a resultar defectuosa, el postulante será rechazado.

Antes de comenzar a soldar se eliminarán todos los rastros de suciedad, óxido, escorias, etc., que existan sobre la superficie a soldar. En las soldaduras por capas sucesivas se eliminará cuidadosamente toda la escoria de la capa anterior antes de aplicar la siguiente; para ello, se dejará enfriar suficientemente el cordón ejecutado. El diámetro de los electrodos a usar y el número de pasadas estarán de acuerdo con el espesor de las superficies a soldar.

No deben coincidir los puntos de dos pasadas consecutivas, y después de cada pasada debe removerse perfectamente la escoria y todo resto de escamas mediante cepillo de acero y herramientas de punta, debiendo cuidar también este detalle después de la última pasada de soldadura. Un trabajo bien realizado debe permitir resistir el 100 % de la carga de rotura del material soldado. Los electrodos serán aptos para constituir el material de aporte necesario en cada operación.

Es muy importante que el contenido de azufre en los electrodos esté reducido al mínimo, pues este elemento causa porosidad y grietas en las costuras terminadas. Lo mismo puede decirse del fósforo.

Según la composición química del revestimiento, como también del espesor del electrodo, se puede realizar la soldadura con ambas corrientes, es decir, alterna y continua, y con esta última conectando la varilla sobre el polo positivo o negativo indistintaménte. Los electrodos, en general, se venden para polaridad elegida. Con varillas especiales se suelda generalmente con el polo positivo.

En el lenguaje de los soldadores, al polo negativo se lo llama también *polo directo* y al positivo *polo reversible*.

El buen soldador, y esto es fundamental en mantenimiento, determina fácilmente la polaridad e intensidad necesarias para la soldadura correcta. La temperatura del arco en la soldadura eléctrica es del orden de los 3 000° C.

El revestimiento del electrodo tiene una influencia fundamental en la soldadura. No cualquier electrodo sirve para cualquier soldadura. La posición correcta del electrodo debe ser normal (perpendicular) a la pieza y el arco casi rasando a ésta.

Existe en la práctica un límite de espesor del material para decidir el empleo de la soldadura autógena o el de la soldadura eléctrica: hasta 2 mm de espesor de la chapa conviene usar la soldadura autógena; para espesores mayores de 2 mm conviene emplear la soldadura eléctrica.

En general, la soldadura autógena origina grandes concentraciones de calor, y esto ocasiona serias deformaciones, que se traducen en una alteración del material soldado con la formación de grietas y tensiones internas causantes de las *estricciones* en el material soldado.

La soldabilidad de los electrodos (varillas) está influida por las características de la máquina usada para soldar. Para facilitar el encendido del arco, las máquinas deben tener una tensión principal o en vacío del orden de 40-80 voltios para corriente continua y de 75-80 voltios para transformadores. Esta tensión principal se reduce durante la soldadura a 20-40 voltios. Esta caída de tensión inicial se reduce aún más por las diferentes intensidades de corriente demandadas por la naturaleza del trabajo que se está haciendo, cambios en la longitud del arco originados por el mismo soldador, pérdidas en los cables de la máquina, etc.

Las máquinas eléctricas para soldar pueden ser *estáticas* (con transformador) o *dinámicas* (rotativas).

En las *rotativas* se observa mayor aptitud (reacción) para el trabajo, es decir, la característica de estas máquinas y su ventaja estriban en una inmediata reacción u oposición a los cambios bruscos en las condiciones del arco (ley de Lenz), ocasionadas, por ejemplo, por un corto circuito.

La interrupción del *goteo* de material de aporte por un corto circuito (caída de tensión en el arco) debe durar apenas una centésima de segundo para que no se malogre la calidad de la soldadura. Para ello, la máquina debe contar con una buena inercia magnética, cualidad ésta que se da en las máquinas rotativas, manteniendo así la estabilidad del arco.

En la llamada soldadura *por puntos*, la misma se realiza sin suministrar material de aporte, fusionándose las dos piezas a soldar por el calor conseguido a través de la corriente que ofrece un transformador (soldadura estática por puntos) y la presión mecánica aportada.

En máquinas estáticas se recomienda el plan de inspecciones sugerido para los transformadores, pero teniendo en cuenta que en este caso la refrigeración de los bobinados se efectúa por la circulación natural o mecánica (ventiladores) del aire ambiente.

En las soldaduras rotativas se recomienda el siguiente plan de inspecciones:

*Mensualmente.* Verificar el estado y limpieza de los contactos del interruptor. Se recomienda depositar una ligera película de vaselina sólida o de grasa consistente (no ácida) sobre los contactos secos cuando la máquina está fuera de servicio durante lapsos prolongados de tiempo. En general, para el interruptor vale lo indicado en el capítulo correspondiente de esta obra.

Verificar el ajuste y la limpieza general de la máquina. La limpieza puede efectuarse con aire comprimido (a una presión no mayor de 2 kg/cm$^2$), o bien con una aspiradora y la ayuda de pinceles y trapos limpios y secos. Al respecto valen las consideraciones que ya se han hecho sobre la limpieza de los motores y generadores eléctricos en el capítulo correspondiente de esta obra.

Verificar con la ayuda de un destornillador (lo suficientemente largo), el estado de los cojinetes. Un suave zumbido denota funcionamiento normal. Ruidos ásperos o golpeteos indican la presencia de suciedad, y silbidos o chirridos denotan lubricación deficiente.

Comprobar el estado del colector y las escobillas. Teóricamente, no debería existir chisporroteo de ninguna índole al regular entre vacío y plena carga (para una posición constante de las escobillas). La formación excesiva de chispas es una anormalidad que, principalmente, tiene su origen en el estado del colector:

a)   El colector debe girar perfectamente concéntrico y su superficie pulida mostrar una coloración marrón-rojiza;

b)   Debe verificarse la presión de las escobillas (con ayuda de un dinamómetro) sobre el colector. La presión de las escobillas sobre el colector, normalmente, es del orden de los 200 g/cm$^2$. Igualmente, interesa el apoyo uniforme de las escobillas, asegurando así un contacto satisfactorio que no altere la densidad de corriente transmitida;

c)   Debe limpiarse el colector de toda grasitud y suciedad, lo cual puede lograrse con la ayuda de trapos limpios y secos;

d)   Las asperezas de los colectores se alisan con abrasivos especiales para colectores, aunque puede usarse el papel de lija fino. Las partes sobresalientes de la mica que se encuentra entre las delgas del colector pueden suprimirse con la ayuda de una hoja de sierra. Este trabajo debe ser hecho por un operario calificado.

*Anualmente.* De acuerdo con las condiciones de trabajo y horas de funcionamiento y criterio del jefe de mantenimiento, conviene, en general, limpiar a fondo todas las partes de la máquina y controlar los circuitos eléctricos (continuidad, ajuste, reposiciones, etc.).

Esta limpieza y verificación ha de incluir, por supuesto, a los cojinetes, cuyo examen, lubricación, limpieza y eventual desmontaje y cambio se hará conforme a lo ya explicado en el capítulo correspondiente a mantenimiento de cojinetes. Nunca debe lubricarse en forma excesiva un cojinete, pues esto es antieconómico y produce recalentamientos por deficiente disipación del calor generado. Este calor descompone la grasa, formando durezas que afectan las pistas de los mismos.

Conforme a la marca y tipo, conviene oír la opinión del fabricante sobre el tipo y calidad de lubricante o grasa adecuados a cada cojinete y a los esfuerzos que éste soporta (axial o radial).

Como *repuestos críticos* para estas máquinas, deben considerarse un *juego de escobillas*, un *juego de cojinetes* y, según el diseño del interruptor, un *juego de contactos*.

CAPITULO XIV

Protección contra incendios. Descripción de los elementos
e instalaciones ignífugas con el objeto de analizar su mantenimiento preventivo. Estudio sobre la naturaleza de los
extinguidores. Análisis de la frecuencia de inspecciones.

Las plantas industriales están provistas de defensas ignífugas
que, en general, comprenden una instalación de agua con su correspondiente tanque de reserva y equipos de bombeo para la alimentación de los rociadores (*sprinklers*), estratégicamente distribuidos en los cielorrasos de los distintos departamentos de la planta.
Independientemente, existen también sistemas fijos de aeroespuma para protección de los tanques de almacenaje de combustible y
aceites lubricantes (caso común en centrales eléctricas).

Este panorama de protección ignífuga queda completado, por
lo general, por algún equipo portátil (de aeroespuma, por ejemplo) y de extinguidores manuales (matafuegos, granadas de mano, etc.), convenientemente distribuidos.

En general, las compañías de seguros y de defensa pasiva es-
tablecen normas generales, tales como distanciamiento entre unidades y con respecto a otros edificios, exigencias de montaje para
tanques subterráneos de combustible, descarga de electricidad estática de instalaciones, etc.

El responsable de mantenimiento debe conocer y tener regis-
tradas las características generales de los equipos de bombeo, que,
para el caso de las bombas, además de lo especificado en el capítulo referente a bombas, pueden ser los siguientes:

1)  Presión de succión, en $kg/cm^2$;

2)  Presión de impulsión, en $kg/cm^2$;

3)  Diámetro de aspiración, en pulgadas;

4)  Diámetro de impulsión, en pulgadas.

Para la red de agua que alimenta el sistema de rociadores deberá conocerse el diámetro de las cañerías y la capacidad de los tanques. Todo esto deberá estar, en un plano, en la oficina del jefe de mantenimiento o de seguridad, donde se indican derivaciones, recorridos, etc.

En caso de existir, deberá también tenerse información sobre las instalaciones de espuma mecánica (cámara y generador de espuma), depósito emulsor, depósito dosificador, etc.

Los elementos portátiles están constituidos por equipos remolcables generalmente con rodado neumático, y aptos para generar cantidades apreciables y variables de aeroespuma, con alcances de lanzamiento y presiones también variables, conforme a las necesidades de cada planta. Están provistos de mangueras de lino con uniones de bronce mandriladas.

Los extinguidores de mano son utilizados para la defensa de sectores de la planta. Estos equipos funcionan a base de anhídrido carbónico y espuma química.

Se considera conveniente dar una idea de la naturaleza de los extinguidores más generalizados y que el uso ha impuesto con el nombre de *matafuegos*.

A base de agua, se encuentran en el comercio los llamados de *soda-ácido* (ácido sulfúrico más bicarbonato de soda), que se fabrican generalmente para 5 kg y 10 kg.

Los llamados *de espuma* pueden ser de acción química o mecánica. Tanto los de *soda-ácido* como los de *espuma* están clasificados en la *clase A* y son aptos para emplearse en incendios de papel, madera y, en general, para sólidos combustibles.

Por razones de seguridad, deben recargarse *una vez por año* en forma íntegra.

Los extinguidores de *soda-ácido* pueden accionarse por percusión y por inversión. Conviene recargarlos *anualmente*, debido a que el bicarbonato de soda precipita, depositándose en el fondo del recipiente. Además, el ácido sulfúrico va carcomiendo el tubo que lo contiene. Debido a esto, conviene vaciar el tubo, lavarlo bien con agua y volver a cargarlo.

Los extinguidores a base de *polvo seco* deben recargarse cada *dos años*. Se los llama de *polvo seco* porque son compuestos por bicarbonato de sodio y otros agregados químicos que no es del caso analizar aquí y que dependen del proceso de elaboración de cada fabricante.

Los extinguidores a base de *gas carbónico y agua pura* deben verificarse en su carga *anualmente*. Para ello, se controla el peso de gas carbónico y se repone la cantidad que se considere necesaria. El 70 % de la cantidad total se da como retención satisfactoria.

Tanto los de *polvo seco* como los de *gas carbónico y agua pura* están catalogados en la *clase C* y son aptos para instalaciones eléctricas. Como *clase B* se los conoce aptos para combustibles (polvo seco y espuma) y como *clase D* se los conoce aptos para incendio de metales, tales como vanadio, wolframio, etc., de mucha aplicación en EE. UU. para pruebas espaciales.

Las llamadas *granadas de mano* están destinadas a sofocar incendios de inflamables y combustibles.

Las *mangueras de lino* deben inspeccionarse cada *seis meses* y verificar su estado general con una prueba hidráulica (pinchaduras, suciedad, polilla, etc.).

Las lluvias de seguridad (rociadores o *sprinklers*) deben probarse *trimestralmente*.

Según la naturaleza de cada planta, conviene verificar *mensualmente*: alarmas, hidrantes, mangueras, baldes de arena (contenido, fijación, soportes, etc.), tanques de agua *ad-hoc*, trajes de amianto, frazadas y defensas varias.

# CAPITULO XV

**Transformadores industriales. Descripción de las partes críticas con el objeto de analizar su mantenimiento preventivo. Rigidez dieléctrica y acidez en los aceites aislantes. Ensayos y procedimientos para determinar el grado de acidez y la bondad de los aceites aislantes. Influencia y límites de temperatura en los bobinados y en el aceite. Reactivación de. sustancias hidrófugas (silicagel). Análisis de la frecuencia de inspecciones. Planilla para efectuar en el taller la inspección de un transformador desarmado y la extracción de datos técnicos para el registro de máquinas.**

Este capítulo se refiere fundamentalmente a transformadores trifásicos en baño de aceite, con enfriamiento natural y construcción apta para intemperie o bajo techo.

Se parte de la premisa que se trata de transformadores en servicio continuo, a una temperatura ambiente que puede llegar hasta 40° C y respetando los siguientes calentamientos límites: aceite, 50° C; arrollamientos, 60° C.

Las tensiones indicadas en la chapa de características se refieren al transformador en vacío (sin carga), cuya variación en más y en menos ($\pm 3\%$ y $\pm 5\%$) se realiza mediante un conmutador *a volante* y con el transformador desconectado de la fuente de alimentación.

Estos transformadores están provistos normalmente de los siguientes accesorios principales:

1) Conservador de aceite o tanque de expansión, nivel de aceite y deshidratador o secador de aire;

2) Grifo de purga (para extraer muestras de aceite mineral);

3) Ruedas para transporte, de movimiento en ambos sentidos e igual valor de trocha para los mismos.

Los transformadores están provistos con el aceite mineral correspondiente establecido por la norma IRAM 2 018.

Según su importancia, pueden estar dotados de relés Buchholz para protección contra sobrecargas y de termómetros de contacto para la lectura de la temperatura del aceite y/o los arrollamientos.

Los ensayos de los transformadores normalmente los realiza el fabricante (al igual que con todas las demás máquinas eléctricas).

Estos ensayos comprenden las pruebas de aislación, calentamiento a plena carga, pérdidas en el hierro ($P_{Fe}$) y en el cobre ($P_{Cu}$) y relación de transformación.

El ensayo de calentamiento se considera terminado cuando la temperatura no se incrementa en más de 1° C por hora en condiciones de plena carga y 40° C de temperatura ambiente.

Al instalarse los transformadores en aceite, deberá controlarse la resistencia dieléctrica del mismo.

Por resistencia dieléctrica debe entenderse (prácticamente) la oposición que ofrece el aceite a ser *perforado* por la tensión eléctrica.

Antes de conectar los transformadores deberá ensayarse la resistencia o rigidez dieléctrica del aceite mineral aislante y refrigerante, el cual, normalmente, debe dar un valor no menor de 25 kV para una distancia entre electrodos de 2,5 mm.

En caso de que el aceite aislante deba ser secado, se deberá cuidar que durante el proceso de secado (aproximadamente 72 horas) la temperatura no exceda de 110° C.

Los principales enemigos del aceite contenido en la cuba de un transformador son la humedad y las materias extrañas, las cuales producen una disminución de la rigidez dieléctrica. La *acidez* es causa de corrosión y de la formación de lodos, que se traducen en un recalentamiento progresivo. Esto, a su vez, origina mayor cantidad de impurezas, por lo que el deterioro es acumulable. Es importante que se corrijan tales inconvenientes antes de que lleguen a ser perjudiciales.

El peligro que ocasiona la falta de adecuadas inspecciones preventivas, particularmente en lo que se refiere a la *acidez* y *rigidez dieléctrica* (control de humedad y formación de sustancias gomosas por descomposición del aceite), es que el régimen de deterioro aumenta más rápidamente a medida que empeoran las condiciones del aceite refrigerante.

Las muestras de aceite se sacan en frascos de vidrio convenientemente limpios y secos. Estos frascos se presentan en el grifo de purga que está destinado a la extracción de cantidades de aceite del orden de un litro por cada ensayo realizado.

El grado de acidez se mide en función del valor de neutralización, que, cuando se trata de un aceite nuevo, es limitado a 0,05 mg de OHK/g (5 centésimos de miligramo de hidróxido de potasio por cada gramo de aceite mineral).

Este valor tiende a aumentar durante el uso, particularmente cuando el aceite no lleva aditivos. La formación de acidez puede controlarse filtrando el aceite regularmente, pero este método no es efectivo para restaurar un aceite en el cual la acidez está muy acentuada.

Si el valor de neutralización alcanza un índice de 0,5 mg de OHK/g (5 décimas de mg de hidróxido de potasio por gramo de aceite mineral), el aceite debe ser filtrado, y en lo sucesivo se lo debe probar a intervalos no mayores de 6 meses. Si se ha permitido que la acidez alcance un valor de 0,6 mg OHK/g, el aceite debe ser cambiado, y se procederá a limpiar la cuba del transformador con aceite limpio para eliminar todas las huellas de ácido, que de otra manera contaminarían el aceite nuevo. La rigidez dieléctrica debe probarse con un aparato normalizado. Este aparato tiene una separación entre electrodos y un diámetro en las esferas explosoras que varía con las diferentes normas en vigencia en los distintos países.

Según las normas VDE, el poder dieléctrico mínimo admisible para aceites aislantes de transformadores en servicio es de 80 kV/cm (o sea, 80 000 voltios para una separación entre fases de 1 cm).

Aun cuando no se disponga de un equipo de pruebas, el aceite debe ser examinado por lo menos *una vez al año* para condiciones de servicio normales (sin corto circuitos ni sobrecargas sostenidas), y las muestras tomadas deben someterse a pruebas cualitativas. Se debe observar el aspecto del aceite, y si hay signos de una coloración oscura, puede ser síntoma del comienzo de la formación de lodo.

La temperatura de los bobinados también debe medirse, pues el sobrecalentamiento es causante de formación de corrosión y lodos. La acidez del aceite está acompañada por la presencia de un olor penetrante. Al constatarse esto, se debe realizar una cuidadosa inspección en el interior de la caja para observar si hay signos de corrosión. Frecuentemente, el barro y la acidez aparecen juntos, pues son causa y efecto.

El aceite sometido a una temperatura excesiva sufre una disociación, lo que se traduce en una reducción excesiva de su *punto de inflamación*, juntamente con el aumento de acidez y la descomposición del aceite, que dan ese olor penetrante que caracteriza a estas anormalidades.

Todo cambio de aceite debe ir acompañado de un examen de los bobinados y conexiones internas para alta y baja tensión. A tales efectos, se adjunta en este capítulo una planilla para las inspecciones.

La presencia de humedad en el aceite puede ser fácilmente determinada por medio de una *prueba de crepitación*. Si hay humedad, se oye claramente cómo crepita. Este método consiste en calentar rápidamente el aceite dentro de un tubo de ensayo, hasta el punto de ebullición, sobre una llama silenciosa (mechero de Bunsen).

Otro método para efectuar la prueba de crepitación en el lugar consiste en calentar una varilla metálica (de un centímetro de diámetro, más o menos) hasta que tome un color rojo apagado y sumergirla en un recipiente limpio que contenga más o menos $\frac{1}{4}$ litro de aceite, el que debe agitarse con la varilla.

El aceite puede considerarse como suficientemente exento de humedad si no se lo oye crepitar al realizar la prueba sobre dos o tres muestras.

Los transformadores vienen dotados, según el origen de fabricación, de un recipiente que contiene una *sustancia hidrófuga* de origen mineral, llamada SILICAGEL. La frecuencia con que este *secador* necesita atención depende de la humedad y de la cantidad de aire intercambiado, lo cual varía con la carga del transformador y la temperatura ambiente. *Mensualmente* debe observarse la coloración de la silicagel, pues cuando está seca y su estado es activo muestra un color azul oscuro, mientras que cuando está saturada su color cambia a un rosado blancuzco. En este estado, la silicagel debe cambiarse sin demora, siguiendo este procedimiento:

1)  Sacar el aparato que contiene la silicagel;

2)  Sacar el contenido del interior del recipiente saturado de humedad y reponer silicagel nueva o reactivada;

3)  La silicagel retirada y saturada de humedad puede reactivarse en un horno, calentándola hasta una temperatura de 150° C, aproximadamente, manteniendo esta situación hasta que toda la masa muestre nuevamente la coloración azul que caracteriza su estado activo;

4)  Hasta el momento en que se use nuevamente el elemento reactivado debe guardarse en un lugar seco y cálido.

La idea de que un transformador en servicio no necesita mantenimiento puede tener consecuencias graves. Es esencial, como para cualquier otra máquina o aparato, una cuidadosa inspección.

A pesar de todas las precauciones, es inevitable que el transformador pueda absorber humedad. Esta anormalidad lleva a la necesidad de comprobar el estado del aceite. La hermeticidad del transformador y la observación de las sustancias higroscópicas (silicagel, etc.) deben comprobarse por lo menos mensualmente para inspeccionar el estado de las juntas y el color de la silicagel. Igualmente, debe ser observada la temperatura del aceite y de los bobinados cuando el transformador está sometido a sobrecargas prolongadas e intensas.

La tapa de los transformadores está unida a la cuba mediante una junta de corcho o de caucho convenientemente barnizada y fijada con goma laca, para asegurar un cierre hermético y estanco. Debe verificarse la presión uniforme de las tuercas de la tapa para evitar las pérdidas que pudiera permitir la junta. Lo mismo debe hacerse con la tapa del tanque de expansión. Después de un corto circuito el aceite debe examinarse para determinar el grado de acidez y de aislación que tiene. El nivel de aceite debe verificarse diariamente, así como también la limpieza externa de la cuba y del tanque de expansión, observando siempre las normas de seguridad que exigen las máquinas bajo tensión.

En los aisladores se usan diferentes materiales para las juntas, según la construcción de los mismos y el modo en que se ejerce la presión.

Al reemplazarlos es conveniente oír la opinión del fabricante de aisladores respecto del material y pasta que ha de usarse en la junta.

Las juntas de corcho están muy generalizadas para aisladores de transformadores e interruptores en baño de aceite.

Las filtraciones a través de las juntas de corcho, debidas a presión desigual o incorrecta, generalmente sólo pueden eliminarse con el reemplazo de la junta.

Estos componentes necesitan cubrirse con una capa de pasta especial a fin de obtener un cierre satisfactorio.

Las filtraciones a través de juntas hechas de materiales como el caucho, causadas por presión desigual o incorrecta, generalmente pueden evitarse corrigiendo la presión.

El nivel correcto de aceite, cuando la temperatura del ambiente y del aceite es de 25° C, viene señalado convenientemente en el mismo nivel, el cual puede estar ubicado a un costado del

*Fecha :..............*

## FICHA PARA INSPECCION DE TRANSFORMADOR

*Marca:................ Tipo:............... Potencia:........KVA, Nº de fábrica:.........*
*Fecha :...................1ª Instalación:........................................................*
*Fecha :................... Retiro :...............................................................*
*Causa aparente del retiro :....................................................................*
*Tiempo de servicio:........................................ Carga máxima:................KVA.*
*Ultimo análisis: Fecha:.............Rig.Diel.:.......KV/cm, Acidez.............mgKOH/g.*

### ANORMALIDADES ENCONTRADAS

*Arrollamientos:...............................................................................*
*...................................................................................................*
*Pernos:...........................................................................................*
*Pierde aceite por la junta de los aisladores A.T./B.T/TAPA:.......................*
*Aceite: Color:...............Olor:.........Aspecto:Traslúcido/Opaco..........*
*Hay sedimentos sobre el núcleo?..........................................................*
*Pernos de sujeción del núcleo flojos :...................................................*
*Conmutador:....................................................................................*
*Conexiones de A.T.:...........................................................................*
*Conexiones de B.T.:...........................................................................*
*Cuba :............................................................................................*
*Tanque de expansión:........................................................................*
*Tubo de nivel de aceite :....................................................................*

### TRABAJOS A EFECTUAR : *Solicitar presupuestos para orden de re*
*paración/Dar de baja/lavar a fondo/Cambiar aceite/Probar con ten*
*sión,en c.c. y medir aislación/Cambiar juntas de tapa-aisladores de*
*A.T.-aisladores de B.T./Cambiar aisladores de A.T.-B.T./Soldar, deso-*
*xidar,pintar la cuba/Arreglar tanque de expansión/Cambiar tubo de*
*nivel............................................................................................*

### OTROS :*.........................................................................................*
*...................................................................................................*
*...................................................................................................*

tanque de expansión. Generalmente, una marca en rojo está trazada en la mitad del nivel, pues cuando el transformador comienza a tomar carga al entrar en servicio, el aceite, debido al movimiento de convección que realiza dentro de la cuba y a su dilatación, eleva considerablemente su volumen.

La poca cantidad de aceite puede originar recalentamientos y fallas en la aislación de los bobinados, y la mucha cantidad, al entrar en servicio el transformador, aumentará la presión en la cuba y forzará su paso al exterior a través de las juntas, tanto de la tapa como de los aisladores.

Todas las consideraciones que se han hecho para los transformadores en servicio deben tenerse en cuenta para los transformadores almacenados, que necesitan estar disponibles ante cualquier emergencia del servicio.

**Interruptores. Consideraciones y estudio sobre el servicio de estos aparatos. Influencia del corto circuito en las partes críticas de los interruptores. Análisis de la frecuencia de inspecciones en función de las condiciones de servicio. Estudio de la operación y mantenimiento de los relevadores (relés). Repuestos críticos de los interruptores. Planilla para el registro de datos técnicos y anormalidades encontradas en la inspección.**

La frecuencia de inspección de los interruptores (contactores, disyuntores, etc.) depende principalmente de las condiciones de servicio y ambientales en que operan estos aparatos. ·

Es imprescindible la inspección después de producido un corto circuito. De no producirse esta anormalidad, la frecuencia de inspección puede dilatarse a una vez por año.

En los contactores sometidos a un servicio intenso debe hacerse una inspección detenida por lo menos *mensualmente*.

Para los interruptores en baño de aceite valen las mismas consideraciones efectuadas para los transformadores en baño de aceite. De la misma forma que en éstos, debe analizarse el aceite mineral que cumple un triple papel: como aislante, como refrigerante y como extinguidor del arco eléctrico al efectuarse la interrupción del circuito.

Los interruptores operan exclusivamente frente a corto circuitos. No son elementos destinados a la protección contra sobrecargas. Esta misión la cumplen los contactores, los cuales están dotados de relés térmicos. Los interruptores, en cambio, están dotados de relés de intensidad máxima, temporizados a las condiciones de servicio convenidas.

El análisis del aceite mineral tiene la misma finalidad que en los transformadores, o sea, la de verificar la rigidez dieléctrica y la acidez.

La acidez es causante de la formación de sustancias gomosas y lodos, corrosión y descomposición orgánica del aceite, elementos éstos que disminuyen o neutralizan la función refrigerante y aislante que cumplen los aceites minerales.

El análisis, de no mediar un corto circuito, debe efectuarse por lo menos una vez por año.

Con igual frecuencia deben maniobrarse estos aparatos, abriendo y cerrando sus contactos, con lo cual se verifica el estado general del accionamiento.

Al dejar fuera de servicio los interruptores, debe efectuarse una cuidadosa limpieza de sus distintas partes y elementos.

El polvillo metálico o de cobre adherido en los interruptores y contactores se quita fácilmente con un pincel, y las perlas de cobre, con un cepillo suave de alambre.

Conforme a las indicaciones dadas por el fabricante, se realizará la lubricación de aquellas partes que se especifiquen.

La limpieza interior de la cuba, para el caso de interruptores en baño de aceite, debe efectuarse con disolventes, o bien con un aceite liviano, tipo SAE 10, calentado a unos 70° C.

El estado de los contactos requiere una atención muy cuidadosa, sobre todo si el interruptor ha funcionado bajo los efectos de corto circuitos.

Si los contactos son de plata, la limpieza se hará con trapos limpios que no formen pelusa e hilachas. Estos se embeberán ligeramente con tetracloruro de carbono. Nunca debe emplearse tela esmeril para frotar, pues las partículas, al aglomerarse, pueden aislar los contactos. De ser necesario, se efectuará un ajuste con una lima fina y bien limpia.

No se entrará a analizar la naturaleza del corto circuito, pero sí se mencionará que durante la apertura de los contactos se forma entre ellos un arco de temperatura elevadísima (2 000° C a 3 000 grados centígrados).

Esta formación de calor es más que suficiente para fundir y vaporizar instantáneamente la superficie de los contactos en sus extremidades. Interrumpir el circuito significa extinguir el arco eléctrico que se forma. Para evitar la destrucción de los contactos, y con ello del aparato, es necesario cortar lo más rápidamente posible el arco entre aquéllos. Cumplido esto, no sólo se conseguirá una extinción rápida, sino que se evitará que el arco se reencebe al aparecer de improviso la tensión.

Cuando los contactos se tocan, la diferencia de tensión entre ellos es nula, pero tan pronto se abre el circuito y se interrumpe la corriente, la diferencia de tensión entre los contactos abiertos alcanza el valor de servicio o régimen.

La presencia del arco involucra una ionización del espacio que rodea a los contactos abiertos, o sea que existe un medio conductor a través del cual se facilita la descarga eléctrica.

Por esta razón, interesa que la rigidez dieléctrica del aceite o del aire tenga un valor aislante suficiente para que la diferencia de tensión entre los contactos no perfore el ambiente dieléctrico. La perforación del aceite o del aire involucra nuevamente la formación del arco y la fusión metálica.

Al inspeccionarlos, deberá verificarse la superficie real de contacto entre ellos, la cual no puede ser inferior al 75 %.

Un procedimiento para realizar esta verificación consiste en cerrarlos, interponiendo un trozo de papel de seda y otro de papel carbónico con la parte copiativa unida al papel de seda.

La disposición será similar a la efectuada para sacar copias con máquina para escribir.

Al cerrar y abrir los contactos, la impresión dejada por el carbónico sobre el papel de seda servirá para verificar la superficie efectiva de contacto.

Como mínimo, este trabajo, en condiciones normales, debe hacerse una vez por año e inmediatamente después de cada corto circuito.

Las superficies de los contactos no deben estar pulidas; con una lima fina sólo se rebajarán asperezas y formaciones carbonosas. En interruptores al aire y con sus contactos normalmente abiertos, debe efectuarse una limpieza de los mismos con un trapo seco embebido en un disolvente, como el tetracloruro de carbono. Se probará, por lo menos anualmente, el mecanismo de accionamiento y se repondrá la lubricación que sea necesaria.

Los relés también serán verificados por lo menos anualmente. Después de limpiarlos, revisarlos y ajustarlos, previo corte de la tensión eléctrica como medida de seguridad elemental, se verificará la calibración, comprobando su accionamiento bajo condiciones de servicio simuladas por resistencias de carga. Se verificarán los ajustes de tiempo en función de la intensidad bajo la cual el relé debe funcionar.

Todo recalentamiento que se observe en las conexiones será indicio de sobrecargas, y éstas deberán ser controladas conforme a las necesidades de cada servicio. Se revisarán y ajustarán las conexiones y se repondrán las piezas gastadas.

Anualmente se verificarán también los aisladores y el estado de las juntas en los interruptores dotados de aislación con aceite. Deberá observarse siempre la más estricta limpieza; sobre todo, se eliminará con la mayor frecuencia posible el polvo que se va depositando sobre los distintos componentes.

Esto reviste especial importancia para las chapas de características de los relés, en donde se encuentran graficadas las curvas características de funcionamiento.

Si las condiciones de servicio lo permiten, conviene efectuar el accionamiento del interruptor por lo menos mensualmente, para verificar la función protectora de los relés al provocar el desenganche automático del accionamiento.

Estas circunstancias serán analizadas en cada caso por el jefe de mantenimiento.

## INSPECCION DE INTERRUPTORES

*Fecha*....................

*Ubicación* :....................................................................

....................................................................

*Destino de los interruptores* :....................................

*Marca* :....................*N.º de fábrica* :..............*N.º de plano* :............

*Tipo* :....................*Serie* :....................*Capacidad de ruptura* :........

*Tensión nominal* :....................*Intensidad nominal* :..........

### RELEVADORES

*Cantidad* :....................*Marca* :....................*Intensidad nominal* :..........

*Tipo* :....................*Clase* :....................*Intensidad ajuste* :............

*Ajuste: Instantáneo - Retardado.*

### ANORMALIDADES ENCONTRADAS.
*(Subrayar la anormalidad encontrada)*

*Maniobra manual :*  
*Maniobra a distancia :*  
*Fallas mecánicas :*  
*A) Accionamiento :*  
*B) Interruptor :*  
*Aisladores rotos :*  
*Sucio :*

*Contactos :*  
*A) Desajustados :*  
*B) Deteriorados :*  
*Nivel aceite bajo :*  
*Pierde aceite :*  
*Aceite sucio :*  
*Nivel roto :*

### TRABAJOS REALIZADOS

....................................................................

....................................................................

....................................................................

....................................................................

## REGISTRO PARA INTERRUPTORES

EMPEZADA:..........................

TERMINADA:..........................

| N.º DE FABRICA | N.º DE PLANO | MARCA | TIPO | SERIE | TENSION NOMINAL | INTENSIDAD NOMINAL | CAPACIDAD DE RUPTURA |
|---|---|---|---|---|---|---|---|
|  |  |  |  |  |  |  |  |

### INSTALADO / RETIRADO

| FECHA | DESTINADO | FECHA | CAUSA |
|---|---|---|---|
|  |  |  |  |
|  |  |  |  |
|  |  |  |  |

### RELEVADORES

| CANTIDAD | MARCA | CLASE | TIPO | CLASE DE AJUSTE | INTENSIDAD NOMINAL | INTENSIDAD AJUSTE | FECHA |
|---|---|---|---|---|---|---|---|
|  |  |  |  |  |  |  |  |
|  |  |  |  |  |  |  |  |

### REVISIONES / VERIFICACION DEL ESTADO DEL ACEITE

| FECHA | TRABAJOS REALIZADOS | FECHA | ACIDEZ | PODER DI-ELECTRICO | MEDIDAS ADOPTADAS |
|---|---|---|---|---|---|
|  |  |  |  |  |  |
|  |  |  |  |  |  |
|  |  |  |  |  |  |
|  |  |  |  |  |  |
|  |  |  |  |  |  |

### ULTIMA REVISION / UBICACION

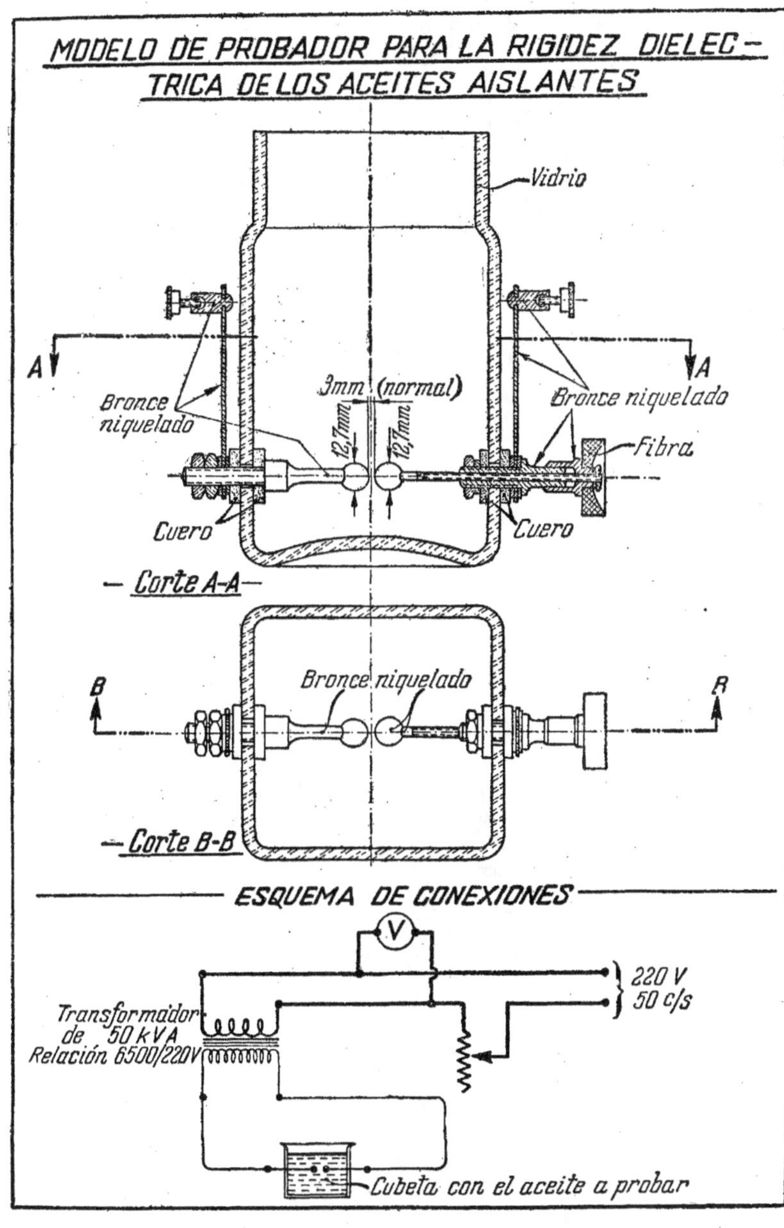

MODELO DE PROBADOR PARA LA RIGIDEZ DIELEC-
TRICA DE LOS ACEITES AISLANTES
Vidrio
A
A
3mm (normal)
12,7mm
12,7mm
Bronce niquelado
Bronce niquelado
Fibra
Cuero
Cuero
— Corte A-A —
Bronce niquelado
B
B
— Corte B-B —
ESQUEMA DE CONEXIONES
V
220 V
50 c/s
Transformador
de 50 kVA
Relación 6500/220V
Cubeta con el aceite a probar

**Equipos electrógenos. Estudio sobre las condiciones de trabajo y su influencia en el mantenimiento preventivo. Análisis de la frecuencia de inspecciones en función del tiempo y condiciones de servicio de los motores diesel y de los generadores de corriente continua y alternada. Aislación y secado de las máquinas eléctricas acopladas a los motores de combustión interna.**

Sobre este aspecto, lo más racional es que la planta tenga, como mínimo, dos grupos o equipos electrógenos, y, de permitirlo la gerencia, sería deseable un tercer equipo como reserva, con una potencia de la mitad de los anteriores. La situación óptima sería que trabajara cada equipo 12 horas por día, sobre la base de 24 horas de producción de la planta, es decir que cada equipo tendría que absorber cómodamente la carga de la planta. Por cómodamente debe entenderse que el equipo esté trabajando al 75 % u 80 % de su potencia nominal, siendo la nominal la potencia para la cual se ha fabricado el equipo y cuyo valor está indicado en la chapa de características tanto del motor de combustión interna (en HP) como en el alternador (kVA).

El mantenimiento de los equipos electrógenos tiene características propias que dependen de cada fabricante; no obstante esto, hay normas de conservación que la experiencia de trabajo con estas máquinas confirma como comunes a todos los casos.

En general, el mantenimiento es una función directa de las horas de marcha diaria que tiene el equipo. A esto tenemos que agregar la duración de las horas de máxima carga (picos) y las condiciones ambientales y exigencias del servicio.

En lo que sigue se darán algunas indicaciones que, en general, son comunes a todos los equipos electrógenos. Para condiciones especiales de carga y horas de funcionamiento y cantidad razonable de repuestos, conviene, como siempre, consultar las especificaciones que cada fabricante recomienda en cada caso.

Las frecuencias de inspecciones que siguen están basadas en el supuesto de que el motor trabaja en condiciones promedio de 8 horas diarias. Las frecuencias serán modificadas en cada caso de acuerdo con las horas de operación y con la experiencia del responsable de mantenimiento y operación del equipo electrógeno. Debe agregarse que los fabricantes dan profusa información referente a las tolerancias permitidas en las piezas, las cuales, como es obvio, deben verificarse al programarse las inspecciones.

*Diariamente.* Comprobar el nivel de aceite lubricante en el depósito y reponer lo que sea necesario.

Lubricar las partes visibles en movimiento (botadores de las válvulas, etc.). Sólo serán necesarias unas pocas gotas de aceite; el exceso se traducirá en depósitos carbonosos que perjudicarán los elementos expuestos a temperatura.

Al poner en marcha el equipo se verificará la presión del aceite lubricante. Si algún eje está dotado de anillos *rascadores de aceite,* se verificará que éstos, al girar, levanten bien el aceite y no haya recalentamientos.

Comprobar la temperatura del agua de refrigeración y la del aceite lubricante cuando el equipo trabaja normalmente y cuando entregue su carga máxima.

Verificar todas las cañerías y las juntas para investigar posibles pérdidas o fugas.

*Semanalmente.* Limpiar el filtro de lubricante y de combustible. Purgar el agua del botellón de aire comprimido.

De acuerdo a lo indicado en el *libro de guardia,* se verificarán los consumos específicos de aceite lubricante y combustible (gramos por HP/hora). Cualquier aumento con respecto a lo especificado por el fabricante estará indicando un deterioro de los aros del pistón y/o de las válvulas. Esto evidenciará la necesidad de descarbonizar las válvulas y pistones y de esmerilar las válvulas.

*Mensualmente.* Retirar las puertas del cárter y examinar todas las tuercas, bulones y chavetas de los cojinetes de bancada y de biela.

Controlar que todo está perfectamente ajustado. Operar la bomba manual de aceite lubricante y verificar que todos los casquillos (cojinetes) están obteniendo un suministro adecuado de aceite.

Retirar y limpiar los filtros de aire.

Comprobar el juego de los botadores y su ajuste.

Retirar y limpiar las toberas de combustible.

Limpiar el filtro de combustible y extraer los sedimentos del tanque diario de combustible.

*Semestralmente.* Medir la flexión del cigüeñal y verificar las tolerancias en los cojinetes de bancada. Si el servicio lo requiere, esta operación se hará mensualmente.

Limpiar el intercambiador de calor y el enfriador de aceite. Revisar el árbol de levas.

*Anualmente.* Conviene, una vez por año, sobre todo en época de vacaciones de la planta, hacer un reacondicionamiento general del motor.

Desmontar las cabezas de los cilindros y descarbonizar. Se hará un esmerilado cuidadoso de las válvulas de admisión y escape. Se verificará que las picaduras en los asientos han sido pulidas. El sistema de aire comprimido para el arranque debe ser objeto de un examen y limpieza. Retirar ordenadamente los pistones y limpiarlos. Examinar los cojinetes de biela y los aros del pistón, y verificar las tolerancias (luces). Reemplazar las partes gastadas o rotas por otras, indicadas siempre por el fabricante. Verificar que los aros del pistón tienen la debida libertad para deslizarse y girar en sus ranuras.

Inspeccionar el estado de los cojinetes de biela y bancada, y observar las tolerancias.

Inspeccionar los muñones de biela y bancada del cigüeñal.

Limpiar completamente el sistema de aceite lubricante y recargar con aceite limpio.

Limpiar bien el agua acumulada en las culatas y cilindros.

Verificar y examinar los bulones de biela para ver si están rajados, torcidos o estirados, y efectuar los reemplazos necesarios por bulones nuevos.

Inspeccionar todos los engranajes y comprobar las tolerancias (luces). No vacilar en reemplazar las piezas gastadas o en estado dudoso que permitan nuevamente un funcionamiento sin problemas durante el próximo año.

Antes de proceder al desarmado anual del motor, deben planificarse y programarse los materiales, herramientas, mano de obra y elementos necesarios para ubicar y limpiar ordenadamente todos los componentes del motor.

Será conveniente disponer de mesas y/o tablones limpios con caballetes para ubicar las piezas, así como también trapos limpios y secos, y elementos de limpieza tales como cepillos, esmeriles, desengrasantes, lubricantes, solventes, desincrustantes, rasquetas, etcétera. Este ordenamiento previo hará que se eviten pérdidas de tiempo inútiles.

Si se va a considerar el mantenimiento en función de las horas de marcha del equipo, los fabricantes, en general, aconsejan las siguiente frecuencias promedio para las inspecciones preventivas:

*Válvulas.* Limpiar y esmerilar cada 1 500 horas de funcionamiento.

*Cárter.* Cada 500 horas de funcionamiento sacar las puertas de inspección y verificar el ajuste y estado de tuercas, chavetas y cojinetes.

*Pistones.* Cada 1 500 horas de funcionamiento deberán retirarse para limpieza y verificación del estado de los aros.

*Cigüeñal y cojinetes.* El estado del cigüeñal, cojinetes de bancada y de bielas debe examinarse cuando se extraen los pistones, o sea, cada 1 500 horas de funcionamiento. Se determinará la flexión del cigüeñal y se verificarán las tolerancias de los cojinetes de biela y bancada. En lo posible, debe evitarse rellenar los casquillos con metal blanco antifricción. Es siempre más conveniente colocar cojinetes nuevos cuando sea necesario su reemplazo.

*Filtros de aire.* Deberán limpiarse cada 500 horas de servicio. Se lavan con querosene y se dejan escurrir después de haberlos retirado del motor. Es conveniente sumergirlos, después de limpios, en un baño de aceite viscoso, dejándolos escurrir, a efectos de que retengan mejor el polvo y las impurezas del medio ambiente.

*Toberas de combustible.* Cada 500 horas deben inspeccionarse y limpiarse. En un motor nuevo, o después de cualquier cambio de combustible, se recomienda que se inspeccionen y se limpien las toberas frecuentemente (por ejemplo, cada 50 horas de funcionamiento), hasta que la experiencia demuestre con qué frecuencia debe hacerse la inspección y limpieza. Estas precauciones evitarán graves inconvenientes en la alimentación y estado del motor.

*Enfriador del aceite lubricante.* Deberá desmontarse y limpiarse de sedimentos e incrustaciones por lo menos cada 1 000 horas de servicio.

*Filtro de aceite lubricante y combustible.* Limpiar cada 500 horas.

En lo referente al generador de corriente continua (generador) o de corriente alternada (alternador), vale todo lo dicho en el capítulo sobre motores y generadores eléctricos.

Deberá prestarse mucha atención a la limpieza general y lubricación de los cojinetes.

Las escobillas deben inspeccionarse, término medio, cada 100 horas de servicio, observando la presión correcta sobre el colector. Esta presión es del orden de 200 g/cm$^2$ y puede determinarse con la ayuda de un dinamómetro. Al detallar el mantenimiento de los generadores en equipos de soldar se dan más indicaciones sobre estos elementos.

*Mensualmente* se limpiarán los anillos colectores y se observará su coloración, estado y desgaste. La coloración normal del colector es marrón rojiza. Su limpieza debe efectuarse con un trapo limpio y seco, y en caso de ser necesario el torneado, esta operación debe efectuarla un operario calificado. Las micas que sobresalen (son más duras que el cobre del colector) pueden rebajarse con ayuda de un sierra para metales (0,5 mm a 1 mm por debajo del extremo de las delgas).

Las máquinas para ambas tensiones, si han estado almacenadas o están húmedas, deben verificarse en su resistencia de aislación antes de ponerlas en marcha. La resistencia de aislación se medirá conforme a lo indicado en el capítulo sobre motores y generadores. Si el valor de la aislación no es satisfactorio, debe ser la máquina eléctrica secada y limpiada hasta obtener los valores indicados por las normas.

La resistencia de aislación debe ser por lo menos igual al valor mínimo dado por la fórmula (en este caso, la tensión nominal y la potencia son los indicados en la placa de características de la máquina).

El mejor método para secar la máquina es poniendo en corto circuito los terminales de la misma a través de amperímetros adecuados y hacer circular la corriente de plena carga del estator (alternadores) mientras la máquina es hecha girar a su velocidad nominal.

Los alternadores deben ser secados durante 6 horas como mínimo, y luego se mide nuevamente la resistencia de aislación; si ésta resulta baja, la máquina debe secarse durante más tiempo.

Otro método para secar alternadores es hacer circular aire caliente por el mismo. Esto puede ser llevado a cabo de la misma forma que lo indicado para los generadores y motores eléctricos, o sea colocando estufas eléctricas dentro y/o fuera de la máquina. Se debe tomar el cuidado de que ninguna de las partes de los arrollamientos supere los 90° C de temperatura, controlada cuidadosamente con la ayuda de termómetros.

# CAPITULO XVIII

**Motores y generadores eléctricos. Análisis de la frecuencia de inspección en función de las horas de trabajo y condiciones de servicio. Instrumental eléctrico necesario para efectuar las inspecciones y mediciones eléctricas. Procedimientos para el secado de los devanados. Normas para efectuar la limpieza de estas máquinas. Cables eléctricos. Análisis de su mantenimiento preventivo en función de las condiciones de servicio.**

Al efectuar la inspección de motores eléctricos debe prestarse especial atención a la presencia de ruidos o calentamientos anormales. Por calentamiento anormal debe entenderse aquel que sobrepasa de 45° C en relación con la temperatura ambiente (20° C).

La frecuencia de inspección de los generadores y motores eléctricos depende no sólo de las condiciones de servicio, más o menos exigentes, sino de las condiciones ambientales dentro de las cuales trabajan. La experiencia de cada jefe de mantenimiento será definitoria para determinar el plan de inspecciones más racional y económico.

Como siempre, las frecuencias que se sugieren tiene un carácter orientativo. Las mismas están referidas a condiciones y situaciones de servicio normales. No se considera, entonces, la influencia de atmósferas especiales o impregnadas de polvo y cuerpos extraños, así como también de calores excesivos, humedad, vapores corrosivos, etc.

*Semanalmente.* Comprobar la limpieza exterior de las máquinas. Comprobar, por medio del tacto, la temperatura de las carcasas, y por medio del oído, la presencia de ruidos anormales.

Con el sentido del olfato se apreciará el efecto de sobrecargas por alteración de los aislantes en los devanados (bobinados).

Verificar la presencia de vibraciones en las bases de fundación y el ajuste de los bulones de anclaje.

Verificar la uniformidad del entrehierro. Para esto, se hará girar el eje y se observará la normalidad del movimiento.

Comprobar el estado de los colectores, observando el color y el aspecto de la superficie (manchas, asperezas, etc.).

Examinar las escobillas, y verificar su tensión y desgaste.

Verificar la limpieza de los canales de ventilación.

Estando la máquina detenida y desconectada de la red de alimentación, se verificará la limpieza de los devanados. La limpieza de los mismos se efectuará con la ayuda de un aspirador o compresor con aporte de aire seco y limpio, y con la ayuda complementaria de trapos y pinceles. Se verificará también que no haya humedad acumulada en el fondo de las carcasas.

Se eliminará completamente la presencia de grasa o aceite mezclados con polvo.

A tal fin, se hará uso de disolventes especiales. Entre éstos es recomendable el tetracloruro de carbono, por ser un líquido no inflamable. Exige, no obstante, la precaución de trabajar en locales con buena ventilación, pues sus emanaciones son tóxicas.

Verificar la correcta puesta en marcha de las máquinas para comprobar si alcanzan la velocidad nominal especificada por los fabricantes.

*Mensualmente.* Comprobar la limpieza y ajuste de todas las conexiones eléctricas.

Comprobar el ajuste y limpieza de los contactores, relevadores térmicos, etc. Las tapas deben estar bien apretadas para evitar la introducción de polvo y demás sustancias indeseables.

La limpieza de los contactos de plata debe efectuarse con la ayuda de trapos secos y limpios, ligeramente embebidos en tetracloruro de carbono. Nunca debe usarse tela esmeril, pues sus partículas pueden aislar los contactos. Puede, en cambio, emplearse una lima fina y limpia, con la cual se retocarán los contactos en caso de ser ello estrictamente indispensable.

La correcta presión de las escobillas sobre los anillos colectores debe verificarse con la ayuda de un pequeño dinamómetro. La tensión correcta es normalmente del orden de 150 g a 200 g por centímetro cuadrado.

Reemplazar las escobillas que estén gastadas o con roturas y agrietamientos. Al efectuarse los reemplazos no debe cambiarse la calidad de las escobillas. Estas deben desgastarse en el sentido de rotación del colector y jamás en sentido normal al de rotación.

En todos los casos conviene oír la opinión del fabricante referente al reemplazo más conveniente y adecuado.

Comprobar el estado del colector por si hubiese delgas con anormalidades, micas sobresalientes, asperezas, rayaduras, recalentamientos, falsos contactos, etc. La limpieza debe efectuarse con un cepillo de cerda dura y después con un trapo que no desprenda hilachas y pelusas, y preferentemente embebido en un disolvente.

En motores con servicio exigente y continuado debe extraerse la grasa vencida y reemplazarla por nueva en todos los cojinetes.

*Anualmente.* Verificar la aislación y estado general de los devanados. En caso de ser necesario, se barnizarán los arrollamientos.

Se eliminará todo vestigio de humedad. De ser necesario, se procederá al secado de los devanados.

Comprobar, con la ayuda de calibres o sondas, la uniformidad del entrehierro. Las variaciones no deben exceder de $\pm$ 10 % con relación a las tolerancias indicadas por el fabricante.

En este aspecto es fundamental verificar el estado de los cojinetes. Verificar la fijación de las paletas de los ventiladores.

Comprobar la concentricidad de los colectores y proceder a tornearlos si se considera necesario. Este trabajo debe efectuarlo un operario calificado. Si la anormalidad no es muy importante, puede pulirse con papel de lija muy fino. Nunca debe emplearse tela esmeril.

Girar el eje para observar si existen roces debido a la presencia de cuerpos extraños en el entrehierro.

Comprobar, con una pinza amperimétrica, la carga que toma el motor en vacío, a plena carga y en las condiciones normales de servicio. La pinza amperimétrica, el voltímetro, téster, lámpara de prueba y megóhmetro son elementos indispensables para las inspecciones de motores y generadores.

Se verificará la aislación de los bobinados entre sí y con respecto a masa. La comparación con datos extraídos de inspecciones anteriores indicará si la aislación mejora o empeora.

Las lecturas deben efectuarse con la máquina a temperatura normal de funcionamiento.

El megóhmetro da directamente los valores de aislación. Para su empleo basta con seguir las instrucciones de los fabricantes. Girando a mano en vacío, el instrumento suministra una tensión constante y la aguja marca *infinito*. Al conectarlo a la resistencia que debe medirse y haciéndolo girar a razón de 2 o 3 vueltas por segundo, dará una lectura directa de la aislación.

Las normas AIEE (American Institute of Electrical Engineers) dan la siguiente fórmula para determinar el valor normal de la resistencia de aislación:

$$\text{megohmios} = \frac{\text{tensión nominal de la máquina}}{\dfrac{\text{potencia (en kVA)}}{100} + 1\,000}. \qquad [1]$$

La finalidad de probar los bobinados de corriente alternada o continua es la de poder descubrir posibles contactos a tierra, corto circuitos entre espiras, empalmes defectuosos, así como conexiones y polaridad equivocadas.

El rendimiento de toda máquina eléctrica está relacionado con la correcta lubricación y aislación de sus bobinados.

Cuando las máquinas eléctricas deben permanecer almacenadas, el medio ambiente estará exento de polvo, humedad y suciedades en general. Además, es importante la ausencia de vibraciones, las cuales pueden perjudicar los cojinetes.

Los motores que han permanecido largo tiempo inactivos en lugares húmedos y fríos deben secarse cuidadosamente antes de ponerlos en servicio.

Es siempre posible que las máquinas depositadas se humedezcan accidentalmente por diferencia entre su temperatura y la del medio ambiente que las rodea. Por esto, conviene mantener los depósitos con una calefacción razonable, para lo cual se puede disponer de estufas eléctricas.

De ser necesario, secar los bobinados; la temperatura no debe exceder los 90° C. Con esto se persigue no dañar los aislamientos y no permitir que llegue a hervir el agua depositada sobre los devanados.

Cuando se emplean estufas, las máquinas se cubren con lonas, dejando un orificio en la parte superior para permitir la salida del aire húmedo y a la vez facilitar en el interior una razonable circulación de aire caliente.

De ser necesario, pueden disponerse pequeños caloventiladores para una mejor expulsión del aire húmedo.

Tratándose de máquinas pequeñas, es mejor ubicarlas dentro de hornos eléctricos, respetando el límite de temperatura ya establecido.

El tiempo requerido para un eficiente secado depende del tamaño y del voltaje del motor, pues a mayor capacidad de tensión, mayor será el espesor de la aislación de los devanados.

A intervalos de 4 a 5 horas se medirá la resistencia de aislación contra tierra y entre fases, hasta obtener valores no inferiores, como mínimo, al establecido por las normas.

Normalmente, la resistencia de aislación en un motor seco es bastante más alta que la establecida por la fórmula [1].

El polvo con limaduras de hierro es muy dañino para los bobinados por su cualidad abrasiva. Por este motivo, la limpieza debe realizarse respetando ciertos cuidados.

Las suciedades abrasivas son transportadas por las corrientes de aire de la ventilación de la máquina y actúan sobre los aislamientos. Habiendo polvo conductor y abrasivo, se utilizará para la limpieza un aspirador. Este procedimiento es más aconsejable que el aire comprimido, debido a que el aspirado tiene menor presión. Normalmente, la limpieza es también accesible con la ayuda de trapos y pinceles limpios y secos.

La limpieza de las máquinas eléctricas debe iniciarse quitando el polvo y grasa endurecida. Estos elementos pueden removerse primeramente con cepillos y disolventes, complementando después con el uso de aire comprimido a presión moderada (2 kg/cm²).

Cuando se emplea como disolvente el tetracloruro de carbono, deben tenerse en cuenta las precauciones que anteriormente se han indicado y además secar bien los devanados, pues este líquido ataca la aislación.

Otros disolventes tienen la desventaja de ser inflamables. Los vapores, al ser más pesados que el aire, persisten en las cavidades, bases, etc., pudiendo permanecer allí durante varias horas.

Un cigarrillo o una chispa producida por una herramienta pueden originar un incendio o una explosión.

La mejor forma de aplicar los disolventes para efectuar la limpieza de los devanados es con la ayuda de una pistola que permita una pulverización uniforme y no muy intensa. Se regula así la presión y caudal necesarios para el servicio que se está efectuando.

Aunque los aislamientos secan rápidamente a la temperatura ambiente, después de la limpieza con tetracloruro de carbono es conveniente calentar los arrollamientos para eliminar todo vestigio de humedad.

Esto es particularmente importante si posteriormente debe renovarse el aislamiento mediante el barnizado correspondiente.

Si el motor queda fuera de servicio por algún tiempo, los bobinados se secarán calentándolos hasta 90° C. Mientras el motor conserva aún temperatura, se procede a aplicar el barniz específico.

El barnizado puede efectuarse con pincel o pulverizador. Los modernos barnices sintéticos permiten secados a temperatura ambiente en tiempos muy breves.

Medida la resistencia de aislación, y después de hacer funcionar la máquina durante algunos minutos para asegurarse de que todo está bien conectado y ajustado, se pone nuevamente en servicio.

*Cables eléctricos.*

La inspección planificada y la corrección de anormalidades incipientes es un procedimiento eficiente para asegurar un satisfactorio funcionamiento y un servicio continuado.

El mantenimiento preventivo en los cables permite verificar y subsanar a tiempo sobrecargas, recalentamientos y falsos contactos en empalmes.

Una frecuencia de inspección razonable puede ser semestral o anual, conforme a las exigencias del servicio y a lo que la experiencia vaya aconsejando.

Conociendo la sección de los cables y su carga admisible, las sobrecargas pueden detectarse con la ayuda de pinzas amperimétricas que permiten efectuar mediciones estando el cable en servicio.

Las anormalidades más frecuentes pueden tener su origen en:

1)   Deterioro mecánico;

2)   Corrosión de la aislación;

3)   Contactos a tierra o entre fases.

El peor enemigo de la aislación de los cables está representado por el calentamiento constante y prolongado que originan las sobrecargas.

Esta anormalidad seca y endurece las aislaciones, aumentando las pérdidas dieléctricas y produciendo rajaduras y agrietamientos, reduciéndose así sensiblemente la vida útil de los cables. Las instalaciones sometidas a fuertes sobrecargas no deben estar sometidas a esfuerzos mecánicos originados, por ejemplo, por el movimiento.

Por intensidad nominal se entiende la carga que puede transportar un cable para la cual ha sido fabricado.

Carga máxima es el margen de intensidad extremo a que puede estar sometido un cable. Pasado este límite, se entra en la sobrecarga.

Los fabricantes, en sus publicaciones técnicas, indican las intensidades nominales y máximas en función de la sección y la tensión de los cables.

Estos elementos deben conservarse en sus embalajes originales en lugares secos y limpios. Los extremos de las bobinas se sellan para evitar el ingreso de humedad y conseguir una eficaz retención del aceite mineral que protege y aísla.

Al almacenar trozos de cable empalmados, éstos deben ser verificados para comprobar la correcta continuidad eléctrica y su correcta terminación.

Esta es la mejor forma de poder disponer de estos materiales, tanto en condiciones normales como de emergencia.

AVERÍAS EN LOS MOTORES DE CORRIENTE ALTERNADA

| *Avería* | *Causa eventual* | *Remedio* |
|---|---|---|
| a) Marcha ruidosa. | 1) Averías en los cojinetes. | 1) Cambiar los cojinetes. |
|  | 2) Soporte con tensiones mecánicas. | 2) Aflojar los bulones de anclaje y centrarlos. |
|  | 3) Correas averiadas o flojas. | 3) Cambiar el juego de correas. |
|  | 4) En corriente trifásica falta una fase. | 4) Comprobar las fases con una lámpara de prueba. |
| b) El motor no arranca. | 1) Alimentación interrumpida. | 1) Revisar los bornes y la alimentación. |
|  | 2) Las escobillas no hacen contacto. | 2) Cambiar las escobillas gastadas. |
|  | 3) Arrollamiento de campo interrumpido. | 3) Revisar con la lámpara de prueba. |
|  | 4) Baja tensión de alimentación. | 4) Regular el autotransformador de alimentación. |
|  | 5) Contacto a masa. | 5) Verificar resistencia de aislación con el meghómetro. |
|  | 6) Defecto en el reóstato de arranque o en el sistema $\lambda - \Delta$. | 6) Revisar contactos. |

AVERÍAS EN LOS MOTORES DE CORRIENTE ALTERNADA (continuación)

| *Avería* (cont.) | *Causa eventual* (cont.) | *Remedio* (cont.) |
|---|---|---|
| c) Arranque con golpes. | 1) Reóstato de arranque demasiado pequeño. | 1) Cambiarlo. |
| | 2) Reóstato de arranque con contactos quemados. | 2) Repasarlo. |
| | 3) Reóstato de arranque mal conectado. | 3) Verificar con el esquema de conexiones. |
| | 4) Contacto entre espiras en el inducido. | 4) Rebobinar. |
| d) El motor trifásico arranca con dificultad. Disminuye el número de revoluciones al ser cargado. | 1) Baja tensión en la red. | 1) Regular el auto-transformador de alimentación. |
| | 2) Caída de tensión demasiado grande en la línea de alimentación. | 2) Revisar la sección del cable. |
| | 3) El estator está mal conectado al arrancador $\lambda$ - $\Delta$. | 3) Revisar las conexiones y modificarlas. |
| | 4) Por equivocación, se ha conectado una fase en el neutro. | 4) Verificar los bornes. |
| e) El motor trifásico produce un zumbido intermitente y fluctuaciones en la corriente del estator. | 1) Interrupción en el circuito del inducido. | 1) Investigar continuidad con téster o lámpara de prueba. |
| f) El motor trifásico arranca con dificultad o no arranca con la conexión en $\lambda$. | 1) Demasiada carga. | 1) Disminuir la carga o cambiar el motor por uno de más potencia. |
| | 2) Tensión de la red insuficiente. | 2) Revisar la tensión y los conductores de entrada. |
| | 3) Los contactos del interruptor $\lambda$ - $\Delta$ están quemados. | 3) Repasar los contactos. |

AVERÍAS EN LOS MOTORES DE CORRIENTE ALTERNADA (continuación)

| *Avería* (cont.) | *Causa eventual* (cont.) | *Remedio* (cont.) |
| --- | --- | --- |
| *g*) El motor trifásico se calienta en seguida y empieza a zumbar. | 1) Contacto entre fases.<br>2) Contacto entre espiras.<br>3) Múltiple contacto en la carcasa. | 1) Bobinar nuevamente. |
| *h*) El estator del motor trifásico calienta en seguida y acusa una elevada corriente en vacío. | 1) Devanados del estator mal conectados.<br>2) Contacto entre fases.<br>3) Múltiple contacto con la carcasa. | 1) Revisar las conexiones en Δ o en λ.<br>2) Bobinar nuevamente.<br>3) Bobinar nuevamente. |
| *i*) El motor se calienta demasiado. | 1) Demasiada carga.<br>2) Tensión demasiado alta.<br>3) Tensión demasiado baja.<br>4) Falta una fase en la bornera.<br>5) Arrollamientos interrumpidos.<br>6) Conexiones falsas.<br>7) Contacto entre espiras o corto circuito franco entre fases.<br>8) Ventilación dificultosa.<br>9) Inducido roza con el estator. | 1) Disminuir la carga o cambiar el motor.<br>2) La tensión no debe exceder del 5 %.<br>3) Verificar la sección de los cables de alimentación.<br>4) Investigar con la lámpara de prueba.<br>5) Bobinar nuevamente.<br>6) Verificar con el esquema de conexiones.<br>7) Bobinar de nuevo.<br>8) Limpiar polvo en general.<br>9) Comprobar los cojinetes. |

AVERÍAS EN LOS MOTORES DE CORRIENTE CONTINUA

| *Avería* | *Causa eventual* | *Remedio* |
|---|---|---|
| *a)* Arranque con dificultad. | 1) Corto circuito en los conductores o cables de alimentación. | 1) Probar la aislación con meghómetro. |
| | 2) Campo mal conectado. | 2) Comprobar conexiones en la bornera. |
| | 3) Los arrollamientos hacen contacto con la armadura. | 3) Probar con el meghómetro. |
| *b)* Chispas en las escobillas. | 1) Motor sobrecargado. | 1) Medir la corriente de carga. |
| | 2) Escobillas desplazadas. | 2) Alinear las escobillas. |
| | 3) Cojinetes deteriorados. | 3) Revisar los cojinetes. |
| | 4) Contacto entre espiras en el arrollamiento de campo o en el polo auxiliar. | 4) Bobinar de nuevo. |
| *c)* En motores en serie la marcha es demasiado rápida. | 1) Carga muy escasa. | 1) Aumentar la carga. |
| | 2) Escobillas mal ajustadas. | 2) Ajustar las escobillas. |
| | 3) Tensión en los bornes muy elevada. | 3) Revisar el regulador de tensión. |
| | 4) Contacto entre espiras en el arrollamiento de campo. | 4) Bobinar de nuevo. |
| *d)* Ennegrecimiento del colector en sitios aislados. | 1) Delgas corto circuitadas. | 1) Repasar la mica. |

# CAPITULO XIX

**Hornos eléctricos. Clasificación de los hornos más empleados en las plantas industriales. Descripción de las partes críticas de estos aparatos con la finalidad de analizar su mantenimiento preventivo. Análisis de la frecuencia de inspecciones en función de las condiciones de servicio. Repuestos críticos.**

Normalmente, los hornos se fabrican para las aplicaciones específicas de cada caso. Por este motivo, el jefe de mantenimiento debe tener siempre en consideración las indicaciones sobre la conservación que sugiere el fabricante. No obstante, estas sugerencias se analizarán a la luz de las condiciones de servicio a. las cuales estará sometido el horno (temperatura de funcionamiento, situación crítica de su empleo, etc.).

Aunque los elementos térmicos, con secciones quemadas, pueden repararse por soldadura, este tipo de trabajo debe ser realizado por operarios calificados, que la planta puede o no tenerlos.

Teniendo vacilaciones sobre la corrección en el terminado de estos trabajos, conviene siempre hacer el reemplazo por elementos nuevos, para lo cual se tomarán las precauciones necesarias con el objeto de disponer de la cantidad de resistencias de repuesto que las condiciones de servicio aconsejen.

En lo referente a lubricación que puedan necesitar los distintos elementos de los hornos (cojinetes, puertas y demás partes en movimiento), se tendrá en cuenta que estas partes están sometidas a temperaturas variables, por lo cual será siempre el fabricante o especialista en lubricación el indicado para determinar el tipo de lubricante a emplearse.

En hornos con atmósferas especiales conviene que éstas, al ingresar a la cámara, no hagan impacto directo sobre las termocuplas y las sustancias que deben recibir el tratamiento, pues esto puede tener efectos contradictorios en los resultados del proceso de trabajo. Además, por reflexión, se pueden producir pérdidas de atmósfera a través de las juntas de las puertas.

Teniendo presente estos cuidados, se prolongará la vida útil de las termocuplas, elementos térmicos y empaquetaduras.

Las principales anormalidades que se encuentran sobre los elementos térmicos son, entre otras, recalentamientos excesivos, que producen oxidación y deformaciones que terminan por afectar los elementos de sostén que tienen los hornos.

En las plantas industriales, que son o no de naturaleza metalúrgica, dos son los tipos de hornos que están más difundidos:

*a)* *Hornos de resistencia.* En los hornos de este tipo, una corriente eléctrica se hace pasar a través de una espiral de alambre o cinta que puede estar elaborada con distintos metales o mezclas de estos metales (nicrom, tungsteno, niquelina, etc.).

Estos alambres o cintas van dispuestos, dentro del horno, sobre soportes especiales construidos con material refractario.

Con este tipo de hornos se puede alcanzar temperaturas del orden de 1 000° C a 2 000° C.

En esta variedad de hornos, el calor es producido por la resistencia que el elemento térmico ofrece al paso de la corriente, o bien el calor es producido por la resistencia que el propio material puesto en el horno ofrece al paso de la corriente entre los electrodos, que están colocados en los extremos opuestos del horno. Dentro de esta última variedad de hornos se encuentran los que se emplean para fabricar carburo de calcio y grafito artificial.

*b)* *Hornos de tipo de arco.* En estos hornos se obtienen temperaturas extraordinariamente altas, del orden de los 3 500° C. El arco eléctrico se forma entre dos varillas de carbón de un crisol refractario, en el cual se coloca la sustancia que ha de ser calentada en presencia o no de atmósferas químicas especiales para los tratamientos a que están sometidos los materiales que se destinan al crisol.

Los hornos eléctricos usados en la industria metalúrgica para fabricar acero son una combinación, generalmente, del tipo de arco y de resistencia.

Los hornos se diferencian por la temperatura y modelo. Son frecuentes, en la generalidad de los casos, hornos eléctricos de baja temperatura (hasta 300° C, aproximadamente), que se utilizan para el secado de barnices y fraguados diversos, principalmente de materiales plásticos y cerámicos.

Entre los componentes principales de los hornos eléctricos, además de los componentes térmicos (resistencias y electrodos), se encuentran los elementos destinados a la circulación de aire forzada, que está representada por ventiladores helicoidales o centrífugos, que tienen la finalidad de aumentar la transmisión de calor dentro del horno y su distribución uniforme y convectiva.

Como en cualquier otro equipo, desde el punto de vista del mantenimiento, tienen importancia las horas de funcionamiento del horno (continuo o no) y la naturaleza de los procesos que se efectúan en su cámara (baños de metal, atmósferas químicas para tratamientos térmicos, etc.). Las condiciones de servicio y el tiempo de funcionamiento que se exijan son factores determinantes en la frecuencia de inspecciones de los hornos eléctricos o de cualquier otra naturaleza de caldeo (por combustión, etc.).

Además de los ventiladores, se deben considerar también los elementos de maniobra y control. Entre los elementos de maniobra se encuentran los interruptores y contactores (botoneras) y los relés como protección contra corto circuitos y sobrecargas.

Entre los elementos de control, éstos pueden ser de naturaleza térmica o eléctrica. Así, se tienen los amperímetros y voltímetros para controlar que la carga y la tensión se mantengan dentro de límites de seguridad preestablecidos por las condiciones de trabajo.

El control térmico se efectúa con las termocuplas o pares térmicos y sus correspondientes registradores de temperatura, diseñados en función de las condiciones de servicio y la capacidad calórica del horno.

Según la importancia del horno, trabajarán circuitos de señalización y alarma para el control de temperaturas en las respectivas zonas de caldeo.

En instalaciones de importancia, todos estos elementos están agrupados en tableros de maniobra y control convenientemente montados según la naturaleza y exigencias del servicio, los cuales pueden ser blindados y dotados de puertas para la inspección de los circuitos, las limpiezas, ajustes y verificaciones correspondientes.

Debe controlarse la estanqueidad y hermeticidad de las puertas del horno y los tableros blindados no sólo para evitar en aquéllos pérdidas sensibles de calor, sino para protección contra agentes mecánicos, térmicos y químicos.

Otros complementos de los hornos eléctricos son los motores eléctricos y reductores de velocidad, que cumplen distintas finalidades (accionamiento de ventiladores, extractores, circulación de agua de refrigeración, etc.), para los cuales cuentan las consideraciones hechas en los capítulos correspondientes de esta obra.

Conforme al uso que se le dé a los hornos, al igual que a otros equipos de la planta, tales como equipos electrógenos, puentesgrúa, compresores, etc., se ha de aprovechar el período de vacaciones de la producción de la planta para efectuar *una inspección anual* completa en el sentido de efectuar un ajuste y reposición de todos los elementos que hasta ahora se han venido detallando como parte integrante o complementaria de los hornos industriales.

Por lo menos *mensualmente* debe verificarse la limpieza general y la presencia de recalentamientos que hagan prever un reemplazo, sobre todo en los elementos térmicos y elementos sometidos al caldeo (resistencias, termocuplas, terminales, contactos, electrodos), que están sujetos a dilataciones, contracciones y desgastes de distinta intensidad que afectan los soportes y materiales refractarios, cerámicos, de cobre, etc.

Por extensión, y por lo menos *mensualmente*, verificar el estado de las paredes del horno y su recubrimiento, como así también la presencia de tensiones en el material exterior originadas por la temperatura, que se pueden traducir en torceduras y desajustes en la puerta del horno, alteración de la pintura antitérmica, corrosión, desprendimientos, defectos de los mismos elementos de cierre, grietas, etc.

Estas inspecciones mensuales pueden dilatarse o acortarse, como ya se ha dicho, conforme a la severidad del servicio y horas de funcionamiento diario, llegando incluso a justificarse inspecciones diarias o por turno de trabajo.

Debe agregarse a todo esto que, al hacer reparaciones con material refractario, se realizará un fraguado lento con temperaturas adecuadas (consultando al fabricante del horno) para evitar la formación de grietas por temperaturas anormales.

Los *repuestos críticos* de todo horno eléctrico son: 1) *los elementos de calefacción o caldeo*; 2) *las termocuplas y sus vainas*; 3) *soportes*; 4) *material refractario de reposición*.

En lo referente a interruptores, contactores, motores eléctricos, reductores de velocidad, ventiladores, extractores y bombas, vale todo lo dicho al tratar estas máquinas y aparatos en los capítulos correspondientes.

Ventiladores. Concepto. Presión estática. Movimiento de masas de aire. Experiencia de Pascal. Presión estática, dinámica y total de una corriente sin pérdidas. Empleo de los ventiladores. Ventiladores centrífugos y ventiladores helicoidales.

Antes de iniciar el estudio de los ventiladores y sus aplicaciones, trataremos de explicar algunos conceptos, que, aunque sencillos en apariencia, encierran un significado práctico muy importante.

Según las normas V.D.E. definimos como:

*Presión estática* a la presión que mediríamos con un manómetro ubicado en un conducto, moviéndose con la misma velocidad del fluido. Podemos decir también que es la presión que se ejerce en todas direcciones sobre las paredes de un conducto, para un volumen y temperatura determinados, en el fluido que estemos considerando. Podemos dar un ejemplo que nos ayude a fijar este concepto.

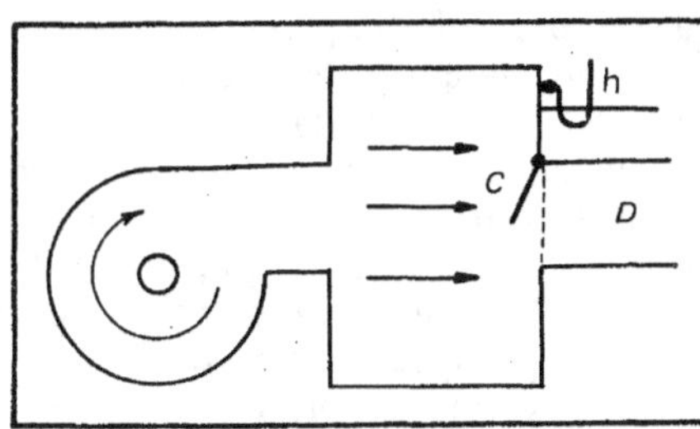


Fig. 1-XX. Ventilador conectado al recipiente, cuya compuerta se cierra y se produce un aumento de presión en su interior.

Supongamos un ventilador de características ya determinadas. Conectado a un recipiente, según indica la figura, con una compuerta "C" en el comienzo del conducto "D". Cuando el ventilador impulsa el aire hacia el recipiente, la compuerta se cierra y el aire se acumula, hasta que la presión en el recinto toma un valor determinado, ponderado por el desnivel que se produce en el nivel del manómetro que tomará, digamos, el valor "h". Este valor "h" nos está indicando la "presión estática".

Si hacemos abstracción de rozamientos y pérdidas por cambios de dirección, etc., podemos comprobar que al abrir la compuerta el valor de "h" disminuye hasta un valor h'. ¿Qué ha pasado?, muy sencillo, que parte de la presión disponible en el recipiente que hasta ahora habíamos dicho que era totalmente estática, se invierte en dotar de movimiento a la masa de aire a través del conducto D, o sea que la presión total que nos da el ventilador la podemos considerar formada por dos sumandos: la presión estática + la presión dinámica.

$$P_t = P_e + P_d$$

Estas presiones son generalmente de valores muy reducidos, por cuyo motivo no se las mide en atmósferas, ni en $kg/cm^2$, ni en mm de columna de mercurio, sino en mm de columna de agua $1 \text{ mm col.a.} = \dfrac{1 \text{ kg}}{m^2}$ . De acuerdo con lo que nos enseña la Física, la presión atmosférica está formada por el peso que ejerce sobre la corteza terrestre la masa gaseosa que la rodea, y que tiene un espesor aproximado de 300 km.

Ahora bien: si consideramos una columna gaseosa de $1 \text{ cm}^2$ de sección y cuya altura corresponda a la de la masa gaseosa que rodea la corteza terrestre, habremos formado un prisma o cilindro de base de $1 \text{ cm}^2$, que de acuerdo con las experiencias de Torricelli se equilibra con una columna de mercurio de 760 mm o con una columna de agua de 10,33 m por la siguiente razón:

De acuerdo con la experiencia de Pascal, la presión hidro-estática que se ejerce sobre un punto líquido contenido en un recipiente es $P_A = h\rho$, donde h es la altura o distancia que media entre el punto en que estamos considerando A y la superficie libre del líquido. $\rho$ peso específico del líquido para el caso en que el agua vale 1 y para el mercurio $13,76 \text{ kg/cm}^3$.

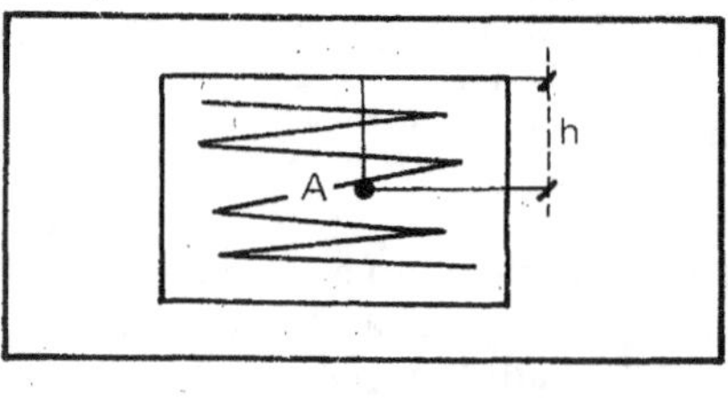

Fig. 2-XX.

si 760 mm Hg ________ 10.000 mm cal agua

$$1 \text{ mm Hg} \underline{\phantom{xx}} \frac{10.000}{760} \text{ mm cal agua} = 13 \text{ mm cal agua.}$$

$$\rho \text{ agua} = \frac{1 \text{ kg}}{\text{dm}^3} = \frac{1 \text{ kg}}{1.000 \text{ cm}^3}$$

$$\rho \text{ agua} = \frac{1 \text{ kg}}{0,001 \text{ m}^3}$$

$$10.000 \text{ mm cal agua} \underline{\phantom{xx}} 1 \frac{\text{kg}}{\text{cm}^2}$$

$$1 \text{ mm cal agua} \underline{\phantom{xx}} \frac{1}{10.000 \text{ cm}^2}$$

$$1 \text{ mm cal agua} = 1 \frac{\text{kg}}{\text{m}^2} = \frac{1 \text{ kg}}{10.000 \text{ cm}^2}$$

Con estas aclaraciones, llegamos a la conclusión de que:

$$1 \text{ mm cal agua} = 1 \frac{\text{kg}}{\text{m}^2} = \frac{1 \text{ kg}}{10.000 \text{ cm}^2} = \frac{1}{10.000} \text{ atmósfera}$$

Dado lo pequeñas que son estas presiones, se han ideado aparatos para medirlas, entre los más conocidos se citan el de Pitot y el de Darcy.

El principio de estos aparatos es el siguiente, un tubo en forma de L, con los extremos nivelados para evitar la formación de torbellinos, se introduce, enfrentando la corriente del fluido, lo cual provocará un desnivel en el líquido contenido en el aparato, que nos medirá la suma de la presión estática + la presión dinámica o sea la presión total.

La presión estática puede ser medida aplicando el aparato sobre la periferia de la conducción, de donde, por diferencia, conoceremos la presión dinámica.

$$P_d = P_t - P_e \text{ en mm de cal de agua.}$$

Mediante el tubo de Pitot, llamado "diferencial", obtenemos

directamente la presión dinámica. Conocida la presión dinámica, podemos, con la fórmula de Torricelli:

$V = k\sqrt{2}\,gh$ calcular la velocidad del aire en el canal (V).

Habiendo usado el tubo de Pitot, podemos dar por conocida, a través de una lectura directa, el valor de una presión dinámica $P_d$ y podemos escribir

$$P_d = \frac{V^2}{2g} \; : \; V = \sqrt{P_d\,2g}$$

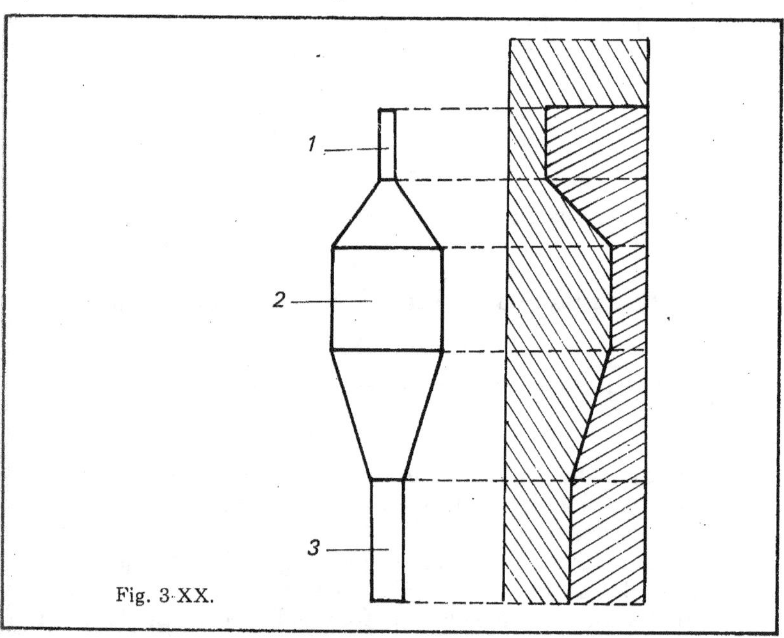


Fig. 3-XX.

*Presión estática, dinámica y total de una corriente sin pérdidas*

El aire en movimiento por el interior de un conducto encuentra resistencias que son numerosas, difíciles de determinar, siendo la principal el rozamiento del aire con las paredes del conducto, la formación de remolinos, etcétera.

Tanto para poner el aire en movimiento, como para vencer dichas resistencias, es preciso una cierta presión. Una parte de la presión disponible (la dinámica) habrá de emplearse en mover la masa de aire y otra parte (la estática) en vencer dichas resistencias.

Entonces la $P_d$ representa la presión necesaria para mover una masa de aire en un medio que no ofreciese resistencia alguna,

$$P_e + P_d = P_t$$

La presión estática es también la presión que ejerce el aire sobre la pared del canal al moverse paralelamente a él. Esta presión le corresponde en un instante dado con los valores de temperatura y volumen del aire.

$$P_d = \frac{\gamma\, V^2}{2\,g}\ k \times m^2; \quad \gamma: \text{Peso específico del aire en } \frac{kg}{m^3}$$

Esta fórmula es válida hasta $V = 60$ m/seg.

Si el aire se mueve en un conducto como el indicado en la figura, es decir, con variación de la sección transversal y para en la unidad de tiempo un peso $G$ de aire. Imaginemos qué aire se encuentra en reposo en un depósito situado a la izquierda y que su presión sea $P_0$. Las áreas de las secciones transversales $1 - 2 - 3$ las represento por $S_1$; $S_2$; $S_3$.

El peso del aire, que en la unidad de tiempo pasa por las secciones, ha de ser el mismo independientemente del área de éste, pues de lo contrario habría interrupciones.

Podemos escribir $G = S_1\, V_1\, \gamma_1 = S_2\, V_2\, \gamma_2 = S_3\, V_3\, \gamma_3$

Como el peso del $m^3$ de aire lo suponemos de $\gamma_1 = \gamma_2 =$

$$V_1 = \frac{G}{\gamma} \cdot \frac{1}{S_1}\ ; \quad V_2 = \frac{G}{\gamma} \cdot \frac{1}{S_2}\ ; \quad V_3 = \frac{G}{\gamma} \cdot \frac{1}{S_3}$$

$\gamma_3 = \gamma$, decir, que las velocidades son inversamente proporcionales a las áreas de las secciones transversales. Si suponemos que el aire se mueve sin resistencia, la $P_t = $ Cte., pues no hay ninguna causa que la haga disminuir.

$$\text{Entonces } P_0 = P_t = P_{e_1} + \frac{V_1^2}{2\,g}\ \gamma = P_{e_2} + \frac{V_2^2}{2\,g}\ \gamma = P_{e_3} + \frac{V_3^2}{2\,g}\ \gamma,$$

donde el subíndice marca la presión estática de cada sección.

Para que $P_t = $ Cte. en las secciones donde la $V$ aumenta, la $P_e$ disminuye y viceversa.

En la práctica, las pérdidas por resistencias aumentan con el cambio de direcciones y de sección de los conductos.

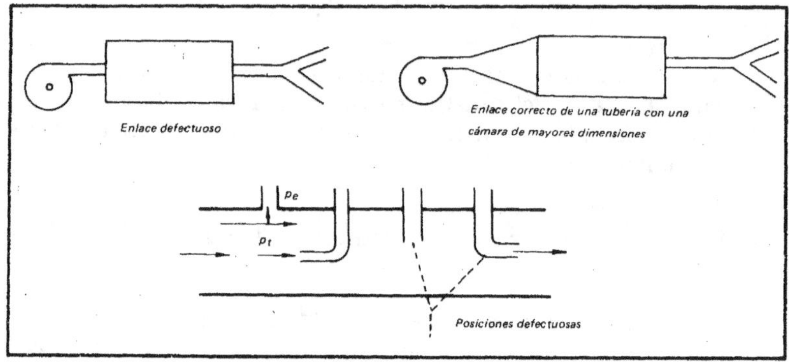


Fig. 4-XX. Posiciones.

$$P_t - P_d = P_d = \frac{\gamma \, V^2}{2\,g}$$

## Ventiladores

Los ventiladores empleados para instalaciones de ventilación son de dos clases: centrífugos y helicoidales.

Los helicoidales se emplean generalmente como extractores, sirviendo para grandes caudales de aire con bajas presiones de trabajo.

Los ventiladores centrífugos son los utilizados para el servicio de aire acondicionado. En estos ventiladores el aire penetra axialmente y es impulsado radicalmente al conducto que lo transporta.

Los ventiladores centrífugos se fabrican para doble aspiración y doble expulsión de aire (DADE) y para simple aspiración y simple expulsión (SASE).

El accionamiento puede ser por acoplamiento directo (manchón) con el motor eléctrico o por acoplamiento indirecto (correa en V) con el motor eléctrico. Los datos técnicos que interesan de un ventilador son: 1) caudal de aire ($m^3$/min) que debe suministrar al conducto. 2) presión total para mover el caudal del punto 1) hasta el lugar donde deba llegar, conforme al proyecto de la instalación.

Si se desconoce el caudal de aire que entrega un ventilador centrífugo, el mismo se puede determinar como sigue:

Sean $\quad$ $Q=$ caudal en $\dfrac{m^3}{min}$

$V=$ velocidad del aire en $\dfrac{m}{min}$ o $\dfrac{pie}{min}$

$S=$ sección de la salida del ventilador al conducto en $m^2$.

Se cumple que:
$$Q= S.V. \hspace{3cm} [1]$$

Un problema práctico que se le puede plantear a un operario de mantenimiento es determinar la capacidad de aire en $m^3/min$ que está impulsando un ventilador centrífugo en un conducto de ventilación.

La manera de proceder es la siguiente:

Se conoce la superficie de la boca de salida del ventilador que puede ser, por ejemplo, circular y que coincide con la superficie del conducto que se conecta al ventilador. Con la aplicación de la fórmula [1] podemos determinar el caudal Q de la siguiente manera: debemos practicar con la ayuda de un medidor de velocidad del aire (anemómetro) doce mediciones, que registren la velocidad del aire en distintos lugares simétricos del conducto, de la forma que indica la figura y siguiendo el sentido de las agujas del reloj para sostener el anemómetro:

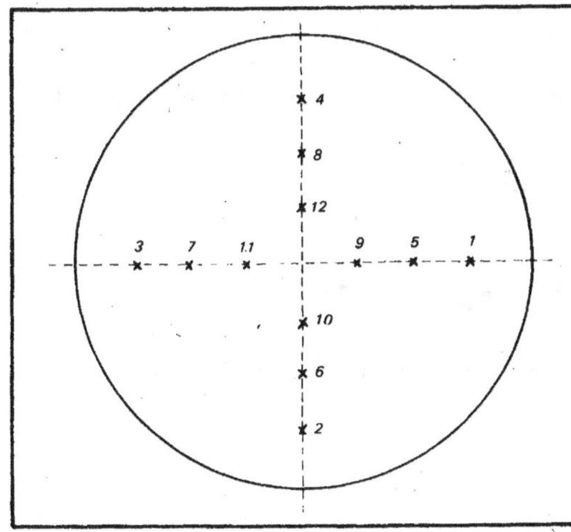


Fig. 5-XX.

 

*NOTA:*

Los anemómetros de procedencia extranjera registran la velocidad en pies/min.

Supongamos que hemos hecho las siguientes mediciones:

$$\text{Punto} \quad 1 \ldots\ldots\ldots 1.800 \ \frac{\text{pies}}{\text{min}}$$

$$
\begin{array}{rl}
\text{"} \quad 2 & \ldots\ldots\ldots 1.500 \quad \text{"} \\
\text{"} \quad 3 & \ldots\ldots\ldots 2.200 \quad \text{"} \\
\text{"} \quad 4 & \ldots\ldots\ldots 2.000 \quad \text{"} \\
\text{"} \quad 5 & \ldots\ldots\ldots 1.500 \quad \text{"} \\
\text{"} \quad 6 & \ldots\ldots\ldots 1.800 \quad \text{"} \\
\text{"} \quad 7 & \ldots\ldots\ldots 1.900 \quad \text{"} \\
\text{"} \quad 8 & \ldots\ldots\ldots 2.000 \quad \text{"} \\
\text{"} \quad 9 & \ldots\ldots\ldots 2.200 \quad \text{"} \\
\text{"} \quad 10 & \ldots\ldots\ldots 2.500 \quad \text{"} \\
\text{"} \quad 11 & \ldots\ldots\ldots 2.600 \quad \text{"} \\
\text{"} \quad 12 & \ldots\ldots\ldots 2.500 \quad \text{"}
\end{array}
$$

$$\Sigma = 24.500 \ \frac{\text{pies}}{\text{min.}}$$

$$\frac{24.500}{12} = 2.040 \ \frac{\text{pies}}{\text{min}} \quad \text{(promedio de velocidad) de aire en el conducto.}$$

Para pasar de $\dfrac{\text{pies}}{\text{min}}$ a $\dfrac{\text{m}}{\text{min}}$ dividimos por 3,3

$$\frac{2.040}{3,3} = 620 \ \frac{\text{metros}}{\text{min.}}$$

Si nuestro conducto tuviera un diámetro de 1,10 m, la superficie circular sería

$$\frac{\pi\, d^2}{4} = \frac{3,14 \times 1,10^2}{4} = 0,94 \ \text{m}^2$$

Reemplazando en la fórmula [1]

$$Q = S \times V = 0,94 \ \text{m}^2 \times 620 \ \frac{\text{m}}{\text{min}}$$

$$= 580 \ \frac{\text{m}^3}{\text{min}} \times 60 \ \frac{\text{min}}{\text{h}} = 35.000 \ \frac{\text{m}^3}{\text{h}}$$

Como se desprende de la fórmula $Q = S \times V$, de haber conocido el caudal Q (dato que generalmente da el fabricante) y la sección S del conducto, podríamos conocer la velocidad promedio del aire que circula en el conducto.

Si conocemos la velocidad V, podemos calcular la presión dinámica del aire dentro del conducto, recordando que:

$$P_d = \frac{V^2}{2g} \quad , \quad \text{que viene dada en mm de columna de agua} \left(1 \text{ mm cal agua} = \frac{1 \text{ kg}}{m^2}\right)$$

Es necesario conocer la velocidad del aire en el conducto, porque en el caso del servicio de aire acondicionado, dicha velocidad está relacionada con el confort de dicho servicio.

Si en un conducto por donde corre un fluido se introducen dos tubos, de los cuales uno queda dispuesto en la parte central del conducto y enfrentando la dirección del movimiento del fluido, mientras que el otro queda dispuesto, a través de un orificio, en la pared lateral del conducto, se ha de observar lo que sigue:

En la posición "a" de la figura 1 mediremos lo que se llama presión estática del fluido ($P_e$), en la posición "b" la presión total ($P_t$) que es la suma de la presión estática ($P_e$) más la presión dinámica ($P_d$) o sea $P_t = P_e + P_d$ y en la posición "c" la presión dinámica $P_d = \dfrac{V^2}{2g}$

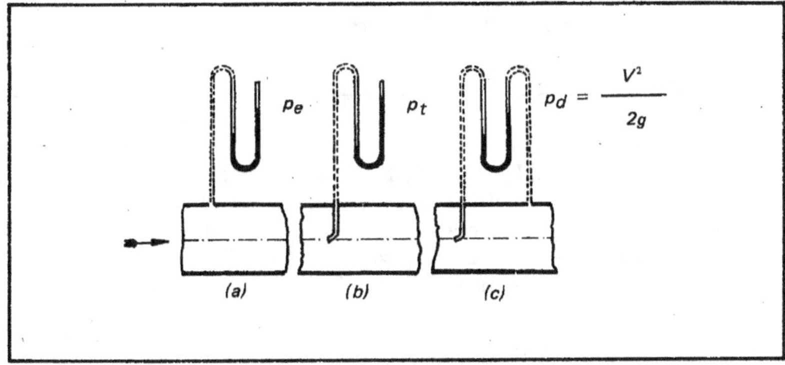


Fig. 6-XX

                                          

Donde: V es la velocidad del fluido en $\dfrac{m}{seg}$

$g$ aceleración de la gravedad de valor 9,81 $\dfrac{m}{seg^2}$

La construcción de dispositivos para efectuar la medida de estas presiones, fue objeto de gran número de estudios y experiencias por parte de varios investigadores, entre los que se destacó el francés Pitot.

Las figuras 7 y 8 nos muestran la forma constructiva y la aplicación de un tubo de Pitot

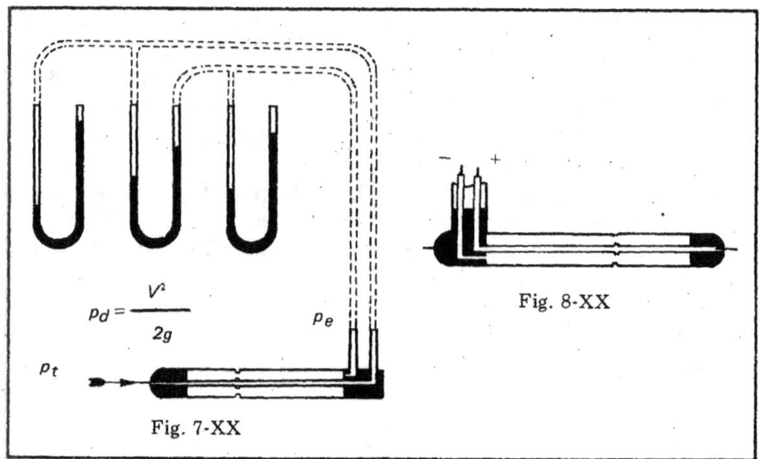


En la figura 7 vemos que la parte del tubo que enfrenta a la corriente del fluido está diseñada, de manera tal, que su presencia no origine turbulencia en el movimiento del fluido.

Como ya se ha comentado y ahora puede verse en la figura 7, la conexión para medir la $P_e$ se tiene que efectuar por medio de un orificio sobre la superficie lateral del conducto o cañería, manteniendo los tubitos paralelos.

Los requisitos que debe cumplir un tubo de Pitot son los siguientes:

1º) Insensibilidad en caso de una inclinación respecto al movimiento de los filetes del fluido.

2º) Insensibilidad en presencia de movimientos turbulentos.


*Disposición de los tubos de Pitot en los conductos*

La figura representa dos disposiciones frecuentes con los tubos de Pitot, para efectuar mediciones de presiones en conductos, cañerías y canales.

En la figura 9 de la izquierda la fijación al conducto se hace con ayuda de brida y en la figura de la derecha mediante tuerca.

En el costado del tubo se pueden marcar divisiones en centímetros para que el operador conozca desde el exterior la profundidad de inmersión en el conducto.

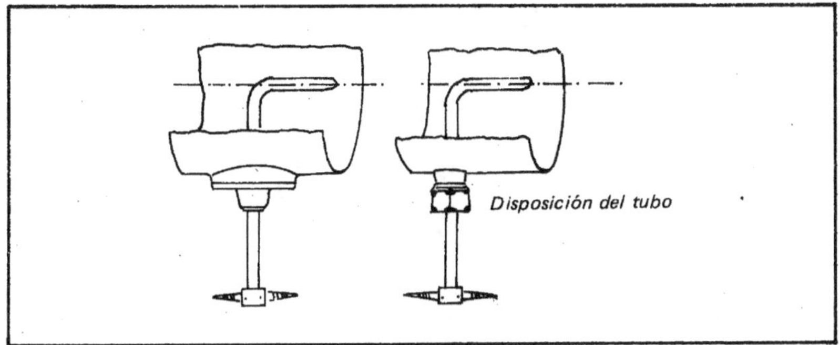


Fig. 9-XX

Generalmente se emplean los tubos de Pitot para medir velocidades elevadas. En el caso de pequeñas $P_d = \dfrac{V^2}{2g}$ es suficiente el empleo de anemómetros, pues las velocidades son del orden de 3 a 4 $\dfrac{m}{seg}$ .

**Calderas. Calderas destinadas a calefacción de edificios (humo-
tubulares). Mantenimiento de calderas homotubulares; falla y
reparación de las mismas. Calderas para agua caliente. Mantenimiento preventivo para estas calderas. Quemadores para calderas humotubulares. Fallas de los quemadores. Aislaciones térmicas. Reglamentos para la instalación de calderas.**

## *Calderas*

Las calderas destinadas a calefacción de edificios son las deno-
minadas humotubulares.

Esta denominación tiene su razón de ser en el hecho que las
llamas de combustión y sus gases calientes que emergen del quemador circulan por el interior de los tubos, transmitiendo su calor al
agua contenida en el cuerpo de la caldera.

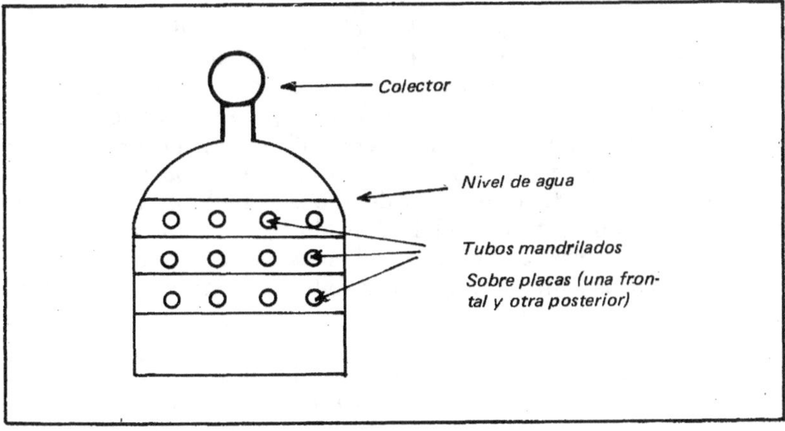


Fig. 1-XXI

El agua llega así a su punto de ebullición, formando la cantidad adecuada de vapor de agua que requiera la instalación de radiadores.

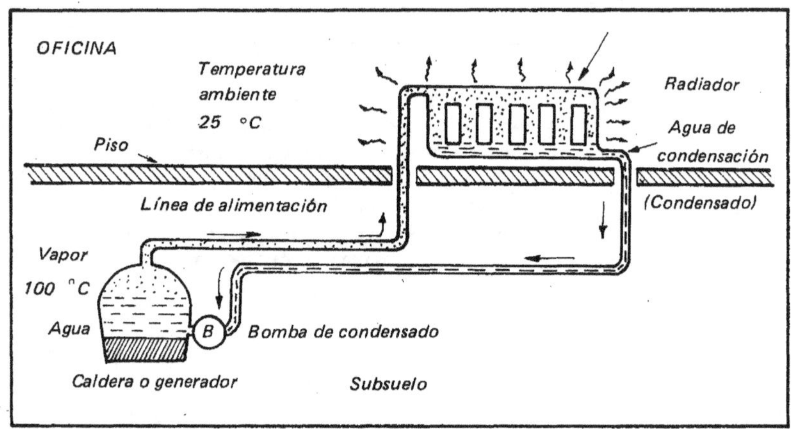


Fig. 2-XXI. Ciclo de calefacción con vapor a baja presión.

Al igual que en los sistemas de refrigeración existe una relación biunívoca entre temperaturas y presiones en el recipiente cerrado que constituye el cuerpo de la caldera.

La superficie de calefacción de la caldera (dato que da el fabricante) está formada por la suma de superficies de cada uno de los tubos. Esta superficie se expresa en $m^2$ y debe agregarse a ella la parte correspondiente a las placas que soportan los tubos.

La superficie de calefacción, de no ser dada por el fabricante, un operario calificado puede determinarla con bastante aproximación, contando el número de tubos y multiplicando está cantidad por la superficie extendida de cada uno de ellos y agregando a este valor las superficies correspondientes de la placa de sostén.

Otros datos técnicos que interesa conocer son los siguientes:

a)

$$\begin{array}{ccc} \text{Capacidad} & \text{Consumo del} & \text{Poder calórico} \\ \text{de la} & \text{quemador} & \text{del combustible} \\ \text{caldera} & & \end{array}$$

$$\left(\frac{\text{cal}}{\text{h}}\right) = \left(\frac{\text{kg}}{\text{h}}\right) \times \left(\frac{\text{cal}}{\text{kg}}\right)$$

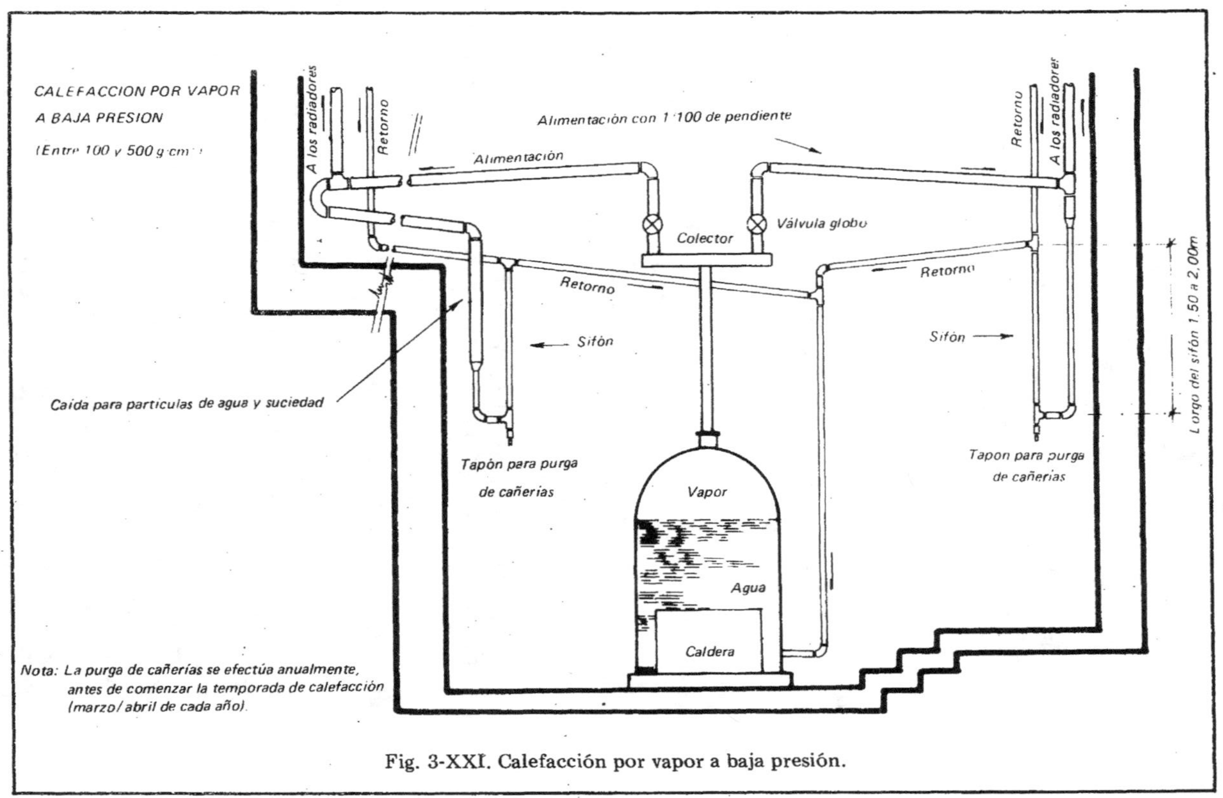


Fig. 3-XXI. Calefacción por vapor a baja presión.

$$\frac{\text{cal}}{\text{h}} = \frac{\cancel{\text{kg}}}{\text{h}} \times \frac{\text{cal}}{\cancel{\text{kg}}}$$

b)

$$\text{Producción horaria de vapor} \left(\frac{\text{kg}}{\text{h}}\right) = \frac{\text{Capacidad caldera} \left(\dfrac{\text{cal}}{\text{h}}\right)}{\text{Calor latente de vaporización del agua} \left(\dfrac{\text{cal}}{\text{kg}}\right)} = \frac{\text{kg}}{\text{h}}$$

*NOTA:*

El calor latente de vaporización del agua es igual a $536 \ \dfrac{\text{cal}}{\text{kg}}$ .

c)

$$\text{Producción específica de vapor} \left(\frac{\text{kg}}{\text{m}^2 \, \text{h}}\right) = \frac{\text{Producción horaria de vapor} \left(\dfrac{\text{kg}}{\text{h}}\right)}{\text{Superficie de calefacción} \left(\text{m}^{2\cdot}\right)}$$

Otros datos técnicos que interesan son:

El peso en kg de la caldera, sus medidas y el consumo de combustible del generador, dato que también da el fabricante de la caldera en función de la capacidad $\dfrac{\text{cal}}{\text{h}}$ de la misma.

Para visualizar los accesorios de una caldera presentamos el aspecto externo de esta máquina, con una tabla de dimensiones y rendimientos, facilitada por un fabricante de plaza.

1 Válvula de seguridad a contrapeso.
2 Quemador completo para mezcla 70/30, o sea 70 partes de fuel-oil y 30 partes de gas-oil (ver nota de páginas 264).
3 Presostato.
4 Manómetro.
5 Control automático de nivel de agua (ver figura 7-XXI y nota).
6 Purga para residuos en el fondo de la caldera.
7 Puerta de inspección para tubos (limpieza, reposición, etc.).
8 Puerta de inspección para el horno (hogar) (limpieza, reposición de ladrillos refractarios, etc.).

## CALDERAS
### (2 y 3 pasos para baja presión)

Fig. 4-XXI. Vista exterior de una caldera.

## Mantenimiento de calderas humotubulares

El mantenimiento de las calderas está relacionado fundamentalmente no sólo con la seguridad del servicio, sino, también, con la del personal que las operan.

No hacen excepción, aquí, los repetidos trabajos de limpieza, lubricación y ajustes periódicos de todos los componentes, y, en especial, los relacionados con la seguridad (válvulas, protecciones por temperatura y presión, instrumental, en especial, manómetros, componentes eléctricos del tablero de comando del generador, limpieza de tubos, deshollinamiento de la chimenea, limpieza del hogar y calidad del agua de alimentación).

Las directivas que dan los fabricantes sobre el manejo y cuidado no son la consecuencia de ningún capricho sino la consecuencia de un estado de ánimo puesto al servicio de la seguridad de los operarios y de la vida útil de la caldera:

## Plan de mantenimiento sugerido

*Mensualmente*: Limpieza de tubos, consistente en un deshollinamiento mecánico. Deshollinamiento de la caja de humo y de la chimenea. Controlar la pureza del agua que contiene la caldera.

*Anualmente*: Limpiar el depósito de combustible y la cañería de alimentación. Cambiar filtros de combustible y examinar los componentes del quemador, en especial la portilla o pico, la chispa de encendido que da el transformador para tal fin y la bomba de engranajes que impulsa el combustible a la tobera del quemador.

NOTA:

En la Capital Federal y por disposiciones municipales, los quemadores, en un lapso de 2 años, deberán ser alimentados a gas natural. La ausencia de residuos de combustión simplificará enormemente las tareas de mantenimiento, como así también la cancerígena contaminación ambiental que estos residuos acarrean a la salud de la población.

## Calderas para agua caliente

En estas calderas para agua caliente las temperaturas de trabajo van desde los 80 °C en los sistemas de calefacción de agua caliente por gravedad, hasta los 190 °C, que es el límite superior comúnmente aceptado en las aplicaciones industriales.

Existen dos tipos fundamentales de calefacción por agua caliente: el sistema directo y el indirecto.

## TABLA PARA LA INDIVIDUALIZACION DE FALLAS EN LAS CALDERAS Y SUS REPARACIONES*

TABLA N° 1

Referencias:
- ⊠ Causa frecuente
- ◹ Rara, pero posible
- ☐ No aplicable

NOTA: LAS REPARACIONES IMPORTANTES SIEMPRE DEBEN SER APROBADAS POR UN INSPECTOR. LAS CAUSAS DE LAS FALLAS DEBEN DETERMINARSE Y CORREGIRSE.

| DEFECTO | Nivel de agua bajo | Incrustación | Aceite | Golpe de llama | Funcionamiento anormalmente enérgico | Picaduras | Material defectuoso | Reparaciones defectuosas | Rotura por fatiga | Cristalización | Corrosión | Erosion | Construcción defectuosa | REPARACION |
|---|---|---|---|---|---|---|---|---|---|---|---|---|---|---|
| Tubo combado | X | X | X | X | X |  |  |  |  | / |  |  |  | Si pequeña, suprímase. Si importante, reemplazar el tubo o la sección defectuosa. |
| Chapa combada | X | X | X | X | X |  |  |  |  |  |  |  | / | Si pequeña, suprímase. Si importante, córtese o instálese un parche roblonado correctamente diseñado. |
| Tubos rajados | / | X | / | X | X | / | X | / | / | / | / | / | / | Puede repararlo un soldador competente, en caso contrario reemplazar el tubo o la sección defectuosa. |
| Rajaduras en el hogar |  | X | X | X | X |  | X |  | / | / |  | / | / | Sacar los roblones adyacentes cortar rajadura en V, y soldar eléctricamente, escariar agujeros y remachar los roblones. |
| Fugas en extremos de tubos | X | X | X | X | X |  | X | X | / | / |  | / | / | Si el material lo permite vuélvase a mandrilar en caso contrario reemplácese. Si es necesario utilice una virola. |
| Fugas en juntas roblonadas | X | X | X | X | X |  | / | / | / | / | / | / | / | Hacer estanco por calafateo. Si aún hay pérdidas investigar si hay roturas. |
| Fugas en juntas soldadas | / | / | / | / | / |  | X | X | / | / |  | / | / | Cortar en V el defecto, soldar si hay rotura se aconseja investigar cuidadosamente. |
| Fugas en unión de tubos | X | / | / | / | / |  | / | X | / | / |  | / | / | Si los tubos no pueden hacerse estancos por un leve mandrilado, investíguese si no hay roturas antes de cambiarlo. |
| Tirantes torcidos | X | X | X | X | X |  | / |  | / | / |  | / | / | Si leve, no tocarlo. Si es severo, enderezar o reemplazar el tirante. |
| Tirantes o riostras rotos | / | / | / | / | / |  | / | / | X |  |  |  | / | Reemplazar. |
| Virutillos rotos | / | X | X | X | / |  | / | / | / |  |  |  | / | Reemplazar. |
| Envoltura ampollada | / | / | / | / | / |  | / | / | / |  |  |  | / | Investigar. Puede evitarse la reducción de presión cortando y aplicando un parche. |
| Chapa rajada | / | / | / | / | / |  | X | / | X | / |  | / | / | Si es en chapa misma o en la junta longitudinal la chapa debe reemplazarse. |
| Tubo roto | X | X | X | X | X |  | / | / | / | / | X | X | / | Reemplazar el tubo o la sección defectuosa. |
| Cabezal rajado | X | X | X | X | X |  | / | X | / | / |  |  | / | Reemplazar el colector. |
| Rotura cano de purga | / | X | X | X | / |  | / | / | / | / | X |  | / | Reemplazar el caño. |

* Esta tabla se debe a H. M. Spring.
** En algunos reglamentos no se permite realizar reparaciones.
*** En calderas verticales o del tipo de locomotora utilice un parche.

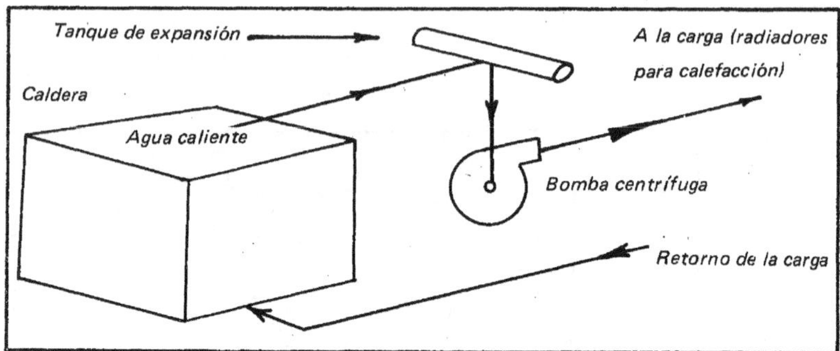



Fig. 5-XXI

El sistema directo (fig. 5) tiene normalmente un tanque de expansión separado que proporciona la expansión del agua cuando varía su temperatura. Si se emplea la circulación forzada, se utiliza una bomba centrífuga que extrae agua del tanque y la hace circular a través del sistema, enviándola a la caldera para el recalentamiento y a continuación vuelve al tanque para completar el ciclo.

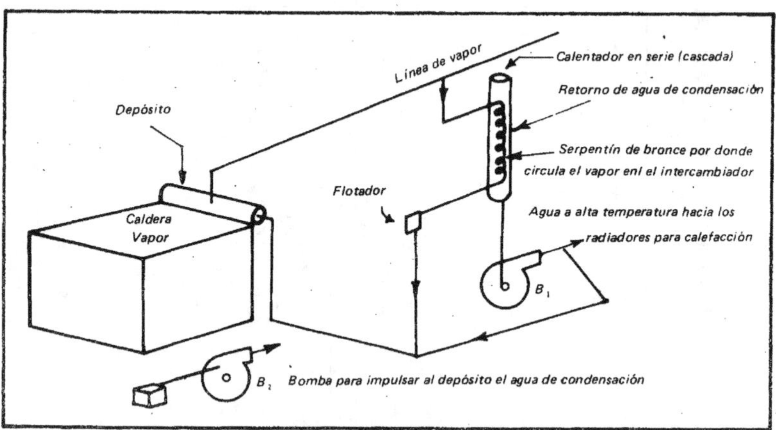



Fig. 6-XXI.

El sistema indirecto (fig. 6) extrae vapor de una caldera y lo pone en contacto con el agua en un intercambiador de calor (calentador), de forma que el agua aumenta su temperatura hasta unos 2 °C por debajo de la temperatura del vapor. Desde este calentador, el agua es impulsada por una bomba y circula por los radiadores o intercambiadores de calor en los puntos de utilización. El vapor condensado retorna a un depósito con la ayuda de la bomba $B_2$. El agua de alimentación del sistema puede obtenerse de este depósito o del agua del calentador o de ambos como en la figura.

El sistema directo es el que más se utiliza, excepto en las instalaciones donde ya existen generadores de vapor y se puede utilizar la salida del vapor para elevar la temperatura del agua, y en los casos en que no se pueda emplear la caldera de fundición por determinadas limitaciones (dureza del agua, etc.).

*Mantenimiento preventivo en calderas acuotubulares.*

**Trabajos a realizar**

| *Superficie interior del circuito de agua* | *Nombre Capataz* | *Fecha* | *Horas-Hombre* | *Observaciones* |
|---|---|---|---|---|
| 1) Colectores de vapor, de fangos y de agua. Límpielos y lávelos por completo. | | | | |
| 2) Tubos y Colectores — Vea si tienen incrustaciones, picaduras y corrosión. | | | | |
| 3) Agujeros de lavado — Límpielos y reajústelos. | | | | |
| 4) Tuberías de alimentación — Vea si tienen incrustaciones y corrosión. | | | | |

*Superficie expuesta al fuego*

| | | | | |
|---|---|---|---|---|
| 5) Abra todas las puertas de acceso — Limpie e inspeccione los ladrillos refractarios, tubos, soportes de tubos y deflectores, y haga las reparaciones necesarias. | | | | |
| 6) Precalentador de aire, tubos y hervidores — Inspecciónelos y límpielos. | | | | |
| 7) Sopladores de hollín — Límpielos e | | | | |

| *Superficie interior del circuito de agua* | *Nombre Capataz* | *Fecha* | *Horas-Hombre* | *Observaciones* |
|---|---|---|---|---|

inspecciónelos, haga las reparaciones necesarias. . . . . . . . . . . . . . . . . . . . . . . . . . . . . . .

8) Chimeneas y cajas de humo — Límpielas, y vea si tienen óxido y grietas. . . . . . . . . . . . . . . . . . . . . . . . . . . . . . . . . . . .

*Válvulas*

9) De admisión del vapor: Límpielas y reajústelas si fuese necesario. . . . . . . . . . . . . . . . . . . . . . . . . . . . . . . . . . .

10) De cierre: Límpielas, reajústelas y repárelas si fuese necesario. . . . . . . . . . . . . . . . . . . . . . . . . . . . . . .

11) De seguridad: Límpielas, inspecciónelas, reasiéntelas y repárelas si fuese necesario. . . . . . . . . . . . . . . . . . . . . . . . . . . . . .

12) De purga: Límpielas, inspecciónelas y repárelas si fuese necesario. . . . . . . . . . . . . . . . . . . . . . . . . . . . . . .

13) De control de nivel de agua: Límpielas, inspecciónelas y repárelas si fuese necesario. . . . . . . . . . . . . . . . . . . . . . . . . . . .

14) Sopladoras de asientos: Límpielas, reasiéntelas, lubríquelas y compruebe que funcionan correctamente. . . . . . . . . . . . . . . . . . . . . . . . . . . .

15) Fuel-oil y gas: Límpielas, inspecciónelas, reasiéntelas y compruebe que funcionan correctamente. . . . . . . . . . . . . . . . . . . . . . . . . . . .

16) Atomizador de vapor: Límpielas, inspecciónelas, repárelas o reemplácelas si fuese necesario. . . . . . . . . . . . . . . . . . . . . . . . . . . .

| *Superficie interior del circuito de agua* | *Nombre Capataz* | *Fecha* | *Horas-Hombre* | *Observaciones* |
|---|---|---|---|---|

*Componentes auxiliares de la caldera*

17) Ventilador impelente: inspeccione y limpie paletas y cojinetes; limpie y compruebe que el regulador funcione correctamente.

18) Turbina de tiro forzado — Compruebe las paletas de la turbina, engranajes de desmultiplicación, cojinetes, y cambie el aceite y grasa.

19) Ventilador aspirador — Compruebe las paletas, eje y cojinetes y límpielos, compruebe también que el regulador funcione correctamente.

20) Turbina aspiradora — Compruebe las paletas, engranajes de desmultiplicación, cojinetes, y cambie el aceite y grasa.

21) Instrumentos e indicadores — Límpielos, inspecciónelos y calíbrelos de ser ello necesario.

22) Control de agua de alimentación — Limpie prolijamente los conductos, inspeccione las válvulas y compruebe que funcionen correctamente.

23) Quemadores de gas y petróleo — Límpielos, inspecciónelos y haga las reparaciones necesarias.

24) Inspección general — Haga saber cualquier reparación que sea necesaria y que no se

| *Superficie interior del circuito de agua* | *Nombre Capataz* | *Fecha* | *Horas-Hombre* | *Observaciones* |
|---|---|---|---|---|
| ha mencionado arriba. | . . . . . . | . . . . | . . . . . . . . . . . . . . . . . . . . . . . . . . |
| 25) Compruebe que todos los controles de funcionamiento y seguridad funcionen correctamente. | . . . . . . | . . . . | . . . . . . . . . . . . . . . . . . . . . . . . . . . . . |

Las calderas acuotubulares están destinadas a producir el vapor necesario en cantidad y presión, destinado al accionamiento de las turbinas a vapor.

Como su nombre lo indica, son calderas en las cuales circula el agua por el interior de los tubos.

La planilla que se adjunta está destinada a los capataces de mantenimiento y reparaciones que cumplen sus tareas en centrales eléctricas accionadas por turbinas a vapor.

Las calderas se desactivan de una por vez y cuando la demanda de vapor es mínima por razones de producción en la fábrica.

Los componentes exteriores de una caldera, tales como bombas de agua de alimentación, de condensado, equipos ablandadores de agua, calentadores, desaireadores y válvulas de control, se inspeccionan según un programa establecido a través del año. Los formularios que se emplean para fines de inspección y mantenimiento preventivo son pocos y relativamente fáciles de elaborar.

La hoja de mantenimiento preventivo que se adjunta se envía anualmente al sector de calderas y corresponde una de estas hojas para cada una de las calderas.

Una vez efectuado el trabajo de inspección, se programan los trabajos correspondientes, cumplidos los cuales se registran en los historiales de cada caldera.

La iniciativa individual para encontrar la forma de hacer el trabajo más eficientemente da por resultado muchas mejoras en los procedimientos empleados.

Estudiar una limpieza química en reemplazo de una mecánica, puede reducir muchas horas-hombre en mano de obra y disminuir en consecuencia el tiempo de paralización de una unidad.

Purgar una caldera por turno puede reportar más ventajas que hacerlo cada 24 horas. La preparación adecuada de empaquetaduras puede hacer economizar mano de obra y materiales en los distintos tipos de válvulas, y así serían innumerables los ejemplos que se derivan de un espíritu de iniciativa constructivo por parte de operarios y capataces de mantenimiento.



Los controles de nivel de agua para calderas humotubulares tienen la finalidad de asegurar la cantidad necesaria de agua en el cuerpo de la caldera. En esto va una medida de seguridad, puesto que al descender la cantidad de agua por debajo del nivel establecido, se hace presente el peligro de daños irreparables en la caldera, por no haberse detenido de inmediato el suministro de combustible con la parada del servicio del quemador.

Lo peor que puede suceder cuando el nivel desciende demasiado, es una explosión de la caldera. Es difícil llegar a comprender el desastre potencial contenido por las fuerzas que quedan en libertad cuando esto sucede, aún en calderas de baja presión, como son las humotubulares que nos ocupan.

Las protecciones que acompañan en su funcionamiento a toda caldera, están eléctricamente conectadas en serie, de tal manera que cualquier falla denunciada por una protección interrumpa eléctricamente el circuito en serie que alimenta a las protecciones restantes, deteniendo de inmediato el funcionamiento del motor del quemador y por consiguiente el de la caldera.

Aparte de las válvulas de seguridad, las principales protecciones que lleva una caldera son:

Termostato para control de la temperatura de los gases calientes que salen por la caja de humos de la caldera.

Presostato para controlar la presión que reina en el vapor de agua, que se va produciendo.

Nivel de agua automático para ir viendo la cantidad adecuada del líquido elemento y en caso de no llegar caudal de agua al cuerpo de la caldera, interrumpir eléctricamente el funcionamiento del motor del quemador.

Válvula manual de purga para la expulsión de suciedad acumulada en el fondo del cuerpo de la caldera. Esta suciedad procede del tratamiento químico necesario en el agua de alimentación de toda caldera, aún las destinadas a calefacción y con bajas presiones de trabajo (inferiores a 1 kg/cm$^2$).

## Quemadores para calderas humotubulares

Los quemadores pueden ser alimentados por gas o por mezclas combustibles derivadas del petróleo.

Estas mezclas, en sus denominaciones más usuales son 70/30 (70 % de fuel-oil y 30 % de gas-oil) y 50/50 (50 % de fuel-oil y 50 % de gas-oil).

Las figuras ilustran el aspecto físico de dos quemadores, uno alimentado con gas y otro para mezcla derivada de petróleo. Para ambas figuras se adjunta un detalle con los nombres de los componentes que forman un quemador para caldera humotubular.

Los quemadores se fabrican para impulsar el combustible a baja presión o a alta presión. En calefacción central se utilizan los de baja presión con presiones de trabajo que no exceden de los 3 kg/cm$^2$.

En los quemadores de alta presión la impulsión del combustible se hace entre 5 y 7 kg/cm$^2$.

                                                        

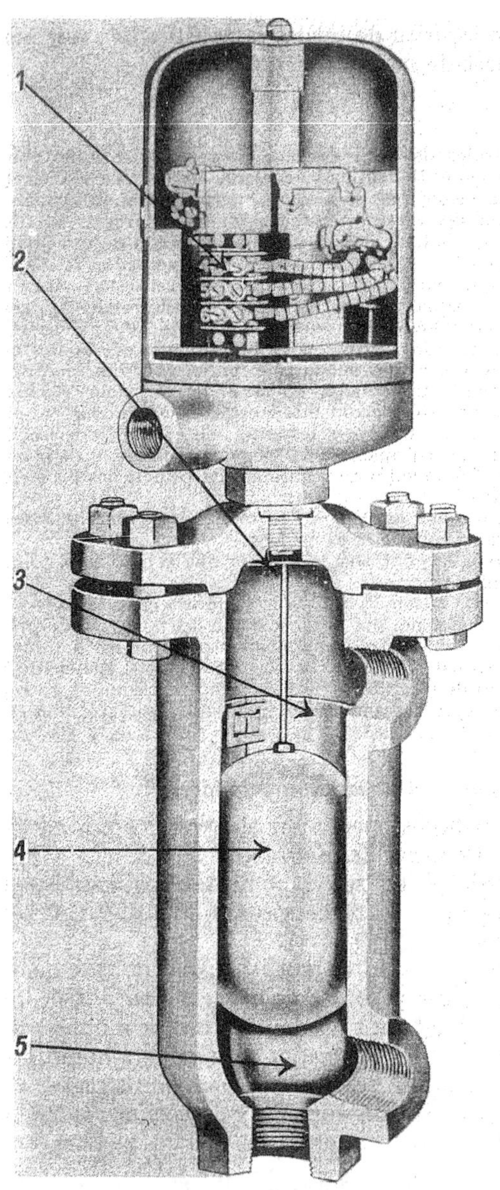

Fig. 7-XXI. Control automático de nivel de agua.

*(Referencia a la fig. 7-XXI)*

### Mecanismo interruptor de Alta Temperatura (1)

Ni siquiera temperaturas de hasta 400 °C (750 °F) pueden afectar el funcionamiento del dispositivo interruptor (Grupo 3 standard de las normas estadounidenses) empleado en los Controles de Nivel para Caldera. (Para temperaturas superiores se utiliza un dispositivo interruptor especial, Grupo 4 de las mismas normas). Típicos de los materiales seleccionados teniendo en cuenta la SEGURIDAD, son los aisladores de cerámica dispuestos sobre los cables y los bloques terminales fabricados en baquelita de alta temperatura.

### Tope del manguito (2)

Un importante dispositivo de SEGURIDAD: Es el tope que impide que el flotador toque el fondo del botellón. Este cuelga libre, aún cuando no haya agua.

### Botellón de Alta Presión

Para controles hasta 17,6 kg/cm$^2$ (250 Lbs/P$^2$) fundición de acero (según especificación A.S.T.M. N° A-48, Clase N° 35; resistencia a la tracción 2.460 kg/cm$^2$ (35.000 Lbs./P$^2$) capaz de resistir hasta 211 kg/cm$^2$ (3.000 Lbs/P$^2$) (prueba hidrostática en frío). Espesores uniformes, las nervaduras ampliamente dimensionadas eliminan tensiones. Bridas extragruesas. Guarniciones alojadas en ranuras o del tipo a retención.

Para controles destinados a presiones superiores a 17,6 kg/cm$^2$ (250 Lbs/P$^2$). Secciones de acero soldadas; cuerpo tubular hecho con caño de acero sin costura "schedule 80" (según especificación A.S.T.M. N° A-106 o A-53, calidad B). Todas las conexiones eléctricamente soldadas. Prisioneros de alta resistencia a la tracción y altas temperaturas. Guarniciones de hierro blando y amianto, en espiral.

### Camisa de latón autolimpiable (3)

Características de SEGURIDAD que impide la formación de incrustaciones. Usado solamente en cuerpos de fundición de acero, como el latón tiene un coeficiente de dilatación distinto al de las incrustaciones, éstas se desprenden con los cambios de temperatura y se eliminan mediante la purga de rutina. La camisa de latón se inserta en una depresión dispuesta al efecto en la pared del botellón y se fija con grampas tipo "hebilla".

### Empuje vertical recto

Todo el movimiento del flotador se transmite directamente al manguito de material magnético. Este empuje vertical, recto, elimina palancas de transmisión, varillas de conexión, soportes y pérdidas por rozamiento.

### Flotador de acero inoxidable (4)

Dos mitades embutidas de acero inoxidable tipo 304, soldadas en atmósfera de gas inerte, con el método de arco protegido. En los ensayos y en la práctica, este acero inoxidable, es el material que mejor resiste las condiciones más corrosivas.

Después de soldados, los flotadores se "normalizan" en una atmósfera de hidrógeno para asegurar total resistencia a la corrosión y para eliminar tensiones producidas por la soldadura.

Para agua de condiciones especiales, suministramos flotadores de otros materiales.

### Botellón de dimensiones amplias (5)

En este aparato, el flotador es guiado por la pared del botellón donde va alojado. El juego diametral de 6,35 mm (¼") es suficiente para acusar los cambios de nivel de agua y al mismo tiempo, mantiene al flotador rígidamente en su recorrido. Debajo del límite del recorrido del flotador, existe un espacio más que suficiente para permitir la acumulación de lodos o sedimentos. Como procedimiento práctico de SEGURIDAD se recomienda purgar el Magnetrol una vez al día (o, mejor aún, una vez por turno). Durante la purga, el líquido arrastra los lodos y sedimentos.

Después, de todo, la finalidad principal del control es brindar SEGURIDAD no constituir un depósito de barro.

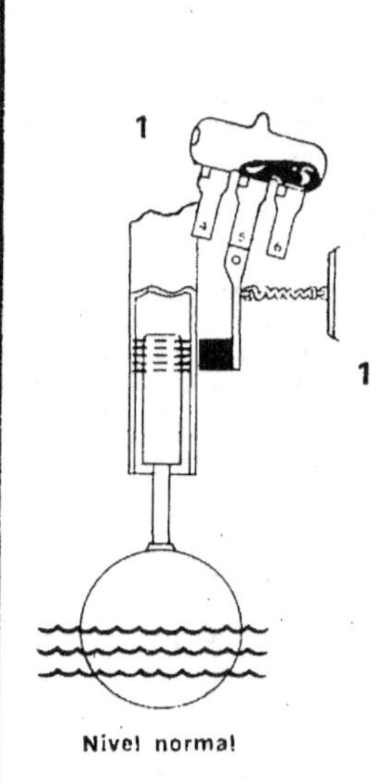



Así es como trabaja el control de nivel de agua de alimentación para calderas.

**1** El imán permanente va unido a un brazo oscilante, que sostiene el interruptor de mercurio. Cuando el flotador asciende junto con el nivel de agua, levanta el manguito magnético y lo hace entrar en el campo del imán.

Esto atrae el imán, que "cierra" contra la envoltura tubular e inclina al interruptor de mercurio.

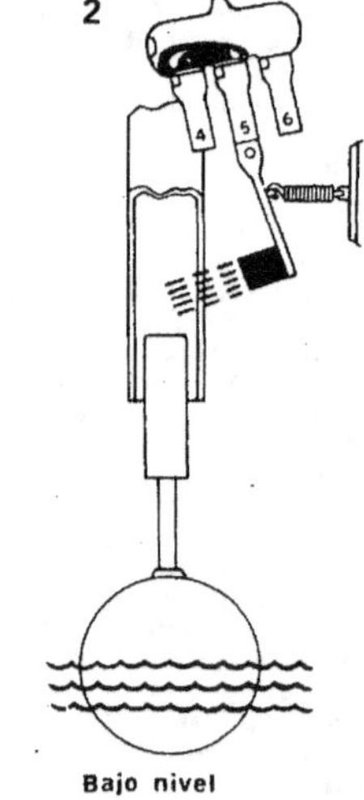



**2** Cuando el nivel baja, el flotador arrastra al manguito fuera del campo magnético. El imán se mueve hacia afuera, ayudado por un resorte de tensión y con ello el interruptor de mercurio se inclina en sentido contrario.

Esto es lo que sucede en el corte por bajo nivel.

Esto es el máximo de simplicidad y de seguridad en control de nivel de calderas. El campo magnético es la UNICA "conexión" entre el movimiento del flotador y la acción del interruptor. No hay elementos que puedan fallar o gastarse.

Fig. 8-XXI

Los quemadores están provistos de un dispositivo de encendido automático. Un mecanismo formado por dos electrodos, entre los cuales se hace saltar una chispa provocada por una alta tensión del orden de los 15.000 voltios, producida ésta por un transformador.

Un termostato (bimetal en forma de espiral), ubicado en la parte posterior de la caldera, por donde salen los gases calientes hacia la chimenea, es el encargado de cortar el funcionamiento eléctrico del motor del quemador, para condiciones de temperaturas prefijadas, con la finalidad de consumir sólo el combustible necesario y suficiente.

Desde el punto de vista del mantenimiento, la limpieza, lubricación y ajuste de las partes de un quemador es el primer consejo para un accionamiento sin problemas y una vida útil prolongada.

En los quemadores a petróleo se debe observar el estado del filtro de combustible.

Anualmente debe limpiarse con querosene la cañería de alimentación entre el depósito de combustible y el quemador.

En el verano se desarma la boquilla para limpiar la pastilla con solvente y sopleteando, cuidando de no retocar el orificio de la pastilla por venir calibrado de fábrica.

Para sopletear, se recomienda el nitrógeno a presión no superior a 2 kg/cm$^2$. Es más caro, pero más ventajoso que el aire comprimido, pues este último contiene humedad y partículas de polvo. La limpieza de electrodos y la verificación de su separación (luz) asegurarán la chispa adecuada para el encendido.

Una combustión defectuosa favorece la formación de hollín en los tubos y escoria en los ladrillos refractarios del horno. Si el suministro de aire es defectuoso, la mezcla aire-combustible será inadecuada con una combustión incompleta. Es deseable en la combustión un ligero exceso de aire. Con la finalidad de obtener una buena combustión, se analiza la cantidad de dióxido de carbono ($CO_2$) que sale por la parte posterior de la caldera (caja de humos) con la ayuda del aparato de ORSAT. Hasta un 10 % de ($CO_2$) estará indicado al foguista que el quemador funciona correctamente.

Fig. 9-XXI. Quemador automático para Diesel-oil o Gas-oil.

## Cuadro de fallas por mal funcionamiento de quemadores

| *EFECTO OBSERVADO* | *CAUSA PROBABLE* |
|---|---|
| Alto consumo de combustible | Exceso de aire en la combustión. Caldera con poca superficie de calefacción o cámara de combustión reducida y/o sucia. Controles de presión (presostato) y temperatura (termostato) mal ajustados. Suministro incorrecto de combustible (filtros tapados.). |
| El quemador arranca bien y quema satisfactoriamente, pero falla luego de unos minutos de funcionar. | Entrada de aire en la aspiración de combustible (revisar juntas y uniones de cañería de alimentación) Exceso de tiraje de la chimenea. |

|  |  |
|---|---|
|  | Filtro de combustible sucio. |
|  | Caño de respiración del tanque de combustible tapado. |
|  | Suciedad o agua en el combustible. |
|  | Controles descompuestos. |
|  | Chispa entre electrodos o llamas insuficientes. |
| El quemador cruje al arrancar o produce soplidos ruidosos. | Mala ignición o producida con retardo (ver suministro de gas). Falta de tiraje. Engranajes y rodamientos en mal estado. |
| Formación de carbón en la cámara de combustión. | Pastilla del quemador incorrecta o defectuosa. Pastilla tapada o sucia. Insuficiencia de aire (mezcla rica en combustible). Mala alimentación del quemador. Consumo excesivo de combustible. Mala calidad del combustible. |
| Exceso de humo con olor desagradable. | Suciedad en la caja de humos. Chimenea con falta de tiraje. Pérdida en los caños de combustible. |

## Aislaciones térmicas

Las aislaciones térmicas tienen por finalidad proteger el rendimiento térmico de las instalaciones para calefacción y aire acondicionado, evitando la disipación inútil de las calorías y frigorías conseguidas.

Tratándose de calderas para calefacción, estas aislaciones se realizan con magnesia plástica al 85 %, más una adición de 15 % de amianto triturado.

Tanto el cuerpo de la caldera como las válvulas y cañerías son recubiertas con este compuesto.

En calderas se comienza "pegando" en frío sobre las superficies metálicas (cuerpo de la caldera, colectores, etc.) la mezcla de magnesia y agua en una pasta con cierta consistencia, por ejemplo 4 partes de magnesia y dos de agua.

La mezcla así dispuesta "muerde" convenientemente comenzando un lento proceso de fraguado. El espesor normal es del orden de 1" ó 1 1/2".

No deben pulirse las superficies, pues al estar estas rugosas se favorece la adherencia. La distribución uniforme de la mezcla sobre la superficie metálica se hace con la ayuda de una espátula en forma de media luna o de medio círculo generalmente de "Klingevit" y de un espesor de unos 3 mm.

Cuando se ha producido un secado satisfactorio, se cubre el cuerpo de la caldera, colector, etc., con alambre tejido tipo "gallinero", en cuyos extremos se "cose" con alambre de 1 mm de diáme-

75
242
241
100
238
239
240
103
102
93
92
247
246
245
248
249
136
76
78
73
72
71
237
235
236
234
229
230
228
245
246
250
254
74
70
68
65
251
252
253
231
233
56
227
232
210
208
209
243
244
245
246
247
207
206
205
204
201
202
203
211
212
213
214
215
216
217
218
219
220
221
222
257
256
258
223
224
225
226

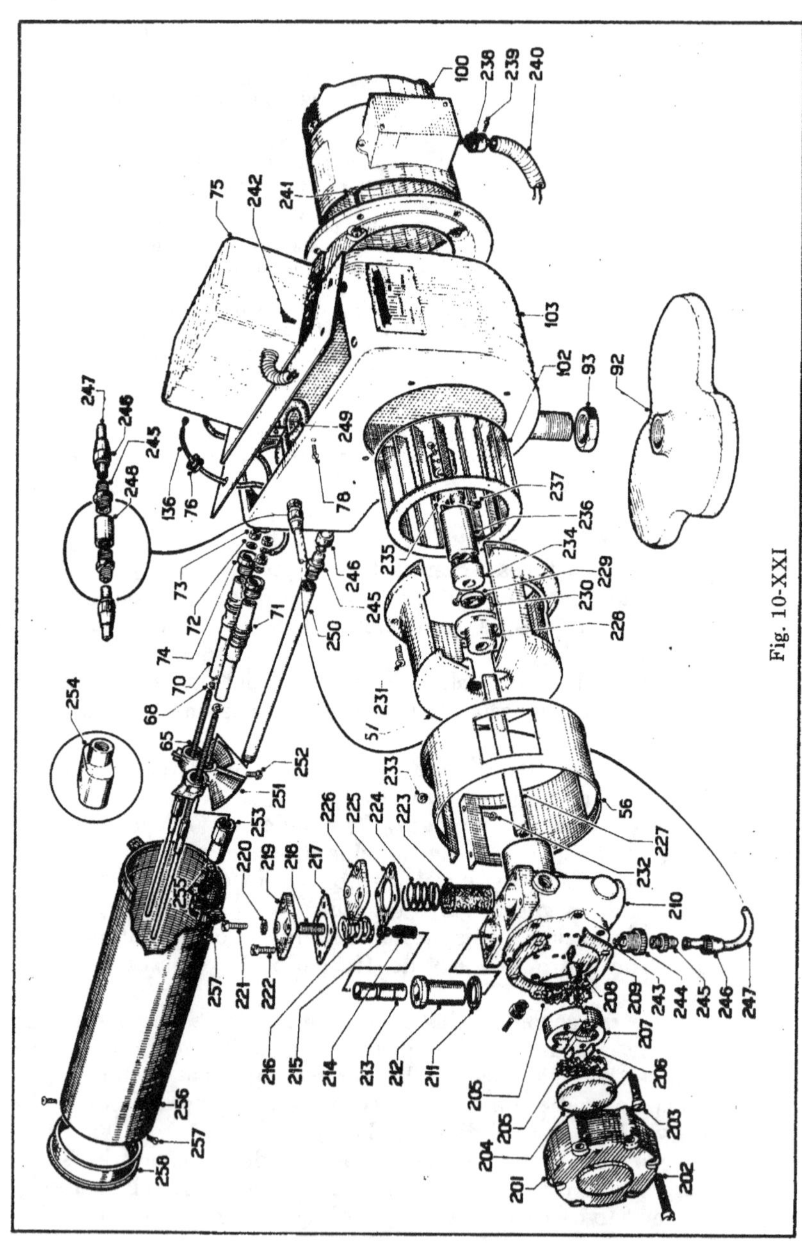

Fig. 10-XXI

## QUEMADOR PARA PETROLEO. (MEZCLA 70/30 ó 50/50).

70/30 es 70 % de fuell-oil y 30 % de gas oil.

50/50 es 50 % de fuell-oil y 50 % de gas oil

| Nº Repuesto | Denominación | Nº Repuesto | Denominación |
|---|---|---|---|
| 56 | Registro regulable de aire primario | 222 | Tornillos de 1/4". |
| 57 | Soporte de bomba. | 223 | Canasto para filtro. |
| 65 | Electrodos. | 224 | Resorte prensa canasto. |
| 68 | Arandelas. | 225 | Junta de Klingeri. |
| 70 | Porcelanas para electrodos. | 226 | Tapa de filtro. |
| 71 | Empaquetadura de hilo de amianto. | 227 | Eje de bomba. |
| 72 | Arandelas de 3/16". | 228 | Prensa de bomba. |
| 73 | Tuercas de 3/16". | 229 | Retén de prensa estopa de bomba. |
| 75 | Transformador. | 230 | Tornillos 3/16". |
| 76 | Protector de goma para cable de A.T. | 231 | Tornillos de 1/4". |
| 78 | Tornillo de 1/4". | 232 | Tornillos de 1/4". |
| 92 | Base del quemador. | 233 | Tuercas de 1/4". |
| 93 | Tuerca de fijación base. | 234 | Manchón de aluminio para bomba. |
| 100 | Motor eléctrico con brida. | 235 | Manchón de aluminio para motor. |
| 102 | Turbina para el ventilador. | 236 | Manchón de goma. |
| 103 | Cuerpo del quemador. | 237 | Tornillos de 1/4". |
| 136 | Cable de alta tensión. | 238 | Colector. |
| 201 | Tapa de la bomba. | 239 | Tornillo colector. |
| 202 | Tornillos de 1/4" | 240 | Caño flexible. |
| 203 | Tornillos de 1/4". | 241 | Tornillos de 1/4". |
| 204 | Tapa de tambor engranaje. | 242 | Tornillos de 1/4". |
| 205 | Engranajes de la bomba. | 243 | Asiento de cuero. |
| 206 | Chavetas. | 244 | Asiento de la válvula. |
| 207 | Tambor de engranajes. | 245 | Unión ajuste. |
| 208 | Eje para engranaje loco. | 246 | Tuerca cónica de ajuste. |
| 209 | Junta de Klingeri. | 247 | Caño de cobre. |
| 210 | Cuerpo de la bomba. | 248 | Cupla de 1/4". |
| 211 | Junta camisa de pistón. | 249 | Caño unión conductor combustible. |
| 212 | Camisa de pistón. | 250 | Caño conductor de combustible. |
| 213 | Pistón. | 251 | Porta-electrodos. |
| 214 | Resorte de presión. | 252 | Bulón de 1/4". |
| 215 | Base regulador de presión. | 253 | Porta piso simple. |
| 216 | Resorte ajuste camisa pistón. | 254 | Porta pico doble. |
| 217 | Junta de Klingeri. | 255 | Pico. |
| 218 | Regulador de presión | 256 | Caño camisa. |
| 219 | Tapa reguladora de presión. | 257 | Tornillos de 1/4". |
| 220 | Arandela de 1/4". | 258 | Caño distribuidor de aire. |
| 221 | Tornillos de 1/4". | | |

tro (galvanizado o mejor de aluminio). Cumplida esta operación, se vuelve a recubrir con magnesia en proporción 4:2 en un espesor de 1" o más, conforme a la importancia de la aislación y se hace un terminado con proporción de 4:4, es decir, con una mezcla más bien liviana para favorecer el acabado de las superficies. Como fase final y utilizando cola de pintor como material adhesivo, se va pegando el liencillo (que puede ser de algodón o bramante). Esta operación requiere cierta habilidad para realizar un trabajo prolijo y que evite desprendimientos posteriores. Tratándose de caños verticales, la aplicación del liencillo se efectúa desde abajo hacia arriba y en forma de espiral, superponiendo las espirales superiores sobre las inferiores en un ancho que no debe exceder de 1". Tratándose de calderas o colectores, el liencillo se corta en trozos que se van pegando progresivamente.

Antes de efectuar la pintura final, conviene emplear aceite inutilizado, para hacer una base sobre el liencillo, con lo cual se logrará una economía apreciable en pintura de terminación.

En aislaciones frigoríficas, los recubrimientos de las cañerías se efectúan con medias cañas de corcho o telgopor, que se fijan con brea caliente y las aberturas se rellenan con material molido y brea líquida en frío. Se atan las medias cañas con alambre de aluminio de 1 mm de diámetro. Después se hace un recubrimiento con magnesia y yeso en una proporción de 50 % para cada componente, agregando la cantidad suficiente de agua que permita el trabajo, teniendo en cuenta el corto tiempo de fraguado del yeso. Para la terminación del trabajo se hace una mezcla ligera de magnesia y cemento blanco en la proporción 5 de magnesia y 1 de cemento, con lo cual se logra un acabado resistente, sobre todo para intemperie. En este caso, la pintura se efectúa sin la adición de liencillo. En recubrimientos exteriores (cañerías, tanques, etc.), tanto para frío como para calor, se utiliza un compuesto pastoso, comercialmente conocido como FLINCO, que se mezcla al 50 % con magnesia.

Otro recubrimiento apto para instalaciones exteriores puede concretarse con un compuesto formado de silicato de potasio, tiza y agua, en una proporción de los tres elementos, que permita pegar arpillera sobre tanques o depósitos. Se hace posteriormente un acabado con magnesia. Cuando deba trabajarse con cañerías de vapor en servicio, conviene recubrirlos pacientemente con barro, previamente preparado, para conseguir la adherencia de la magnesia preparada con el agua. En evaporadores y tanques de agua refrigerada, antes de efectuar el recubrimiento de magnesia con yeso, anteriormente explicado, se cubren las superficies metálicas con planchas de lana de vidrio o lana mineral, que vienen en espesores comerciales de 1" y más. Estas planchas se sujetan con alambre de aluminio y se cubren con alambre tejido para favorecer la adherencia de la mezcla magnesia y yeso. En ocasiones, en lugar del tejido tipo gallinero, puede emplearse el metal desplegable. Como siempre, el terminado se realiza con una mezcla liviana de yeso y magnesia. Comercialmente también se venden placas de magnesia, tanto para calefacción como para refrigeración y conforme a la presión y temperatura de trabajo. En tanques y depósitos para agua refrigerada están también muy difundidas las placas de corcho y materiales plásticos en distintos espesores.

Existe en el comercio una gama de materiales de formación mineral fibroso sintético, en espesores del orden de los 2 mm, factibles de pegarse con brea o pegamentos especiales, que son una rápida y económica solución en diversos trabajos de aislación térmica.

**Transcripción de la Ordenaza N° 29.435, publicada en el** *Boletín Municipal de la Ciudad de Buenos Aires* **(N° 14.848).**

**Ordenanza** N° 29.435. **Decreto** N° 4.496.

Artículo 1° .— Incorpórase al Capítulo 8.11 "De las instalaciones térmicas" del Código de la Edificación, el siguiente texto legal:

8.11.3.0     *Instalaciones de vapor de agua de alta presión*

8.11.3.1     *Alcance de la reglamentación de instalaciones de vapor de agua de alta presión*

Las disposiciones contenidas en "Instalaciones de vapor de agua de alta presión", son aplicables a las instalaciones destinadas a pruducir, transportar y utilizar vapor de agua, cuando la presión de trabajo en el generador supere los 300 g/cm². Se ocuparán de los distintos componentes de este tipo de instalación a saber: generador de vapor y sus accesorios; tuberías de conducción de vapor y artefactos que reciben y utilizan el vapor.

8.11.3.2     *Generadores de vapor de agua*

Son los dispositivos donde se transforma agua en vapor a expensas del calor producido en un proceso de combustión.

8.11.3.3     *Clasificación de los generadores de vapor de agua.*

A los efectos del presente reglamento, los generadores de vapor de agua se clasificarán en tres (3) categorías, teniendo en cuenta la fórmula adimensional:

$$(p + 1) \, v$$

donde p expresado en kg/cm² es la presión de trabajo y v expresado en m³, el volumen total de la caldera.

Son de primera categoría aquellos generadores para los cuales el producto citado es mayor que dieciocho (18).

Son de segunda categoría aquellos generadores para los cuales el producto es mayor de doce (12) y menor o igual que dieciocho (18).

Son de tercera categoría aquellos generadores para los cuales el producto es menor o igual que doce (12).

8.1.3.4    *Ubicacion de los generadores de vapor de agua de primera categoría*

Los generadores de vapor de agua humotubulares de primera categoría deberán ubicarse a una distancia mínima de tres (3) metros de la Línea Municipal y de los ejes divisorios entre predio; salvo en la dirección del eje longitudinal de la caldera, en la cual la distancia deberá ser de por lo menos diez (10) metros.

Cuando por razones de dimensiones u otra circunstancia especial el generador no sea instalado en las condiciones expresadas, deberá construirse entre el mismo y el muro de cuyo eje se encuentra a menor distancia que la fijada; un paramento de defensa.

Este paramento de defensa con su correspondiente formación, se construirá de hormigón con doble armadura, o de sólida mampostería de cuarenta y cinco (45) cm o un (1) m respectivamente de espesor; independientemente del muro y de las paredes de la caldera, de las cuales estará separado sesenta (60) cm como mínimo.

Su altura excederá en un metro (1) m la parte más elevada del cuerpo de la caldera, y su largo será por lo menos el de la dimensión de la misma paralela al muro, aumentada en un metro (1) m hacia ambos lados.

Los valores dados serán para el caso que el muro de protección esté a no más de tres (3) m del generador; en caso contrario, el excedente en alto y largo con respecto a las dimensiones de la caldera, se aumentará al doble.

Las dimensiones entre el generador y el eje separativo o Línea Municipal medida en la dirección del eje del artefacto, no podrá ser inferior a tres (3) m aun cuando se haya construido el muro de protección.

La distancia entre los generadores de vapor de agua acuotubulares de primera categoría y el eje separativo entre predios o Línea Municipal deberá ser de por lo menos tres (3) m; pudiéndose en caso de que no se cumpla dicha condición ejecutar muros de protección en forma similar a lo indicado para los humotubulares.

El local destinado a calderas de primera categoría, sean éstas humotubulares o acuotubulares, deberá encontrarse separado de los demás talleres, por un medio ejecutado con material incombustible; no tener por encima ni por debajo, locales destinados a viviendas o talleres; debiendo ser cubierto por un techo liviano que no tenga ligaduras con las de los restantes locales de trabajo ni con los edificios contiguos, descansando sobre una armadura independiente.

*8.11.3.5 Ubicación de los generadores de vapor de agua de segunda categoría*

Los generadores de vapor de agua humotubulares de segunda categoría deberán ubicarse a una distancia mínima de un metro cincuenta cm (1.50) de la Línea Municipal y ejes separativos entre predios, salvo en la dirección del eje longitudinal de la caldera, en la cual la distancia deberá ser de por lo menos cinco (5) m.

Cuando por razones de dimensiones u otra circunstancia especial, el generador no sea instalado en las condiciones expresadas, deberá construirse entre el mismo y el muro de cuyo eje se encuentra a menor distancia que la fijada, un paramento de defensa, de características constructivas, dimensiones y ubicación iguales a las indicadas en el artículo anterior "Ubicación de los generadores de vapor de primera categoría".

La distancia entre el generador y el eje separativo o Línea Municipal, medido en la dirección del eje del artefacto, no podrá ser inferior a dos (2) m. aun cuando se haya construido el muro de protección.

La distancia entre los generadores de vapor de agua acuotubulares de segunda categoría y el eje separativo entre predios o Línea Municipal deberá ser de un metro cincuenta cm (1.50 m) como mínimo.

El local destinado a calderas de segunda categoría sean éstas humotubulares o acuotubulares, deberá encontrarse separado de los demás talleres por un medio ejecutado con material incombustible; no debiendo tener por encima ni por debajo locales destinados a vivienda.

*8.11.3.6  Ubicación de generadores de vapor de agua de tercera categoría*

Los generadores de vapor de agua de tercera categoría, sean éstos humo-tubulares o acuotubulares, deberán ubicarse a una distancia mínima de un (1) metro de la Línea Municipal o ejes separativos entre predios.

El local destinado a calderas de tercera categoría deberá encontrarse separado de los demás talleres por un medio ejecutado con un material incombustible.

*8.11.3.7  Ubicación de generadores de vapor de agua de tercera categoría de menos de cinco (5) m² de superficie de calefacción*

Los generadores de estas categorías quedan eximidos del cumplimiento del artículo anterior.

Podrán instalarse en cualquier taller, debiendo encontrarse como mínimo cincuenta (50) cm de la Línea Municipal o eje separativo entre predios.

*8.11.3.8  Locales para generadores de vapor de agua de alta presión*

Los locales para generadores de vapor de agua deberán cumplir además las condiciones fijadas de acuerdo a su categoría, el Art. 4.8.4.3 "Locales para calderas, incineradores y otros dispositivos térmicos" en sus incisos a), c), d) y e), debiendo encontrarse asimismo convenientemente iluminados.

*8.11.3.9  Antigüedad de los generadores de vapor de agua que se instalen, reinstalen o usen*

La antigüedad de los generadores de vapor de agua que se instalen, reinstalen o usen no podrá ser mayor de treinta (30) años corridos, contados a partir de la fecha de fabricación, hayan sido o no utilizados en ese ínterin.

Para los generadores de vapor de agua ya instalados a la fecha de entrada en vigencia de esta Reglamentación, la antigüedad se contará a partir de la fecha de habilitación de los mismos.

*8.11.3.10  Presión de trabajo*

Es prohibido hacer funcionar un generador de vapor a una presión superior al grado determinado en el permiso de habilitación.

*8.11.3.11  Materiales*

La calidad y dimensiones del material empleado en la construcción de los generadores, será la indicada para el uso a que se los destina, debiendo justificarse el empleo de los mismos por medio de una memoria de dimensionamiento y cálculo con indicación de las fórmulas empleadas y las normas a las cuales las mismas se ajustan.

*8.11.3.12  Aislación térmica*

Las calderas podrán ser revestidas a fin de impedir la pérdida lógica de calor, debiendo utilizarse para tal fin un material aislante liviano.

*8.11.3.13  Accesorios*

a) *Válvulas de Seguridad:*

Cada generador deberá estar provisto de dos (2) válvulas de seguridad, una por lo menos de las cuales será de tipo a resorte, colocadas directamente sobre la cámara de vapor y reguladas de modo que permitan su escape, cuando la presión supere a la fijada como máxima de trabajo. La sección libre de cada válvula deberá ser tal que permita el cumplimiento de las condiciones indicadas en el párrafo anterior. Serán construidas de forma tal que permitan ser facilmente precintadas, lo que estará a cargo del personal de inspección. Una de las válvulas lo será para que funcione a una presión igual a la máxima de trabajo, y la otra a una presión igual a la máxima de trabajo más un 10 %. Los recalentadores de agua para la alimentación de los generadores estarán provistos de una válvula de seguridad, cuando posean aparatos de cierre, que permitan interceptar su comunicación con la caldera. Dicha válvula se precintará también a la máxima presión de trabajo del artefacto.

En todos los casos se tomarán los recaudos necesarios, para que el vapor no pueda causar accidentes al personal o a terceros.

b) *Manómetro:*

Cada generador de vapor debe estar provisto de un manómetro colocado a la vista del foguista, instrumento sobre el cual estará indicado con un signo fácilmente visible, la presión máxima efectiva de trabajo.

La unión directa entre la caldera y el manómetro tendrá una derivación con su correspondiente robinete y terminará con una brida de cuatro (4) cm de diámetro y cinco (5) mm de espesor (talón francés) para la colocación de un manómetro de control.

c) *Nivel de agua:*

Cada generador deberá estar provisto de dos (2) aparatos indicadores de nivel de agua en comunicación directa con el interior, de funcionamiento independiente el uno del otro y colocados a la vista del foguista.

Uno de estos indicadores deberá ser un tubo de vidrio dispuesto de modo que pueda limpiarse fácilmente o cambiarse y tenga la protección necesaria que sin impedir la vista del agua, evite la proyección de los trozos divididos en caso de rotura.

Los indicadores de nivel llevarán grabada una señal bien visible que indique el nivel mínimo de agua que contendrá la caldera, que deberá estar como mínimo ocho (8) cm sobre el punto más elevado de calefacción, que se indicará también sobre el generador por una línea claramente visible. Los generadores de menos de cinco (5) m² de superficie de calefacción, podrán funcionar con un solo indicador de nivel que será del tipo de tubo de vidrio.

d) *Alimentadores:*

Todo generador, con excepción de aquellos cuya superficie de calefacción no supere los cinco (5) m² (de superficie de calefacción), tendrán como mínimo dos (2) aparatos de alimentación de funcionamiento independiente; cada uno suficiente para proveer con exceso el agua necesaria. Uno de estos aparatos deberá ser indefectiblemente 1 bomba de alimentación.

Los caños de comunicación de estos aparatos con el generador pueden unirse en uno solo, debiendo colocarse una válvula de retención en la parte de unión del tubo con la caldera. Entre esta válvula y cada uno de los aparatos de alimentación se colocará una llave grifo para reconocer la marcha de los mismos.

En los generadores de hasta 5 m² de superficie de calefacción, se admitirá un solo sistema de alimentación que deberá reunir las condiciones indicadas en el presente inciso.

e) *Válvula de vapor:*

Cada generador estará provisto de su válvula de vapor, y en caso que diversos generadores alimenten un mismo conducto, cada uno se deberá poder independizar por medio de dispositivos de cierre hermético.

### 8.11.3.14 Ensayos de resistencias

Previo a la puesta en marcha del generador de vapor, se efectuará un ensayo de resistencia del mismo, en presencia del personal de inspección de la especialidad y de acuerdo a las siguientes prescripciones:

a) Se someterá el generador a una prueba hidráulica de presión, para la cual se lo llenará totalmente de agua, previo cierre hermético de sus aberturas, grifos, etc.

b) El artefacto se encontrará libre de revestimiento.

c) La presión a la que se deberá llegar será la siguiente:

1) El doble de la presión de trabajo, cuando ésta no supere los seis (6) kg/cm².

2) La presión de trabajo más seis (6) kg/cm² cuando ésta sea mayor que (6) seis kg/cm² y no sobrepase los doce (12) kg/cm².

3) Una vez y media (1,5) la presión de trabajo cuando ésta sobrepase doce (12) kg/cm².

d) La duración de la prueba será la requerida para practicar en todo el generador un examen prolijo, no debiendo notarse pérdidas de agua ni deformaciones permanentes en las chapas. La presencia de anormalidades como las citadas, será condición suficiente para denegar el permiso.

e) La empresa instaladora o el instalador actuante serán los responsables en la provisión del personal y de los elementos necesarios para la realización de las pruebas. Independientemente de este ensayo se practicará una inspección ocular del tipo indicado en el Art. 8.11.3.15 Inspecciones periódicas.

### 8.11.3.15 Inspecciones periódicas

Todo generador de vapor de agua de alta presión, deberá ser sometido anualmente a una inspección municipal.

Cuando el resultado de la inspección fuese satisfactorio, la Dirección General de Fiscalización Obras de Terceros a través de la División Inspecciones Térmicas e Inflamables del Departamente Fiscalización de Instalaciones de la Dirección de Obras Particulares, extenderá el respectivo permiso de un (1) año de validez, debiendo gestionar los propietarios de la instalación del mismo ante la citada repartición, con antelación a su vencimiento.

La inspección anual comprenderá una revisación completa, tanto interna (del lado del agua o vapor) como externa (del lado de los gases de combustión).

El examen no deberá acusar la formación de incrustaciones, corrosión, picadura, grietas, reducción de espesores o debilitamientos en el material.

Asimismo se verificará el estado de conservación de los accesorios, conexiones de vapor y agua y en general la persistencia de las condiciones existentes en el momento de la habilitación.

La caldera deberá ser presentada, abierta y fría.

El personal de inspección se encuentra facultado para solicitar la realización de una prueba hidráulica en las condiciones que fija el Art. 8.11.3.14 "Ensayos de resistencia" cuando ofreciese dudas el resultado del examen ocular.

Dicha prueba se realizará en todos los casos después de los diez (10) y veinte (20) años de la fecha de habilitación, como asimismo cuando el generador se haya encontrado fuera de servicio por un lapso mayor de un (1) año.

En todos los casos el propietario de la instalación deberá proveer los elementos y el personal para la realización de las pruebas.

El resultado no satisfactorio del examen anual, podrá ser causal, según los casos, de la no renovación del permiso; la disminución de la presión máxima de trabajo o la concesión de un permiso por un período menor de un (1) año.

### 8.11.3.16 *Tuberías de conducción de vapor*

Las tuberías destinadas a transportar el vapor producido en el generador, deberán ubicarse alejadas de los lugares de trabajo, salvo en los tramos de acceso a las máquinas que alimentan.

No deberán acusar escapes de vapor a través de las juntas.

### 8.11.3.17 *Artefactos que reciben y utilizan vapor*

a) Todos los artefactos que reciben y utilizan vapor deberán ubicarse a una distancia mínima de cincuenta (50) cm de la Línea Municipal y eje separativo entre predios.

Se construirán de forma tal de no producir derrames o escapes que puedan causar daños al personal o a las cosas.

b) Los recipientes de forma diversa de una capacidad de más de cincuenta (50) litros que reciben vapor de agua proveniente de los generadores, con excepción de aquellos en los que mediante disposiciones materiales eficaces se impide sobrepasar de trescientos (300) g/cm$^2$ la presión efectiva del vapor: cumplirán las siguientes condiciones:

1) Contarán con un manómetro con escala graduada, conectado directamente con el recinto sometido a presión debiendo indicarse con una marca visible la presión máxima de trabajo.

2) Deberán poseer por lo menos una (1) válvula de seguridad, comunicada directamente con el recinto sometido a presión.

3) En la tubería de alimentación de vapor al recipiente a presión, se intercalará una llave de cierre hermético próxima al recipiente. Cuando la instalción cuente con más de un recipiente sometido a presión, cada uno llevará una llave de cierre hermético.

4) Cumplirán con las condiciones de presión, trabajo, ensayos de resistencia e inspecciónes periódicas fijadas para los generadores de vapor de agua de alta presión.

c) El vapor residual eliminado por la máquina, no podrá ser arrojado directamente a la vía pública, lugar de trabajo ni causar molestias a terceros.

### 8.11.3.18 *Transmisión de calor*

Sin perjuicio de las condiciones de ubicación fijadas en cada caso, los distintos componentes de una instalación de vapor de alta presión cumplirán el Art. 4.10.3.1 *Instalaciones que transmiten calor o frío.*

### 8.11.3.19 Siniestros

En caso de explosión, los propietarios darán cuenta inmediatamente a la Dirección General de Fiscalización Obras de Terceros, no debiéndose recomponer las construcciones deterioradas, ni tocar los fragmentos de la caldera y/o máquinas afectadas, hasta que haya sido efectuado el reconocimiento correspondiente por parte del personal técnico destacado a tal fin.

### 8.11.3.20 Foguistas

Todo generador de vapor de agua de alta presión deberá ser puesto y mantenido en funcionamiento por personas que posean matrícula expedida por la Dirección General de Fiscalización Obras de Terceros, de la categoría y con los alcances que fija el Decreto "Reglamento para la concesión de matrícula de foguista".

### 8.11.3.21 Documentación necesaria para tramitar permisos de instalaciones de vapor de alta presión

Serán los indicados en el Artículo 2.1.2.3: *Documentos necesarios para tramitar permisos de instalaciones mecánicas, eléctricas y de inflamables.*

Los planos que se presenten indicarán:

a) Plantas del edificio con ubicación del generador, tuberías de conducción y máquinas que reciben y utilizan el vapor.

b) Corte del local de calderas.

c) Planos de detalles del generador de vapor.

d) Datos técnicos principales, marca y fecha de fabricación del generador de vapor.

e) Dimensionamiento y cálculo de los materiales del generador con indicación de fórmulas empleadas y normas a las cuales las mismas se ajustan.

Los planos se adecuarán al Art. 2.1.2.9 *"Pormenores técnicos imprescindibles para planos de edificación, apertura de vía pública, mensuras, modificaciones parcelarias y permiso de uso"*, con excepción de la escala en que será ejecutado el de detalles de la caldera, para el que se utilizará 1:10.

A la documentación citada se deberá agregar el certificado de fabricación expedido por el fabricante, quien deberá encontrarse registrado en la Municipalidad.

En dicho certificado constará:

a) Nombre y apellido del fabricante.

b) Modelo, serie y número de fabricación.

c) Datos técnicos y principales del artefacto que se identificará.

d) Fecha de fabricación.

Cuando se trate de la instalación de generadores ya utilizados, el certificado de fabricación deberá ir acompañado del historial de la caldera, donde consta lugar o establecimiento y tiempo que fue utilizado. Esta constancia deberá encontrarse certificada por la autoridad de control correspondiente, cuando el lugar anterior de uso no fuese la Ciudad de Buenos Aires.

Cuando se trate de generadores importados, el certificado de fabricación deberá estar convalidado por la Dirección de Aduanas.

### 8.11.3.22 *Registro de fabricantes*

A los fines previstos en el artículo anterior, se crea un Registro de Fabricantes de Generadores de Vapor de Agua, en el cual deberán inscribirse todos aquellos que provean estos artefactos a establecimientos de la Capital Federal.

Este Registro de Fabricantes cuya confección y control estará a cargo de la Dirección General de Fiscalización Obras de Terceros a través de la División Inspecciones Térmicas e Inflamables del Departamento Fiscalización de Instalaciones de la Dirección de Obras Particulares, contendrá los siguientes datos:

a) Nombre de la razón social.

b) Domicilio legal dentro del ámbito del municipio.
c) Lugar de Fabricación.

Cada una de estas empresas deberá llevar a su vez un libro-registro donde se asiente correlativamente, fecha de fabricación, características técnicas y destinatario de los generadores por ellas ejecutados.

### 8.11.3.23 *Grabado sobre el cuerpo de la caldera*

Los datos que figuran en el certificado de fabricación deberán ser grabados en forma indeleble en lugar visible, sobre el cuerpo de la caldera.

### 8.11.3.24 *Excepciones*

Quedan eximidas de solicitar permiso de habilitación e inspección anual, como del cumplimiento del artículo 8.11.3.22 *Registro de Fabricantes*, aquellas intalaciones de vapor de alta presión, en las cuales el generador pueda contener un volumen superior a veinticinco (25) litros. No obstante deberán ajustarse a los restantes artículos de esta reglamentación.

### 8.11.3.25 *Instalaciones de vapor con presión máxima de trabajo en el generador no superior a 300 g/cm² e instalaciones con caldera de agua caliente*

Las instalaciones de vapor con presión máxima de trabajo en el generador no superior a 300 g/cm² y las que utilicen calderas de agua caliente, se encuentran sujetas a habilitación municipal.

Su ejecución y funcionamiento se ajustarán al reglamento que sobre el particular se dicte oportunamente.

Art. 2° — Concédese a los establecimientos que poseen en la actualidad, instalados, en funcionamiento o no, generadores de vapor de agua, en contravención al artículo 8.11.3.9 *Antigüedad de los generadores de vapor de agua que se instalen, reinstalen o usen*, incluidos en el artículo 1° de la presente Ordenanza, un único plazo de cinco (5) años, contados a partir de la fecha de su entrada en vitencia, para su retiro.

Art. 3° — Derógase la Ordenanza N° 2.303 del 30-XI-1927 C.D. 725 del Digesto Municipal y toda disposición que se oponga a la presente.

CAPITULO  XXII



## Mantenimiento de contactores

El calor, la suciedad y la humedad son factores de anormalidad en el funcionamiento de estos aparatos. Temperaturas superiores a 40 °C perjudican su funcionamiento.

Las grillas de los térmicos tienen regulación para temperatura, por ello la elección de un contactor en atmósfera caldeada debe ser motivo de consulta con el fabricante de los contactores. La suciedad debe eliminarse con nitrógeno a presión no superior a los 2 kg/cm² o bien por aspirado. Esto debe hacerse semestralmente. La limpieza debe ir acompañada de una inspección de conexiones. Estas pueden estar flojas y recalentadas. Los contactos también serán inspeccionados para verificar la superficie del contacto normal.

Puede hacerse necesario un pulido, para que el buen contacto permita el pasaje de la intensidad normal del contactor (eliminación de perlas de cobre y polvillo metálico).

La vida útil de los contactores está asociada a una elección criteriosa. Un margen de 30 % por encima de la capacidad requerida es siempre aconsejable para prolongar el buen funcionamiento de contactores e interruptores.

Estos últimos aparatos tienen otro componente vulnerable y el el aceite. El aceite se altera química y físicamente después de actuar el aparato por un cortocircuito. Después de este evento y por lo menos una vez al año se hace necesario un examen de rapidez dieléctrica del aceite y de su acidez. Complementariamente se inspeccionarán los contactos, relés y demás componentes, valiendo aquí los conceptos sobre limpieza explicados para los contactores.

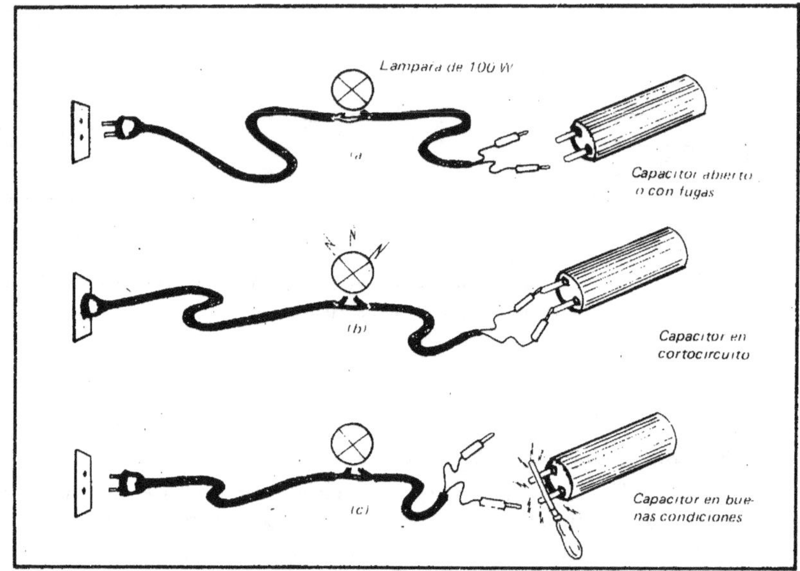



Fig. 1-XXII. Prueba de capacitores electrolíticos

a) La lámpara enciende débilmente.

b) La lámpara enciende normal.

c) La lámpara no enciende, pues el dieléctrico, en buenas condiciones, impide que se cierre el circuito a través de las armaduras del capacitor.

La misma lámpara de prueba nos sirve también para verificar el estado de reactancias para iluminación fluorescente o pequeños transformadores para 220 V de entrada en el primario y menores tensiones en el secundario.

En efecto: presentadas las puntas sobre las reactancia o el primario del pequeño transformador pueden suceder tres cosas:

1) La lámpara de 100 W no enciende. Esto indica que la reactancia o el primario del transformador tienen su bobina cortada.

2) La lámpara de 100 W enciende normalmente. Esto indica un cortocircuito.

3) La lámpara de 100 W apenas ilumina su filamento. Esto indica que la reactancia o el primario del transformador tienen continuidad en su bobinado o sea que están bien.

*Frecuencias orientativas de inspección en instalaciones eléctricas
con tensiones entre 220 V y 13.200 V en corriente alterna*

Seccionadores:

*Anual* (limpieza, lubricación y ajuste).

Interruptores:

*Anual* (limpieza y ajuste).

Protecciones (relés, termostatos, presostatos):

*Anual* (limpieza, ajuste y calibración)

Tableros Eléctricos:

*Semestral* (limpieza y ajustes generales. Verificación de calentamientos anormales, sobre todo en terminales y fusibles).

Tomas de Tierra:

*Anual* (continuidad y resistencia de aislación).

Medición de tensión e intensidad en cables que se sospecha muy sobrecargados o con deficiencias de proyecto, especialmente los alimentadores que salen de los tableros:

*Semestral.*

Transformadores:

*Anual:* sacar muestras de aceite para examinar rigidez dieléctrica y acidez.

Rectificadores: (La suciedad y el calor son sus enemigos)

*Anual:* sopletear con nitrógeno a una presión no superior a los $2 \ kg/cm^2$. De ser posible evitar el aire comprimido por su contenido de humedad. Pueden emplearse aspiradoras.

Conductores eléctricos (Alimentadores):

*Anual:* Verificar aislación entre fases y contra tierra.

Elementos de iluminación (Armaduras, artefactos, lámparas y tubos):

*Anual* (limpieza, ajuste, reposiciones en armaduras y soportes).

---

Pararrayos. Su mantenimiento. Reglamentación sobre la instalación de pararrayos, aprobada por el Consejo Superior de Colegios de Arquitectos y adoptada por la Dirección General de
Arquitectura de España.

## Pararrayos

*Mantenimiento.* La instalación de pararrayos está realizada a la
intemperie, razón por la cual sus componentes se encuentran expuestos a la acción corrosiva de los agentes atmosféricos. Las instalaciones de pararrayos tienen como principal enemigo a la corrosión, la cual se hace significativa en atmósferas industriales donde
pululan emanaciones químicas que atacan los metales.

Los puntos más críticos son las conexiones. Una inspección
anual, como mínimo, debe ser hecha para detectar aflojamientos,
oxidaciones excesivas, falsos contactos, desprendimientos, etc. Otro
factor a tenerse en cuenta, desde el punto de vista del mantenimiento, es la naturaleza del terreno. Un terreno de constitución
ácida atacará los componentes metálicos en él introducidos. En
estos casos el conductor de tierra puede aislarse del ataque químico
del terreno introduciendo la jabalina y/o el conductor de tierra en
un tubo de fibrocemento (nunca metálico). El espacio entre el
caño de fibrocemento y el conductor de tierra se rellena con alquitrán.

Una vez por año debe verificarse la continuidad eléctrica de
los conductores, de la misma forma que se hace en una instalción
eléctrica común.

El electrodo dispersor de la energía del rayo puede ser una
placa o una jabalina en contacto con la napa de agua. El conductor
de tierra va unido a la jabalina por una abrazadera y a los efectos
de inspeccionar esta unión se hace en el suelo una cámara con su
correspondiente tapa de inspección.

*Reglamentación sobre la instalación
de pararrayos*
(Aprobada por el Consejo Superior de Colegios de Arquitectos y adoptada por
la Dirección General de Arquitectura de España).

*Materiales y ejecución de las instalaciones*
CONDICIONES GENERALES PARA
EL ESTABLECIMIENTO DE LA PROTECCION

*Artículo 1:*

a) Se considerará protegida por una punta todo el volumen de
edificación comprendido dentro de un cono recto que tenga por vértice
la extremidad de la punta, y como directriz una circunferencia de diámetro igual a tres veces la altura sobre el suelo de la punta.

b) Examinado el edificio a proteger, y localizados los vértices o
crestas en que pudieran producirse descargas eléctricas, se tomará nota
de ellos, al efecto de colocar en estos lugares las puntas o barras necesarias.

c) Las barras deberán tener la altura suficiente para que la descarga recibida en su extremo no pueda provocar incendios en los tejados y
terrazas sobre los cuales estén colocadas.

No es recomendable el intento de desviar las chispas o descargas de
su trayectoria natural.

d) Entre las barras verticales y tierra se instalarán conductores que
ofrezcan la mínima resistencia posible al paso de la descarga.

Este recorrido deberá ser lo más corto posible, evitándose los cambios bruscos de dirección y las curvas; es decir: en general, aquellos
elementos que puedan ser motivo de descargas entre puntos de conductor.

Cada pararrayos deberá tener dos conductores, como mínimo, para
su unión con tierra, ampliamente separados y, a ser posible, unidos
todos los conductores entre sí, formando una especie de red que encierre
al edificio, ya que la resistencia al paso de la descarga es menor cuanto
mayor es el número de tomas de tierra.

e) Las conexiones con tierra se repartirán simétricamente alrededor del edificio, no siendo recomendable su concentración en un solo
lado del mismo.

Como mínimo, se establecerán dos conexiones, lo más distantes
posible entre sí, y colocadas en lados opuestos del edificio.

f) En los edificios que contengan objetos metálicos de gran tamaño, sea cual fuere su especie, o que estén situados muy cerca del exterior, y siempre que la separación entre estos objetos metálicos y la red
de conductores sea, en algún punto, inferior a 60 cm y con objeto de
evitar la producción de descargas laterales, se protegerán dichos objetos
con un conductor.

g) Los objetos metálicos colocados en el interior de los edificios, y
que puedan adquirir un potencial muy alto, y, por consiguiente, peli-
groso, a consecuencia de descargas secundarias, deberán estar enlazados
eléctricamente con la instalción de la defensa, y, en caso de que esto no
fuera posible, conectados directamente a tierra cada uno de ellos.

h) El sistema de protección y conducción de descargas eléctricas
deberá estar contituido de tal forma, que su duración sea la mayor
posible, y su conservación, con escasos cuidados, inmejorable.

## MATERIAL DE LOS CONDUCTORES

*Artículo 2:* Los sistemas de protección se ejecutarán con materiales inoxidables o que lleven protección contra la oxidación.

Si dos metales distintos han de estar en contacto, se elegirán tales que no formen un par electrolítico, ya que en la presencia de humedad la oxidación se aceleraría.

Si la humedad está excluida con carácter permanente, el empleo de metales que formen par podrá aceptarse.

Podrán emplearse en este tipo de instalaciones cualquiera de los metales siguientes, y con el orden de preferencia que a continuación se expresan:

1º. *Cobre.* — Su calidad será idéntica que la requerida para su empleo en instalaciones eléctricas ordinarias, de alumbrado o transporte de energía, con conductibilidad mínima del 98 por 100 después del temple.

2º. *Aleaciones de cobre.* — Las que se empleen deberán presentar la misma resistencia a la oxidación que el cobre en circunstacias análogas.

3º. *Acero cobreado.* — El cobre estará soldado al acero, efectiva y permanentemente; la cantidad de cobre será la necesaria para que la conductibilidad del conjunto no sea inferior al 30 por 100 de la de un conductor sólo de cobre que tenga igual diámetro que el de acero cobreado de que se trate.

4º. *Acero galvanizado.* — Todo material de acero estará protegido contra la oxidación con revestimiento de zinc, que deberá cumplir las condiciones que se expresan en los siguientes artículos.

*Artículo 3:* Los conductores podrán tener forma de cable, barra, tubo o llanta, con sección transversal circular, rectangular, cruciforme, etc.; sus dimensiones y pesos mínimos, en ramales principales o secundarios, serán los siguientes:

a) *Cable de cobre.* — Su peso mínimo será de 279 g por metro lineal, y el diámetro mínimo de cada alambre será de 1,14 mm.

b) *Tubo de cobre, alambre y llanta de cobre o acero cobreado.* — Su peso mínimo será de 279 g por metro lineal.

El espesor mínimo de la pared del tubo será de 0,81 mm.

El espesor mínimo del alambre y de la llanta de cobre, será de 1,29 mm.

c) *Acero galvanizado.* — El peso neto, mínimo del acero será de 476 g por metro lineal, y el del revestimiento de zinc 0,061 g por cm² de superficie galvanizada. El espesor mínimo de la pared del tubo o llanta, antes del galvanizado, será de 1,42 mm.

El diámetro mínimo de los alambres que constituyen los cables será, antes del galvanizado, de 2,03.

## JUNTAS

*Artículo 4:* El número de juntas será el menor posible; tendrán resistencia mecánica grande, y superficie de contacto muy extensa, a fin de que su resistencia eléctrica sea muy pequeña.

Esta condición se considerará cumplida cuando el área mínima de contacto entre los elementos a empalmar sea doble de la sección transversal del conductor.

## EJECUCION DE LAS JUNTAS

*Artículo 5:* Los cables se empalmarán, con preferencia, por sus extremos, en una longitud mínima de 15 cm, y trenzando los alambres libres de uno y otro sin empleo de soldadura.

Podrán, asimismo empalmarse preparando dos medios tubos, con nervio interior de metal maleable, con espesor de 1,62 mm y longitud de 76,2 mm; entre ellos se colocarán los extremos de cada cable, que quedarán sujetos, al apretar los medios tubos, para incrustarse en ellos los nervios.

Los conductores tubulares se empalmarán con juntas de rosca y grapas sujetas al tubo con remaches o manguetas roscadas.

Los conductores de sección circular se empalmarán con junta americana (tipo Western Union o análogos), con o sin soldadura, manguitos (Mc Intire) o roscados.

Los conductores con sección rectangular se empalmarán con solapo y remaches.

Los conductores de sección transversal en estrella se empalmarán por medio de juntas roscadas, formadas en trozos de metal fijados sobre el conductor o en el extremo de éste.

Los conductores secundarios se empalmarán al principal con juntas análogas a las anteriores citadas, pero en forma de T o de Y.

Las barras superiores se empalmarán a los cables con juntas de medios tubos de metal maleable, pero en forma de T; el empalme de éstos con la barra se ejecutará con un manguito roscado o con grapas.

Cuando las barras superiores hayan de empalmarse con conductores de alambre o de llanta, se adoptarán los tipos descritos en los anteriores párrafos.

## RESISTENCIA MECANICA

*Artículo 6:* En edificios con altura mayor de 18 m las juntas se ejecutarán de tal forma que su resistencia mecánica a la tracción, en las condiciones ordinarias de ensayo de cables, sea mayor del 50 por 100 de la más pequeña obtenida en los diversos tramos de conductor empleados.

## RESISTENCIA ELECTRICA

*Artículo 7:* La resistencia eléctrica de las juntas deberá, en todo caso, ser menor de la de un trozo de 60 cm de longitud del conductor correspondiente.

## SOPORTES Y HERRAJES

*Artículo 8:* Los conductores se sujetarán firmemente al edificio o al objeto sobre el que se coloquen; los soportes serán de construcción robusta, no estarán expuestos a roturas y se ejecutarán en la misma clase de material que el conductor, así como los clavos, pernos, tornillos, tuercas, etc. Si fueran de material distinto, se comprobará que entre uno y otro no existe tendencia a la oxidación electrolítica por contacto de ambos en presencia de la humedad.

La separación entre los soportes, será la necesaria para que el conductor se encuentre en perfectas condiciones de seguridad; como límite máximo de separación de soportes se admitirá el de 1,20 m.

Si la sujeción debe efectuarse sobre piezas de madera, se ejecutará con chapas metálicas y tirafondos u otro medio análogo. El espesor mínimo de las chapas será de 0,81 mm y el ancho mínimo de 9,5 mm. Los agujeros para los clavos o tornillos estarán suficientemente separados del borde de la chapa para no producir desgarros.

Los tirafondos terminarán en un tenedor o espernado robusto, cuyas puntas puedan doblarse después de colocado en él el conductor; la rosca tendrá, como mínimo, las dimensiones correspondientes a la de tornillos para madera de 38 mm de longitud.

La sujeción de los conductores en paredes de piedra o de ladrillo se ejecutará con tornillos dè rosca, con expansión o pates, y clavos con superficie rugosa, espernados o con alas, colocados en la forma ordinaria.

Los tornillos con rosca de expansión, y los clavos, tendrán como mínimo, 50 mm de longitud y 9,5 mm de diámetro, o de un tipo que, como mínimo, resista 45,5 kg a la tracción.

Los clavos con alas o espernados tendrán, como mínimo, las siguientes dimensiones: ancho de la sección menor, 12 mm; grueso, 5,5 mm y longitud 76 mm; su peso mínimo será de 6 g.

La longitud mínima de los tornillos será de 19 mm.

Los clavos cobreados se utilizarán con soportes de cobre y los galvanizados, con soportes galvanizados.

En los muros de piedra o de fábrica de ladrillo, los soportes podrán colocarse emplomados.

## PUNTAS Y BARRAS SUPERIORES

*Artículo 9:*

a) *Sujeción de las puntas.—* No es necesario que las puntas sean piezas independientes; caso de que lo sean, sus dimensiones tendrán la amplitud necesaria para que presenten aspecto robusto, y se sujetarán al extremo de la barra por medio de juntas de roscá o de rozamiento.

La sección, en la base de la punta, tendrá un área idéntica a la del extremo de la barra, en relación a la conductibilidad eléctrica.

b) *Barra superior.*

1ª. Tamaño. — En cuanto a peso y rigidez, las barras serán equivalentes, como mínimo, a un tubo de cobre de diámetro exterior de 16 mm y espesor de pared de 0,8 mm.

2ª. *Forma.* — Puede ser cualquiera, con sección transversal circular o anular o anular.

3ª *Altura.* — La altura de la barra superior será la necesaria para que la distancia vertical entre la punta y lo que defienda sea, como mínimo de 250 mm sin exceder de 1.500.

c) *Tirantes para barras superiores.* — Las barras superiores estarán perfectamente sujetas, de forma que no exista peligro de caída, al elemento que protegen o a trípodes o tirantes metálicos, permanente y rígidamente unidos al edificio.

1ª. *Materiales.* — Los que se adopten para los tirantes, serán equivalentes, en cuanto a resistencia y rigidez, a una barra de hierro con diámetro de 6,25 mm como mínimo.

Los clavos y tornillos cumplirán las condiciones especificadas en el artículo 9º, respecto a resistencia y defensa contra la oxidación.

2ª. *Forma de ejecución.* — Los tirantes se sujetarán con juntas remachadas o análogas de la misma resistencia. La disposición preferible es la constituida por tres o cuatro barras inclinadas, cuyos apoyos sobre el edificio disten del pie de la barra superior la tercera parte de la altura de aquélla.

3ª. Cuando la altura de la barra superior sea mayor de 610 mm los tirantes irán provistos de guías para mantenerla perfectamente vertical. Estas guías serán dos: una, colocada a 0,33 m de altura, y otra, a 0,60 m de altura, contados a partir del pie o extremo inferior de la barra.

Si la barra fuese menor de 610 mm se considerará suficiente una guía colocada a 0,30 m del pie.

Las barras con altura de 250 mm se considerarán perfectamente firmes, siempre que estén provistas de una robusta sujeción en su pie.

4º. *Colocación*. — Las barras que vayan en las chimeneas de edificios ordinarios de vivienda, se sujetarán con pernos de rosca de expansión o con llantas que rodeen la chimenea.

En las terrazas con pavimento pétreo o cerámico, el pie de la barra se introducirá en un orificio abierto en el pavimento, y el espacio libre se rellenará de cemento.

En la madera, la barra se sujetará con tornillos y chapa metálica.

En atirantado se ejecutará, en cualquier caso, de tal manera, que exista seguridad de que el viento no derribará la barra.

## PRECAUCIONES CONTRA DETERIOROS

*Artículo 10:*

*a)* En todas las instalaciones de defensa contra las descargas eléctricas se tomarán precauciones para que no se produzcan deterioros por circunstancias locales de cualquier tipo, teniéndose en cuenta, aparte de las referentes a oxidación, etc., las siguientes:

*1) Defensa contra la acción de los humos y gases.* — Todos los elementos de la instalación que estén expuestos a la acción directa de los humos procedentes de las chimeneas, o de gases corrosivos, estarán recubiertos con una chapa de plomo, de espesor mínimo de 1,6 mm.

*2) Defensa contra las acciones mecánicas.* — Todos los elementos de la instalación que estén expuestos a sufrir desperfectos por acciones de carácter mecánico se protegerán con pantallas o se entubarán, empleándose en uno y otro caso materiales aislantes, con preferencia maderas.

En el caso de emplearse tubos metálicos, el extremo más alto de éstos se conectará eléctricamente con el conductor que protegen.

*3) Adornos.* — Se permitirá la colocación de adornos de pequeño tamaño, bolas de cristal, etc., en las barras superiores. Se prohíbe, por el contrario, su utilización como astas de veleta o la colocación de adornos, con superficie expuesta al viento, mayor de 150 cm.

Los adornos con superficie mayor de ésta, se sujetarán a soportes especiales, completamente independientes de las barras superiores.

## TERMINALES AEREOS Y CONDUCTORES

*Artículo 11:* Se colocarán terminales aéreos en todos los lugares de la edificación que se trate de defender y en los que exista posibilidad de recibir una descarga eléctrica directa o de sufrir los efectos de la misma; esta protección se establecerá de la siguiente forma:

a) *Elementos salientes.* — Se colocarán terminales áreos sobre los remates, aleros, chimeneas, ventiladores, etc., o sujetos a los mismos lateralmente; cuando ello no sea posible, el terminal aéreo se situará con independencia de aquéllos elementos, y a la distancia de 60 cm.

b) *Cumbreras, balaustrada y bordes de terraza.* — En todos estos elementos se colocarán terminales aéreos, con separación mínima de 7,60 m.

c) *Salientes metálicas y otros elementos del edificio.* — Se incluyen, entre ellos las chimeneas, ventiladores, astas para banderas, torres, depósitos de agua, torreones, campanarios, cúpulas, veletas, claraboyas, caballetes, etc., es decir, aquellos elementos expuestos a recibir directamente las descargas eléctricas, aunque sin desperfectos apreciables, dado su carácter metálico; ninguno necesita estar provisto de terminal aéreo, pero deben conectarse firmemente al conductor de la barra superior con piezas metálicas, cuyo peso por unidad de longitud sea el mismo que el del conductor principal.

Se tendrá muy en cuenta en las casas con tejados casi horizontales la protección del alero como lugar más expuesto a las descargas. Si la inclinación es pequeña y la superficie grande se colocará un terminal aéreo en los puntos de intersección de las rectas de una cuadrícula ideal que cubra el tejado, y cuyos lados tengan una longitud de 15 m.

d) *Situación de los conductores.* — Los conductores se tenderán por el tejado, fachadas, esquinas y ángulos del edificio, en tal forma que contribuyan en la medida que las circunstancias particulares del mismo lo permitan, una jaula que contenga en su interior al edificio.

e) *Conductores sobre tejado.* — Se colocarán sobre sus líneas principales, como son cumbreras, balaustradas, aleros y donde se considere necesario en las superficies planas, en forma tal que todos los terminales aéreos queden enlazados con la instalación general.

Los conductores de la cubierta de un edificio que rodeen terrazas, superficies planas y tejados, casi horizontales, se enlazarán entre sí para constituir un circuito cerrado.

f) *Conductores descendentes.* — Se colocarán con preferencia sobre las partes del edificio más alejadas de su centro de gravedad, con preferencia en las esquinas, y teniendo presente que su situación ha de subordinarse a la que sea más conveniente para los terminales aéreos y para las conexiones con tierra.

g) *Obstáculos.* — Los conductores horizontales rodearán las chimeneas, los ventiladores y demás obstáculos que en su marcha puedan encontrar en un plano horizontal, sin cambios bruscos de dirección.

h) *Curvas.* — Los conductores que hayan de contornear algún elemento del edificio, como aleros, cornisas, etc., lo harán en curva con radio mínimo de 200 mm y ángulo mínimo de 90°.

Todos los conductores serán horizontales o verticales, no tolerándose más que desviaciones muy pequeñas.

## CUBIERTAS METALICAS Y EDIFICIOS CON REVESTIMIENTO METALICO

*Artículo 12:* La disposición, materiales y ejecución cumplirán las condiciones expresadas en los anteriores artículos, con las modificaciones que a continuación se expresan:

a) *Con cubierta y revestimiento en secciones.* — Cuando una y otro constituyan secciones independientes entre sí, o sin enlace eléctrico, se establecerá la instalación en la misma forma que si se tratara de un edificio construido totalmente con materiales aisladores.

b) *Con cubierta y revestimiento continuo.* — Cuando una y otro estén constituidos por chapas metálicas, cuyo conjunto, desde el punto de vista eléctrico, pueda considerarse como una sola unidad, bien porque estén soldadas unas con otras o por hallarse en contacto perfecto por cualquier medio mecánico eficaz, la protección se modificará en la forma siguiente:

Unicamente se colocarán terminales aéreos en las chimeneas, ventiladores, caballetes y demás elementos salientes de los edificios, expuestos a recibir descargas eléctricas o a sufrir desperfectos por las mismas. Los expuestos únicamente al primer riesgo no necesitan terminal aéreo, siendo suficiente su perfecta conexión eléctrica con el tejado.

Los conductores de la cubierta no son absolutamente necesarios; las barras superiores, si las hay, se enlazarán con la cubierta con soldadura o con junta de pernos, con la condición de que el área mínima del contacto sea de 19 cm². Cuando la cubierta metálica la constituyan pequeños paneles, cada cuatro de ellos formarán una sola unidad por medio de conexiones eléctricas eficaces.

Los conductores descendentes se conectarán con el alero del tejado o con los bornes inferiores de las chapas con soldadura o con juntas de pernos, con la condición de que el área mínima de contacto será también de 19 cm².

c) *Cubierta metálica independiente del revestimiento metálico.* — Este revestimiento se conectará con la cubierta en todas las esquinas del edificio; los conductores descendentes se conectarán con la parte inferior del revestimiento metálico en la forma especificada en el anterior apartado, con conexión directa entre la cubierta y el revestimiento por encima del conductor descendente; éste se conectará con tierra en la forma que se expresa en el artículo 16.

## NUMERO DE CONDUCTORES DESCENDENTES

*Artículo 13:*

a) *Mínimo de conductores.* — Toda instalación de defensa de un edificio contra las descargas eléctricas tendrá, por lo menos, dos conductores descendentes con la mayor separación posible. Las condiciones que se expresan en los siguientes apartados se refieren a los conductores descendentes adicionales.

(Al proyectar la situación y el número de conductores descendentes se tendrá presenta la conveniencia de que desde el pie de los terminales aéreos, o desde sitios próximos a los mismos, hasta tierra, haya por lo menos dos conductores en paralelo con la mayor separación posible. Con ello se consigue que toda descarga eléctrica sobre un terminal aéreo se reparta entre dichos conductores, cuya imperancia de conjunto será menor que la de cada uno de ellos aisladamente, circunstancia que refuerza la eficacia de la instalación de defensa. La imperancia que se opone al paso de la descarga es, aproximadamente, inversamente proporcional al número de conductores en paralelo si la distancia que los separa es grande.)

b) *Edificios con planta rectangular.* — En aquellos edificios en los que el tejado sea de forma ordinaria con limatesas, aleros, guardillas. etc., y la longitud de la planta sea mayor de 33 m, se colocará un conductor descendente adicional por cada 15 m en que aquella longitud exceda de 33 m o fracción de dicho exceso.

En los que la cubierta sea de mansarda, horizontal o en diente de sierra, y el perímetro de la planta mayor de 90 m, se colocará un conductor descendente adicional por cada 30 m o fracción de esta magnitud en que el perímetro exceda de los 90 m.

c) *Edificios con planta irregular.* — En los que la planta tenga forma de L o de T, se instalará por lo menos un conductor adicional descendente; en los que tenga forma de E, dos, y en los constituidoss por varias alas, uno por cada ala.

En los edificios con planta irregular, el número total de conductores descendentes será siempre el necesario para que su separación media sobre el perímetro sea menor de 30 m.

d) *Edificios con altura mayor de 18 m.* — En esta clase de edificios se instalará un conductor descendente adicional, como mínimo, por cada 18 m más de altura o fracción, y siempre que la aplicación de esta cláusula no tenga por resultado un número de conductores tal que sobre el perímetro de la planta de su separación sea menor de 15 m.

e) *Edificios con cubierta y revestimientos metálicos.* — El número de conductores descendentes y conexiones con tierra de estos edificios se determinará de igual forma que en los construidos con materiales aislantes, es decir, con arreglo a lo establecido en los anteriores apartados.

f) *Ramales muertos.* — Reciben esta denominación los que por economía en la instalación enlazan un terminal aéreo situado en la ventana de una buhardilla o sitios análogos con el conductor más próximo, generalmente el colocado a lo largo de una cumbrera.

Se instalarán conductores descendentes adicionales en todos los sitios donde se consideren necesarios para que no existan ramales muertos con longitud mayor de 5 m; si tuviera que ser mayor, se establecerá un conductor descendente que enlace directamente el terminal aéreo con tierra.

No se considerarán ramales muertos los conductores descendentes de las astas de banderas, de las torres y demás elementos análogos adosados al edificio, los cuales han de ser tratados de idéntica forma que los terminales aéreos.

Es recomendable la colocación de conductores descendentes adicionales en los sitios en que los conductores establecidos en tejados tienen que pasar a otros, situados a menor altura entre cuerpos del mismo edificio.

## INTERCONEXION DE LAS MASAS METALICAS

*Artículo 14:*

a) *Interconexión o conexión con tierra.* — Las masas metálicas situadas en las inmediaciones de un edificio de manera permanente, bien por formar parte del mismo o de construcciones accesorias interiores o exteriores, excepto las que tengan pequeñas dimensiones, se conectarán con la red general de defensa, con tierra directamente o con una y otra simultáneamente, de acuerdo con su situación respecto de aquella red y con las circunstancias que la rodeen en la forma que a continuación se especifica y al objeto de prevenir los desperfectos producidos por las descargas laterales.

Como norma principal, de estricta observación para la prevención de dichos desperfectos, se señalarán sobre el edificio los puntos de probable producción de descargas laterales, y se enlazarán eléctricamente con la red general de conductores o directamente con tierra.

b) *Cuerpos metálicos exteriores.* — Se incluyen dentro de esta denominación aquellos que forman parte integrante del edificio, y que deberán conectarse eléctricamente con la parte alta de la red de defensa o con el conductor de ésta más próximo; si la conexión hubiera de tener gran longitud, el enlace se efectuará por la parte inferior de la red de defensa, con la más lejana o con conexión directa a tierra.

Tendrán la consideración de cuerpos metálicos exteriores los adornos de las cumbreras, los ventiladores, las limahoyas, los canalones y las barras de armaduras y entramados metálicos.

c) *Cuerpos metálicos interiores.* — Se incluyen dentro de esta denominación aquellos que, formando parte integrante del eficicio, estén situados a distancia de un conductor o de un elemento, metálico conectado con la red general de defensa, menor de 2 m; deberán enlazarse eléctricamente con dicha red, y si su superficie o longitud es muy grande, se establecerá su conexión directa con tierra a partir de su extremo inferior o a partir del punto más alejado de aquella red.

Tendrán la consideración de cuerpos metálicos interiores los radiadores, las tuberías, los depósitos para agua, la maquinaria fija y las barras de armaduras y entramados metálicos.

Cuando la distancia exceda en poco de los dos metros, se establecerá al menos la conexión con tierra de los cuerpos metálicos interiores para evitar la elevación de potencial producida por la descarga dinámica.

d) *Cuerpos metálicos salientes en tejados y muros.* — Estos cuerpos, si están situados más altos que el segundo piso del edificio, se enlazarán con el conductor más próximo en el punto en que emergen al exterior, y se conectarán con tierra en el punto más bajo o en su extremo en el interior del edificio. Los cuerpos que emergen por debajo del segundo piso se tratarán en la misma forma que los cuerpos metálicos interiores.

Tendrán la consideración de cuerpos metálicos salientes en tejados y muros los tubos de bajada de aguas negras, los tubos de subida de humos, los aliviadores de las instalaciones para calefacción, los tubos para el agua potable y los ventiladores.

e) *Interconexión de las cubiertas metálicas y de los revestimientos metálicos.* — Todos los elementos metálicos de las cubiertas y de los revestimientos se enlazarán perfectamente entre sí.

Si en el interior del edificio con cubierta y revestimiento metálico existiesen elementos interiores también metálicos, deberán conectarse con tierra individualmente, o con los conductores de los que estén separados menos de dos metros, o con las cubiertas y revestimientos metálicos si su separación, desde ellos, fuese asimismo menor de dos metros.

f) *Cuerpos metálicos conectados individualmente a tierra.* — Los cuerpos metálicos que tengan alguna dimensión mayor de 1,50 m y situados totalmente en el interior de los edificios y a más de dos metros de un conductor de la red de defensa o de cualquier objeto metálico enlazado con ella, se conectarán individualmente con tierra.

g) *Sustitución por conductores normales.* — Los elementos metálicos que formen parte de un edificio y tengan además alguna de sus dimensiones lineales con longitud grande, no deberán sustituir a conductor de ninguna clase, excepto cuando, desde un punto de vista eléctrico, tengan continuidad permanente con sección transversal cuya área sea doble de la del conductor que fuese necesario.

En los edificios monumentales y en aquellos en que los elementos metálicos tengan gran importancia, pueden estos últimos sustituir a los conductores de la red de defensa. Cuando hayan de sustituir a conductores descendentes es indiferente que sean interiores o exteriores.

h) *Dimensiones de los conductores para interconexiones.* — Los conductores destinados a la interconexión de masas metálicas y a la conexión de estas últimas con tierra, tendrán la resistencia y área de sección transversal equivalentes a los de un alambre de cobre de 4,11 mm. Se exceptúan los correspondientes a salientes metálicos, que deberán cumplir las condiciones expuestas en el apartado correspondiente del artículo 12.

## CONEXIONES CON TIERRA

*Artículo 15:*

a) *Número.* — Por cada conductor descendente se establecerá una conexión con tierra; tendrán preferencia las tuberías para conducción de agua y todas las construcciones subterráneas.

b) *Distribución.* — Las conexiones con tierra, de igual forma que los conductores descendentes, se distribuirán del modo más uniforme posible, alrededor del edificio y no agrupadas en un solo lado de éste.

c) *Humedad.* — Preferentemente las conexiones con tierra se establecerán en parajes permanentemente húmedos, siempre que las aguas originarias de la humedad no contengan sustancias capaces de ejercer acciones químicas sobre los metales que constituyen la conexión a tierra.

d) *Permanencia.* — Las conexiones con tierra se ejecutarán con el mayor esmero y en forma tal, que prácticamente su duración sea ilimitada, de acuerdo además con las condiciones particulares del terreno en que se establezcan.

e) *Tuberías para agua.* — En el sitio en que una tubería para agua penetre en un edificio, se conectará con ella un conductor descendente por lo menos; esta conexión estará situada en un punto inmediatamente anterior al cimiento y ejecutada por intermedio de una brida robusta a la que el conductor se sujetará fuertemente con pernos o con soldadura.

f) *Condiciones generales de las conexiones con tierra.*

1ª. Cada conexión artificial con tierra deberá prolongarse 60 cm por bajo de la base de los cimientos del edificio, al objeto de evitar el riesgo de que se produzcan desperfectos en los mismos; si ello no fuera posible, se instalará un ramal derivado de la conexión y que sustituya a la prolongación de este último.

2ª. El metal que constituya la conexión deberá estar en contacto con el terreno desde la duperficie de éste, para evitar el riesgo de la producción de descargas en esa superficie que quemarán al conductor descendente.

g) *Conexión con tierra en terrenos sueltos con espesor grande.* — Cuando el terreno sea arcilloso, húmedo o consituido por materiales con resistencia eléctrica análoga, deberán establecerse electrodos artificiales, que podrán ser las mismas barras prolongadas por el terreno en una longitud mínima de 3 m. Si el terreno fuese en su mayor parte arena, gravilla o piedra, los electrodos artificiales tendrán una longitud mayor; este aumento se realizará mediante la adición de barras, tubos, llantas, chapas o trozos de conductor, enterrados en zanjas en la forma en que se especifica en el párrafo siguiente.

h) *Conexión con tierra en terrenos sueltos de pequeño espesor.* —

En los parajes en que la roca esté muy cerca de la superficie, las conexiones con tierra consistirán en zanjas radiales con relación al edificio y en las que se enterrarán los extremos interiores de los conductores descendentes, o las llantas y alambres que los constituyan. Si el terreno fuese muy seco o no permitiese la excavación de zanjas con profundidad mayor de 30 cm, se enterrará un conductor circular que rodee al edificio y conecte entre sí todos los conductores descendentes.

i) *Zanjas.* — Tendrán la longitud necesaria para que en ellas quepan trozos de conductor rectilíneo de 3,60 m de longitud; en cuanto a profundidad, será suficiente la de 1 m.

## INSTALACIONES DE RADIO Y CONDUCTORES ELECTRICOS

*Artículo 16:*

1º. *Conductores para alumbrado y para energía.* — Los tubos de servicio y las cubiertas metálicas de los cables deberán conectarse con tierra.

Las instalaciones de corriente alterna de carácter secundario que alimenten una red interior y esta misma red, se conectarán con tierra, siempre que la conexión pueda establecerse de tal forma que el voltaje máximo con relación a tierra sea de 150 V.

Las redes interiores de corriente alterna tendrán una conexión con tierra en la entrada de cada cuarto, en los interruptores o plomos correspondientes. Esta conexión estará situada siempre en el lado del regenerador.

2ª. *Circuitos con voltaje máximo de 150 V.* — Uno de los conductores del circuito se conectará con tierra, si la línea general es aérea o contornea casas, o si el cirucito está alimentado por un transformador cuyo primario no tenga conexión con tierra o la tenga con relación mayor de 150 V.

3º. *Alambres telefónicos aéreos.* — Una protección de tipo reglamentario se establecerá en el edificio o sobre él, lo más cerca posible de la entrada de los conductores.

La portección estará constituida por un pararrayos entre cada conductor de línea y tierra, con fusibles en los conductores para defensa de los pararrayos respectivos.

4º. *Instalaciones receptoras de radio.* — Cada conductor de entrada, procedente de una antena exterior, estará provisto de su correspondiente pararrayos de tipo reglamentario, colocado dentro o fuera del edificio y lo más cerca posible del punto de entrada.

5º. *Postes metálicos para radio, sobre edificios.* — Estos postes se conectarán con el conductor más próximo de la instalación de defensa contra rayos.

6º. *Postes de madera para radio.* — Los que tengan más de 180 cm sobre la cumbrera o parte más alta del edificio, en el que estén colocados, se protegerán de idéntica forma que las astas para banderas.

*Edificios diversos*

## CAMPANARIOS, TORRES
## Y ASTAS PARA BANDERAS

*Artículo 17:* Los materiales, elementos y conexiones con tierra que se especifican en el presente artículo para la defensa de campanarios, torres y astas para banderas, satisfarán las condiciones que para ello se determinan en los anteriores artículos.

1º. *Terminales aéreos.* — Se considerará suficiente la protección de un solo terminal, cuya punta sobresalga 250 mm por encima del nivel más alto de la construcción que defiende.

2º. *Conductores descendentes.* — Se considerará suficiente un solo conductor descendente, el cual, si la construcción que defiende está aislada, enlazará directamente el terminal aéreo con la conexión con tierra; si estuviese adosada a un edificio, el conductor descendente se enlazará directamente con la conexión descendente y con la instalación de defensa del segundo, y si estuviese en el interior de un edificio, el conductor descendente se enlazará con el más próximo que proceda del tejado o cubierta del último.

3º. *Interconexión de masas metálicas.* — Se enlazarán con el conductor descendente, a las campanas, los relojes, las armaduras y los entramados de hierro, y toda clase de masa metálicas.

Si la longitud de alguno de estos elementos fuese comparable con la altura de la construcción, se establecerán las correspondientes conexiones en sus puntos más alto y más bajo, por lo menos en el más próximo al conductor descendente.

4º. *Conexión con tierra de las torres y astas metálicas.* — Cuando sean exclusivamente de metal, o estén totalmente revestidas de elementos metálicos, tengan cimientos de materiales aislantes, y la parte más alta se construya en forma tal que las descargas eléctricas no produzcan desperfectos, no será necesario colocar terminales aéreos o conductores descendentes, pero sí conectarlas con tierra, con algún conductor de la instalación de defensa o con las dos cosas simultáneamente, según que la situación de dichas estructuras sea interior al perímetro del edificio, adosada a éste o próxima a él, respectivamente.

5º. En torres o campanarios con altura mayor de 30 m, es recomendable que conductores y soportes tengan dimensiones mayores que las indicadas cuando se trata de edificios ordinarios.

## DEPOSITOS PARA AGUA, SILOS
## Y CONSTRUCCIONES ANALOGAS

*Artículo 18:* Los materiales, elementos y conexiones con tierra, que se especifican en el presente artículo para la defensa de depósitos de agua, silos y construcciones análogas, satisfarán las condiciones que para ello se determinan en los anteriores artículos.

1º. *Terminales aéreos.* — El número y situación de los terminales aéreos serán los especificados en el artículo correspondiente, ya que en silos y torres con tejado terminado en un solo vértice, un terminal aéreo único se considera suficiente.

2º. *Conductores.* — Las construcciones con más de un terminal aéreo se enlazarán entre sí con un conductor que rodee por completo la construcción cerca de su coronación o por encima de la misma, de acuerdo con las características del tejado o cubierta. Dicho conductor o el terminal aéreo, si solamente existe uno, tendrá dos conexiones directas con tierra, lo más separadas que sea posible si la construcción está aislada. Si estuviese adosada a un edificio o muy cerca de éste, uno de los conductores descendentes se conectará directamente con tierra, y el otro con la instalación de defensa de dicho edificio. Si estuviese situada en el interior de este último, los conductores descendentes se conectarń con la instalación de defensa de dicho edificio. Cuando la altura de la construcción sea mayor de 30 m. los conductores descendentes se enlazarán eléctricamente a la mitad de la longitud entre los puntos más alto y más bajo.

3º. *Interconexión de objetos metálicos.* — Todos los objetos metálicos con volumen o superficies grandes, exteriores o interiores, respecto de la construcción que interesa se conectarán con los conductores descendentes.

Cuando la longitud de los primeros sea comparable con la altura de la construcción, la conexión se efectuará en los dos extremos de dichos conductores, o, por lo menos, en el punto más próximo de estos conductores.

Entre los objetos metálicos inmediatos a torres, que tienen longitud comparable a la altura de éstas, se incluyen las de las escaleras, las guías de los ascensores y las tuberías de aguas pluviales.

4º. *Conexión con tierra de las torres y depósitos para agua, construidas en metal.* — Cuando las torres y los depósitos para agua sean exclusivamente de metal o estén totalmente revestidos con materiales metálicos, tengan cimientos de materiales aislantes y su parte elevada se construya en forma tal que las descargas eléctricas no produzcan desperfectos sensible, se establecerán dos conexiones con tierra, situadas en puntos de la construcción lo más apartados entre sí que sea posible.

## ALMACENES PARA SUSTANCIAS INFLAMABLES ENVASADAS

*Artículo 19:* Se refiere el presente artículo a la protección necesaria contra las descargas eléctricas de las masas de materias fibrosas inflamables, como el algodón, etc., envasadas en forma de fardos o atadas con flejes metálicos, y donde las descargas eléctricas son origen de otras de carácter secundario con intensidad suficiente para provocar un incendio.

1º. *Métodos y materiales.* — Los materiales, elementos y conexiones con tierra que se especifican en el presente artículo para la defensa de almacenes para sustancias inflamables envasadas, satisfarán las condiciones que para ello se determinan en los anteriores artículos.

2º. *Cubiertas metálicas o edificios con revestimiento metálico.* — Cuando los almacenes estén constituidos por elementos de este tipo, se considerará suficiente la protección sañalada para esta clase de edificios en los anteriores artículos.

3º. *Edificios construidos con materiales aislantes.* — Se establecerá mediante la colocación de una malla de alambre c cables de 1.80 cm de lado, situado a un metro aproximadamente de altura sobre la cubierta del edificio y conectado con tierra alrededor del perímetro de la planta del edificio, con la misma separación que en los de cubierta metálica.

## CHIMENEAS METALICAS

*Artículo 20:* No necesitarán instalación de defensa contra las descargas eléctricas, cuando su conexión con tierra sea perfecta. Cuando el cimiento no reúna las condiciones necesarias para el enlace eléctrico en buenas condiciones entre chimenea y tierra, la conexión será análoga a la prescrita para chimeneas construidas con material aislante en el artículo 22.

Los tirantes constituidos con alambres o cables, se conectarán con tierra en su extremo inferior.

Cuando los tirantes se amarren a barras de acero clavadas en el terreno, se considerará que están conectados con tierra, en buenas condiciones. Únicamente requerirán especial cuidado los tirantes empotrados en macizos de hormigón o los sujetos en muros o apoyos que formen parte de edificos construidos con materiales aislantes.

## CHIMENEAS DE LADRILLO
## HUECO Y DE HORMIGON

*Artículo 21:* Las chimeneas construidas con estos materiales o con otros análogos, expuestas a sufrir desperfectos por la acción de las descargas eléctricas, llevarán una defensa establecida de acuerdo con las prescripciones que a continuación se expresan.

1º. *Conductores.* — Serán de cobre, con las características del empleado en las instalaciones eléctricas para alumbrado y fuerza, y ductibilidad de 98 por 100 después del temple.

El peso mínimo del conductor será de 560 g por metro lineal.

El diámetro mínimo de los alambres que constituyen los cables será de 1,45 mm.

El espesor mínimo de la pared de los tubos será de 1,45 mm.

El espesor mínimo de las almas y llantas será de 2 mm.

2º. *Soportes.* — Serán de cobre o de una aleación sustancial de cobre, tan resistente a la oxidación como el mismo conductor, y de construcción robusta. Cada soporte estará perfectamente sujeto, de manera que pueda sostener con toda seguridad la longitud del conductor que le corresponde.

La separación máxima de los soportes será de 120 cm.

3º. *Terminales aéreos.* — Se fabricarán con el mismo material que los conductores o con acero o metales protegidos contra la oxidación. Se colocarán en la separación de la chimenea, con distribución uniforme y separación máxima de 240 cm.

La altura mínima de los terminales aéreos sobre la coronación será de 75 cm.

La sujeción se ejecutará con pernos de expansión o con escarpias robustas.

Los conductores aéreos se conectarán eléctricamente entre sí, con un anillo metálico ejecutado con cuadradillo o con llanta, y situado a 60 cm más abajo que el plano más alto de la chimenea. Si ésta tuviera algún suplemento metálico, se conectará con aquellos terminales.

4º. *Conductores descendentes.* — Serán, por lo menos, dos colocados a lo largo de dos generatrices opuestas de la chimenea, y desde el anillo metálico superior o desde el suplemento metálico hasta el suelo.

En chimeneas con más de 50 m de altura, se establecerá una conexión eléctrica entre los conductores descendentes a la mitad de su longitud.

Las escaleras metálicas, adosadas a la chimenea a toda su altura, podrán utilizarse como conductores descendentes, siempre que la suma de las áreas de las secciones de sus largueros sea, por lo menos, doble de la requerida para un conductor descendente ordinario de acero galvanizado.

5º. *Recubrimiento con plomo.* — Para prevenir las acciones químicas que puedan producir los gases contenidos en los humos sobre los terminales aéreos de cobre, los conductores y soportes situados a distancia de la coronación de la chimenea menor de 7,60 m, se recubrirán con una película de plomo, cuyo espesor mínimo sea de 1,60 mm.

6º. *Juntas.* — El número de juntas de sus conductores será el menor posible, y tendrá una resistencia mecánica de tracción, igual como mínimo, al 50 por 100 de la del conductor respectivo. Esta resitencia será comprobada mediante los correspondientes ensayos en laboratorio.

7º. *Conexiones con tierra.* — Se establecerán en forma análoga a la prescrita para edificios ordinarios.

Cuando en las inmediaciones de las chimeneas exista una tubería para conducción de agua, se establecerá una conexión entre ésta y los conductores descendentes por medio de una mordaza robusta.

8º. *Defensa contra las acciones mecánicas.* — El tramo inferior de los conductores descendentes por encima del suelo se protegerá de las acciones mecánicas con revestimientos de madera o de cualquier metal aislante.

Si la protección se ejecutase con tubo metálico, el conductor descendente se conectará a su extremo más alto.

9º. *Forro metálico.* — En las chimeneas que tengan forro metálico en la zona superior, la parte más alta del mismo se conectará con la barra superior, y la más baja, con tierra.

## CHIMENEAS DE HORMIGON ARMADO

*Artículo 22:*

1º. *Metal de la armadura.* — En la defensa de las chimeneas construidas total o parcialmente con hormigón armado, serán aplicables las normas especificadas en el artículo anterior; además, todos los elementos descendentes en la parte más alta y en la más baja del macizo de hormigón.

En las chimeneas ya construidas cuya armadura no sea continua desde el punto de vista eléctrico, es recomendable el establecimiento de conexiones adicionales en los puntos en que las barras de dicha armadura sean accesibles.

2º. *Juntas.* — Las juntas del hierro o del acero con el cobre, cuya distancia a la coronación de la chimenea sea menor de 750 cm, se defenderán contra las acciones químicas mediante revestimiento de plomo o situándolas en el interior de la masa de hormigón.

*Formas de medición y valoración*

## CONDUCTORES

*Artículo 23:* Se medirán por m/l. colocado y completamente terminado, considerándose, por tanto, incluido en el precio, el material de sujeción, soportes, herrajes, etc., las juntas, cuñas, empalmes, etc.

## PUNTAS Y BARRAS SUPERIORES

*Artículo 24:* Se medirán por unidad colocada y completamente terminada, en forma análoga a la señalada para los conductores.

## CONEXIONES CON TIERRA

*Artículo 25:* Se medirán por unidad completa de cada tipo de los que figuren en el proyecto, y al resultado de la medición se le aplicará el precio señalado, entendiéndose que éste corresponde a unidad perfectamente terminada e incluidas todas las obras complementarias, incluso revestimiento de tierra, albañilería, etc., que fueran necesarias.

## OTRAS MODALIDADES DE MEDICION

*Artículo 26:* Podrá, asimismo, valorarse la instalación como unidad completa perfectamente terminada o bien fijando un precio por punta perfectamente terminada e incluida parte proporcional de instalación completa, incluso conductores y conexiones con tierra o, finalmente, por metro cuadrado de superficie perfectamente protegida.

# PLANILLA PARA INSPECCION DE EDIFICIOS — *FRECUENCIA*

| N.º DE INSPECCION | EDIFICIO | PISO | DEPARTAMENTO | FECHA | INSPECTOR |
|---|---|---|---|---|---|

NOTA 1). Esta información, es el acopio del estudo en que se encuentran las instalaciones. Con su ayuda se hará el presu-
puesto correcto de la orden de reparación correspondiente (O.R.)
NOTA 2). Al hacer la inspección, ver si la frecuencia es o no la correcta.
NOTA 3). Indicar con un tilde (✓) lo normal y con una cruz (x) lo anormal.

| SITUACION / COMPONENTE | BIEN | MAL | REGULAR | FALTA | ROTO | GRIETA | HUMEDAD | LIMPIAR | RETOCAR | CAMBIAR | GASTADO | PERDIDA | FLOJO | LUBRICAR | DILATACION | ASENTAMIENTO | AMPOLLAS | MANCHAS | | | | | OBSERVACIONES: |
|---|---|---|---|---|---|---|---|---|---|---|---|---|---|---|---|---|---|---|---|---|---|---|---|
| **ABERTURAS** — MECANISMO DE VENTANAS | | | | | | | | | | | | | | | | | | | | | | | |
| ” ” PUERTAS | | | | | | | | | | | | | | | | | | | | | | | |
| ” ” CLARABOYAS | | | | | | | | | | | | | | | | | | | | | | | |
| VIDRIOS | | | | | | | | | | | | | | | | | | | | | | | |
| PINTURAS | | | | | | | | | | | | | | | | | | | | | | | |
| DINTELES | | | | | | | | | | | | | | | | | | | | | | | |
| PICAPORTES | | | | | | | | | | | | | | | | | | | | | | | |
| **TECHOS** — CHAPAS DE ZINC | | | | | | | | | | | | | | | | | | | | | | | |
| ” ” ALUMINIO | | | | | | | | | | | | | | | | | | | | | | | |
| ” ” FIBROCEMENTO | | | | | | | | | | | | | | | | | | | | | | | |
| TEJAS | | | | | | | | | | | | | | | | | | | | | | | |
| BALDOSAS | | | | | | | | | | | | | | | | | | | | | | | |
| TECHADO ASFALTICO | | | | | | | | | | | | | | | | | | | | | | | |
| SOSTEN DE MADERA | | | | | | | | | | | | | | | | | | | | | | | |
| ” ” HIERRO | | | | | | | | | | | | | | | | | | | | | | | |

| | | |
|---|---|---|
| | BABETAS | |
| | CANALETAS | |
| | CAÑOS DE BAJADAS | |
| | EMBUDOS | |
| | AISLACION TERMICA | |
| MUROS | REVOQUES | |
| | PINTURA | |
| | AZULEJOS | |
| | ZOCALOS | |
| | DIVISORES DE AMBIENTES | |
| | CORTINADOS | |
| | CIMIENTOS | |
| | AISLACION HIDROFUGA | |
| BAÑOS | LAVATORIOS | |
| | DUCHAS | |
| | INODOROS | |
| | MINGITORIOS | |
| | ARMARIOS | |
| VARIOS | PISOS | |
| | BEBEDEROS | |
| | TANQUES DE AGUA | |
| | CISTERNAS | |

| O.R. N°.............. | HORAS-HOMBRE GREMIO | | | | | |
|---|---|---|---|---|---|---|
| | MATERIALES | | | | | |
| | COSTO TOTAL | | | | | |

V°B° JEFE MANTENIMIENTO          V° B° GERENCIA

## Bibliografía consultada

GAY-FAWCETT: *Instalaciones en los edificios.* Barcelona, 1957, 2ª edición.
General Electric Company: *Publicaciones varias.* Nueva York, 1943.

HUNT y GARRATT: *Wood Preservation.* Nueva York, 1953, 2ª edición.

HUTTE: *Manual del ingeniero.* Barcelona, 1950.

KYSER H.: *Centrales generadoras de energía eléctrica.* Barcelona, 1930.

TERREL CROFT: *American Electrician's Handbook.* Nueva York, 1948.
   6ª edición.

Esta edición se terminó de imprimir en el mes de marzo de 2011
en Bibliográfika de Voros S. A., Bucarelli 1160, Buenos Aires.
www.bibliografika.com